计 算 机 科 学 丛 书

原书第5版

软件工程导论

弗兰克·徐（Frank Tsui）

[美] 奥兰多·卡拉姆（Orlando Karam）著

芭芭拉·博纳尔（Barbara Bernal）

崔展齐 潘敏学 王林章 译

Essentials of Software Engineering
Fifth Edition

机械工业出版社

CHINA MACHINE PRESS

图书在版编目（CIP）数据

软件工程导论 : 原书第 5 版 / （美）弗兰克·徐
(Frank Tsui)，（美）奥兰多·卡拉姆（Orlando Karam），
（美）芭芭拉·博纳尔 (Barbara Bernal) 著 ; 崔展齐，
潘敏学，王林章译 . -- 北京 : 机械工业出版社，2024.
10. -- （计算机科学丛书）. -- ISBN 978-7-111-77013
-8

Ⅰ. TP311.5

中国国家版本馆 CIP 数据核字第 2024P6N612 号

机械工业出版社（北京市百万庄大街 22 号　邮政编码 100037）
策划编辑：曲　熠　　　　　　　　责任编辑：曲　熠
责任校对：高凯月　李可意　景　飞　　责任印制：张　博
北京联兴盛业印刷股份有限公司印刷
2025 年 1 月第 1 版第 1 次印刷
185mm×260mm · 15.25 印张 · 386 千字
标准书号：ISBN 978-7-111-77013-8
定价：79.00 元

电话服务　　　　　　　　　　　网络服务
客服电话：010-88361066　　　　机 工 官 网：www.cmpbook.com
　　　　　010-88379833　　　　机 工 官 博：weibo.com/cmp1952
　　　　　010-68326294　　　　金 书 网：www.golden-book.com
封底无防伪标均为盗版　　　　机工教育服务网：www.cmpedu.com

　　软件工程是一门实践性很强的学科，本书的三位作者 Frank Tsui、Orlando Karam 和 Barbara Bernal，除积累了软件工程课程教学的丰富经验外，还拥有多年在 IBM、微软和亚马逊等公司从事软件研发和管理的工作经历。书中融入了他们丰富的工程经验，并用生动的示例贯穿全书，使读者更容易理解相关概念。

　　本书是一本概要介绍软件工程核心内容的教材，全书共 14 章，完整覆盖了从初始阶段到发布、维护阶段的软件系统生命周期，讨论了贯穿软件生命周期的过程、质量保障及项目管理等问题。在第 4 版的基础上，第 5 版增加了对持续集成 / 持续部署、开发运维一体化、GitHub 等流行的方法和工具的介绍。

　　本书由王林章和崔展齐完成第 1～5、10～14 章及前言、附录等部分的翻译，由潘敏学完成第 6～9 章的翻译，最后由崔展齐对全书的译稿进行审核和修改。在翻译过程中，我们得到了北京信息科技大学计算机学院研究生谢瑞麟、林高毅、岳雷、刘诗凡、金昊宸、顾锡国、李静雯、杨君、兰文尉、乔塬心、何启帆、段欣虹等的帮助，在此对他们的工作表示感谢。翻译工作虽前后历时近一年，但因是在繁忙的教学、科研等工作之余完成的，仍感时间紧张，对有些内容的表达仍不够理想。此外，本书翻译虽力求忠实于原著，但译文表达难免有不当之处，敬请读者批评指正。

　　本书是一本适合高校学生和软件从业人员阅读的软件工程导论性读物。在多年软件工程相关课程的教学过程中，我们感到需要这样一本内容精炼且覆盖相对全面的教材。此前，我们完成了第 4 版的翻译工作，这本书已被南京大学等高校采用为教材，并取得了良好的教学效果。在此，我们很高兴地向读者推荐全新的第 5 版，相信通过学习本书，您将对软件工程有一个初步的总体认识。

译　者
2024 年 10 月

本书凝结了我们教授软件工程导论性课程的经验。尽管市面上已有不少同类图书，但很少有一本仅介绍核心内容的教材，适用于为期一学期、授课 16 周、大约每周 3 学时的课程。随着小规模网络应用的激增，许多信息技术新人尚未完全理解软件工程必备知识就进入了软件工程领域。本书适用于经验有限的新生和打算在软件工程领域开始新职业的经验丰富的信息技术专业人员。本书覆盖软件系统完整的生命周期——从初始阶段到发布阶段再到支持阶段。

本书的内容以三位作者的经验和职业背景为前提。第一位作者在 IBM、Blue Cross Blue Shield、MARCAM 和 RCA 等公司从事过构建、支持和管理大型复杂的关键业务软件的工作，有着超过 25 年的工作经验。第二位作者有着在微软和亚马逊等公司使用敏捷方法构建小规模软件的丰富经验。第三位作者精通双语，对英语学生和西班牙语学生都有着丰富的软件工程教学经验。

虽然新思想和新技术会不断涌现，书中介绍的一些原理可能也需要更新，但我们认为在本书中介绍的底层的、基础的概念会保持不变。

第 5 版重要更新

软件工程的基本概念和理论在三四十年前已经相当稳定。然而，技术和工具仍在不断发展、扩展，并且每四到五年改进一次。在第 5 版中，我们讨论了技术和工具的一些新改进，减少了一些领域，如过程评估模型，这些领域在今天变得不那么重要。我们仍保留了许多历史上重要的概念，这些概念构成了这个领域的基础，例如传统的过程模型。我们的目标是继续保持内容简洁，使得本书可以在为期 16 周的入门课程中教授。第 5 版的主要修改如下：

- "持续集成"的现有和历史概念已经扩展为一个称为持续集成 / 持续部署（CI/CD）的新概念，并随着改进的工具和成熟的敏捷方法而获得发展。第 2 章对此进行了讨论。
- 为了反映更多当前的思想和术语，第 4 章被重新命名为传统软件过程模型，该章对过程评估模型，特别是能力成熟度模型集成（CMMI）的讨论大幅减少。第 5 章被重新命名为敏捷软件过程模型，以更准确地反映其内容，该章中添加了一个流行的敏捷方法，即开发运维一体化（DevOps），作为过程中新改进的下一个等级。
- 将许多与当前的设计和开发相关的思想和工具——如面向服务的架构（SOA）、企业服务总线和微服务——添加到第 7 章。
- 将与虚拟化和容器化相关的一些新概念和工具添加到第 9 章。
- 为了配合对持续集成和 CI/CD 的讨论，将 GitHub/Git 工具包含在 11.5 节中。
- 安全是一个非常重要的话题，它已经发展为一门独立的学科，涵盖了软件、硬件、信息基础设施技术和服务等主题。本书没有对这个话题进行全面的论述，而是在 14.1 节中增加了对 Secure DevOps 或 DevSecOps 等方法所带来的安全性的讨论。

此外，我们对全书中的部分语句做了细微修改以提升表达效果，我们也听取了使用过本书第 1~4 版的读者的反馈，并更正了语法和拼写错误。书中可能还会有一些错误，责任完全在我们。

本书的第1～4版被大量高等院校使用，我们感谢他们的信任和反馈，并且受益匪浅。我们希望所有未来的读者学完第5版之后，会认为这是更好的一本书。

本书组织结构

第1、2章展示了实施小型编程项目和构建关键业务软件系统所需工作之间的差异。我们特意用两章来强调单人"车库作坊"和构建一个大型"专业"系统所需的项目团队之间的区别。这两章中的讨论给出了学习和理解软件工程的基本原理。第3章中第一次较为规范地对软件工程进行了讨论，并介绍了软件工程专业及其道德规范。

第4、5章覆盖了软件过程、过程模型和方法学等传统主题。为了反映在这个领域取得的大量进展，这两章详尽地介绍了如何通过软件工程研究所（SEI）提出的能力成熟度模型来评价过程。

第6、7、9、10、11章在宏观层面上顺序覆盖了从需求工程到产品发布的开发活动。第7章通过一个使用HTML-Script-SQL设计和实现的实例，对用户界面设计展开讨论。在介绍完软件设计之后，第8章回顾并讨论了在评估概要和详细设计中使用的设计特征和度量指标。第11章不仅讨论了产品发布，还介绍了配置管理的基本概念。

第12章探讨了在将软件系统发布给客户和用户后的相关支持和维护活动，覆盖的主题包括来电管理、问题修复和功能点发布。在这一章中，进一步强调了配置管理的必要性。第13章总结了项目管理的不同阶段，同时介绍了一些具体的项目计划和监测技术。这仅是概要性的总结，并没有包括团队建设、领导才能等主题。软件项目管理过程区别于开发和支持过程。第14章总结全书，介绍软件工程领域当前面临的问题，并展望了该领域未来的主题。

附录部分通过团队计划、软件开发计划、需求规格说明、设计计划和测试计划的"概要示例"，帮助读者和学生深入理解软件开发中主要活动可能产生的结果。一个常见的问题是需求文档或测试计划应该写成什么样。为回答这个问题并提供一个切入点，我们给出了计划、需求、设计和测试计划4项活动可能产生文档的样例格式。具体如下：

- 附录A　软件开发计划概要
- 附录B　软件需求规格说明概要
  - 示例1：SRS概要——描述
  - 示例2：SRS概要——面向对象
  - 示例3：SRS概要——IEEE标准
  - 示例4：SRS概要——叙述法
- 附录C　软件设计概要
  - 示例1：软件设计概要——UML
  - 示例2：软件设计概要——结构化
- 附录D　测试计划概要

很多时候，在项目开发过程中需要对由新手软件工程师组成的团队，就如何使用文档描述过程进行特别指导。这4个附录为读者提供具体的概要大纲示例。每一个附录都包含大纲及相应的解释。这为教师开展课堂活动、分配团队项目和独立任务补充了具体材料。

本书涵盖的主题反映了IEEE计算机协会发起的软件工程知识体系（SWEBOK）和 *Software Engineering 2004：Curriculum Guidelines for Undergraduate Degree Programs in Software Engineering*（以下简称《课程指南》）强调的内容。有一个未突出强调但贯穿全

书进行讨论的主题是质量，质量需要解决并集成到所有活动中，而不仅是测试人员的关注点。多个章节都讨论了质量，这反映了它广泛的影响和跨越多个活动的特性。

建议教学方案

本书可以在 1 学期内学完。当然，部分教师的侧重点可能会有所不同：

- 希望聚焦于直接开发活动的教师应在第 6～11 章多花时间。
- 希望多关注间接和通用活动的教师应在第 1、12 和 13 章多花时间。

应当指出，直接开发活动和间接支持活动都很重要。它们一起构成了软件工程学科。

每一章的结尾部分都有两类问题。对于复习题，学生可以在书中直接找到答案。练习题则适用于课堂讨论、课后作业或小型项目。

补充材料

PowerPoint 格式的课件、每章习题的答案、源代码和试卷样例可供教师免费下载。请访问 go.jblearning.com/Tsui5e 或联系客户代表以获取上述资源。

致谢

首先要感谢我们的家人，特别是我们的妻子 Lina Colli 和 Teresa Tsui。当我们把更多的时间用于编写本书而不是陪伴她们的时候，她们不断地提供鼓励和理解。我们的孩子——Colleen 和 Nicholas，Orlando 和 Michelle，以及 Victoria、Liz 和 Alex——也热情地支持我们的工作。

另外，还要感谢那些在许多方面帮助我们改进本书的评阅专家。特别感谢下列人员所做的工作：

- Alan C. Verbit，特拉华县社区学院
- Ayad Boudiab，佐治亚·普罗梦达学院
- Badari Eswar，圣何塞州立大学
- Ben Geisler，威斯康星大学绿湾分校
- Benjamin Sweet，罗伦斯科技大学
- Brent Auernheimer，加州州立大学弗雷斯诺分校
- Bruce Logan，莱斯利大学
- Chip Anderson，华盛顿湖理工学院
- Dar-Biau Liu，加州州立大学长滩分校
- David Gustafson，堪萨斯州立大学
- Donna DeMarco，库兹敦大学
- Alex Rudniy 博士，斯克兰顿大学
- Anthony Ruocco 博士，罗杰威廉姆斯大学
- Andrew Scott 博士，西卡罗来纳大学
- Christopher Fox 博士，詹姆斯麦迪逊大学
- David A. Cook 博士，斯蒂夫奥斯丁州立大学
- David Burris 博士，萨姆休斯敦州立大学
- Dimitris Papamichail 博士，新泽西学院

- Edward G. Nava 博士，新墨西哥大学
- Emily Navarro 博士，加州大学尔湾分校
- Jeff Roach 博士，东田纳西州立大学
- Jody Paul 博士，丹佛大都会州立大学
- John Dalbey 博士，加州理工州立大学
- Jason Hibbeler 博士，佛蒙特大学
- Jianchao Han 博士，加州州立大学多明格斯山分校
- Joe Hoffert 博士，印第安纳卫斯理大学
- Kenneth Magel 博士，北达科州立大学
- Mazin Al-Hamando 博士，罗伦斯科技大学
- Michael Murphy 博士，康考迪亚大学得克萨斯分校
- Reza Eftekari 博士，乔治华盛顿大学、马里兰大学帕克分校
- Ronald Finkbine 博士，印第安那大学东南分校
- Sofya Poger 博士，佛里森学院
- Sen Zhang 博士，纽约州立大学奥尼昂塔学院
- Stephen Hughes 博士，柯伊学院
- Steve Kreutzer 博士，布卢姆菲尔德学院
- Yenumula B. Reddy 博士，关柏林州立大学
- Frank Ackerman，蒙大拿技术学院
- Ian Cottingham，内布拉斯加大学林肯分校 Jeffrey S. Raikes 学院
- Jeanna Matthews，克拉克森大学
- John Sturman，伦斯勒理工学院
- Kai Chang，奥本大学
- Katia Maxwell，雅典州立大学
- Lenis Hernandez，佛罗里达国际大学
- Larry Stein，加州州立大学北岭分校
- Mark Hall，哈斯汀学院
- Michael Oudshoorn，蒙大拿州立大学
- Paul G. Garland，约翰霍普金斯大学
- Salvador Almanza-Garcia，Vector CANtech 公司
- Theresa Jefferson，乔治华盛顿大学
- William Saichek，橘郡海岸学院

我们还要感谢 Melissa Duffy、Edward Hinman、Paula-Yuan Gregory、Baghyalakshmi Jagannathan、Padmapriya Soundararajan、Lori Weidert，以及其他 Jones & Bartlett Learning 出版社员工对本书的帮助。书中还存在的问题都是作者的错误。

Frank Tsui

Orlando Karam

Barbara Bernal

目 录

Essentials of Software Engineering, Fifth Edition

创建一个程序

目标

- 分析创建一个简单程序所涉及的一些问题:
  - 需求 (功能、非功能)。
  - 设计约束和设计决策。
  - 测试。
  - 工作量估计。
  - 实现细节。
- 理解编写一个简单的程序所涉及的活动。
- 概要介绍一些在后续章节中涉及的软件工程主题。

1.1 一个简单的问题

在本章中,我们将分析编写一个较为简单的程序所涉及的任务。这将与第 2 章中描述的开发大型系统所涉及的内容形成对照。

假设有以下简单问题:给定存储在一个文件中的多行文本 (字符串),将其按字母顺序排序,并写入另一个文件。这可能是你将遇见的最简单的问题之一。在程序设计课程中你可能已经完成过类似的作业。

1.1.1 决策,决策

上述简单问题的声明并不完全明确。你需要明确需求才能编写出能更好地解决实际问题的程序。你需要了解所有的**程序需求**和客户对设计施加的**设计约束**,并做出重要的技术决策。一个完整的问题声明包括程序需求和设计约束。

> **程序需求** 定义和限定程序需要做什么的声明。
> **设计约束** 限制软件设计和实现方式的声明。

最重要的是要认识到需求 (requirement) 这个词在这里的含义和在日常用语中的不同。在许多商业交易中,需求是绝对要满足的。然而,在软件工程中,很多需求是可以协商的。鉴于每项需求都会有成本,客户可能会在了解相关费用后,决定不再需要它们。需求通常被分为 "必需的"(needed) 和 "有了会更好的"(nice to have)。

区分**功能需求** (程序需要做什么) 和**非功能需求** (程序应该具备的特性) 也是很有必要的。在某种程度上,功能在语法上类似于直接和间接宾语。因此,开头所提问题的功能需求是对文件进行排序 (包括所有需要的细节),非功能需求则是指性能、可用性和可维护性等。功能需求只有满足或不满足,可以用一个布尔值来度量。非功能需求的度量结果会有很大的差异,位于一个线性的范围。例如,性能和可维护性需求可以通过满意程度来度量。

> **功能需求** 一个程序需要做什么。
> **非功能需求** 实现功能需求需要满足的性质。

非功能需求也被非正式地称为"……性",因为描述它们的词语通常以"性"结尾。一些典型的用于描述非功能需求的特性包括:性能、可修改性、可用性、可配置性、可靠性、可用性、安全性和可扩展性。

除需求之外,还有设计约束,如编程语言的选择、系统的运行平台以及与其连接的其他系统。这些设计约束有时被视为非功能需求,两者的区别不容易界定(类似于何处结束需求分析以及何处开始设计),对于临界个案,主要通过协商界定。大多数开发人员将可用性作为非功能需求,并将特定用户界面[如图形用户界面(GUI)或基于 Web 的界面]的选择作为设计约束。但是,它也可以被定义为如下的功能需求:该程序将显示一个 60×80 像素的对话框,然后……

需求由客户在软件工程师的帮助下确立,而技术决策通常由软件工程师做出,不需要太多的客户参与。通常,某些技术决策(例如使用哪种编程语言或工具)可以作为需求,因为程序需要与其他程序进行交互,或者客户机构对特定技术具有专业知识或战略投资。

我们将分析软件工程师面临的各种问题,即使面对的是简单的程序。我们将把这些决策分为功能需求和非功能需求、设计约束和设计决策。但请记住,其他软件工程师可能会对其中一些问题有不同的分类方式。我们将以前面提出的简单排序问题为例。

1.1.2　功能需求

在设计和编写解决方案之前,我们不得不考虑问题的几个方面,并提出许多问题。以下是关于功能需求思考过程的简单总结:

- 输入格式:输入数据的格式是什么?数据应如何存储?字符是什么?在我们的例子中,需要定义文件中的行是用什么分隔的。这一点非常重要,因为不同的平台可能使用不同的分隔符。通常可以考虑换行和回车的一些组合。为了知道边界的准确位置,我们还需要知道输入字符集。最常见的表示方式是每个字符占用 1 个字节,这对于英语和大多数拉丁语派生语言来说是足够的。但是有些表示方式,如汉语或阿拉伯语,因为包含的字符超过 256 个,所以每个字符需要 2 个字节。其他情况则需要单字节和双字节字符表示的组合,此时通常需要一个转义字符,用于在单字节表示和双字节表示之间做转换。对于上述排序问题,我们将假设每个字符占用 1 个字节的简单情况。

- 排序:虽然排序看起来是一个定义明确的问题,但其中涉及许多细微乃至显著的差异。对于初学者——当然,假设我们只有英文字符——我们是按升序还是降序排序?非字母字符如何处理?数字排列在字母之前还是之后?小写和大写字母如何处理?为了简化问题,我们将字符之间的顺序定义为数字顺序,并将文件按升序排序。

- 特殊情况、边界情况和错误条件:是否有特殊情况?我们应该如何处理诸如空行和空文件的边界情况?如何处理不同的错误条件?尽管在详细设计阶段甚至实现阶段之前没有完全明确所有需求并不是很好的做法,却很常见。对于我们的程序,我们不以任何特殊的方式处理空行,除了指定当输入文件为空时,输出文件应该被创建——但是为空。只要所有错误都以信号形式发送给用户,并且输入文件没有被损坏,我们就不指定任何特殊的错误处理机制。

1.1.3　非功能需求

涉及非功能需求的思考过程可以简单地总结为以下几点：

- 性能需求：性能虽然并不像大多数人所认为的那样重要，但始终是一个问题。程序需要在一定时间内处理完大部分或全部输入。对于我们的排序问题，我们将性能需求定义为在 1 分钟时间内对一个包含 100 行、每行 100 个字符的文件进行排序。

- 实时性需求：程序需要实时运行意味着它必须在给定的时间内完成处理，因此性能就成为一个问题。运行时间的变化也是一个大问题。如果一个性能低于平均值的算法在最坏情况下的性能更好，我们可能需要选择该算法。例如，快速排序被当作最快的排序算法之一，然而对于某些输入，它的性能可能较差。在算法术语中，它的预期运行时间的阶是 $n \log(n)$，但是在最坏情况下的阶是 n^2。如果你面临实时性需求，平均性能可以接受，但最坏性能不可以，那么你可能需要选择变化性小的算法，例如堆排序或合并排序。Main（2010 年）进一步讨论了运行时间性能分析。

- 可修改性需求：在编写程序之前，了解程序的预期寿命以及是否计划修改程序很重要。如果程序只使用一次，那么可修改性不是一个大问题。但是，如果要使用 10 年或更长时间，那么我们需要使其易于维护和修改。当然，这个需求会在十年内发生改变。如果我们知道已有计划以某些方式扩展程序，或者需求将以特定方式发生变化，那么我们应该在程序设计和实现时为这些修改做好准备。请注意，即使可修改性需求较低，也不代表可以编写糟糕的代码，因为我们仍然需要能够理解程序以进行调试。对于我们的排序程序示例，如果知道下一步的需求可能会将排序方式从降序变为升序，或者变为同时包括升序和降序排序，我们将考虑如何设计和实现解决方案。

- 安全性需求：客户机构和软件开发人员需要就安全性的定义达成一致，以防止数据和资源的丢失、不准确、变更、不可用或滥用。安全性定义是从客户的业务应用目标、项目资产存在的潜在威胁和管理控制中获得的。安全性可以是功能或非功能需求。例如，软件开发人员可能会认为系统必须防御拒绝服务攻击，以完成其任务。Mead（2005 年）讨论了安全质量需求工程（SQUARE）。

- 可用性需求：在开发软件时需考虑到程序的最终用户具有的特定背景、教育经历、经验、需求和交互方式。收集并研究程序的用户、产品和环境特征，以便设计用户界面。这种非功能需求集中在程序和最终用户之间的交互中。最终用户对这种交互的有效性、效率和成功性进行评估。对可用性需求的评估是不可直接度量的，因为它是通过最终用户在特定可用性测试中报告的可用性属性进行限定的。

1.1.4　设计约束

与设计约束相关的思考过程可概括如下：

- 用户界面：程序应该有什么样的**用户界面**？应该是命令行界面（CLI）还是图形用户界面（GUI）？我们应该使用基于 Web 的界面吗？对于排序问题，基于 Web 的界面听起来不合适，因为用户需要上传文件并下载已排序的文件。虽然使用 GUI 在过去十年左右的时间里已经成为常态，但是 CLI 同样适用于我们的排序问题，特别是因为它在脚本中调用更容易，可以

> **用户界面**　用户从系统中看见、感知和听到的内容。

将手动过程自动化，并将此程序在将来作为模块复用。这是涉及用户界面设计的注

意事项之一。在 1.4 节中，我们将创建几个实现，一些基于 CLI，一些基于 GUI。第 7 章将详细讨论用户界面设计。

- 典型和最大输入规模：根据典型的输入规模，我们可能希望在算法和性能优化上花费不同的时间。此外，特定算法在面对某些类型的输入时性能会特别好或特别坏，例如几乎排好序的输入会使得快速排序需要更多的时间。请注意，你有时会得到不准确的估计值，但是即使是大致的数字也可以帮助你预测问题或引导你采用适当的算法。在这个例子中，如果输入规模较小，你可以使用几乎所有的排序算法，所以你应该选择实现最简单的那种。如果输入规模较大，但内存（RAM）仍然够用，则需要使用高效的算法。如果输入规模超过了内存容量，则需要选择专门的磁盘排序算法。

- 平台：程序需要运行在哪些平台？这是一个重要的业务决策，可能包括架构、操作系统和可用的库。这几乎总是会在需求中表达出来。请记住，虽然跨平台开发变得更加容易，并且有许多语言被设计为可跨平台的，但并不是所有的库都可以在所有平台上使用。支持新平台总是会带来额外的成本。另外，即使在不需要时，丰富的编程经验也有助于实现可移植性。设计和实现程序时，多考虑一点，能最大限度地减少移植到新平台所需的工作。即使不需要支持新平台，对是否支持其他平台以及是否使用能最小化移植困难的技术和编程实践进行快速成本效益分析也是一个很好的做法。

- 进度需求：完成项目的最后期限取决于客户，以及技术端在可行性和成本方面的输入。例如，关于进度计划的对话可能是：客户提出"项目需要在下个月之前完成"的需求，你回应"这需要的成本是原计划两个月成本的两倍"或"那不能做到。这通常需要 3 个月。我们可以尽力把它压缩到两个月，但不能更短了"。客户可能同意这一点，也可能说"如果下个月不能完成，那就没有用了"，并取消了项目。

1.1.5 设计决策

与排序问题的设计决策相关的步骤和想法可以归纳如下：

- 编程语言：通常这将是一个技术设计决策，尽管被当作设计约束也并不罕见。所需的编程语言类型、性能和可移植性需求，以及开发人员的技术专长往往会在很大程度上影响编程语言的选择。

- 算法：在实现系统时，通常有多个部分会受到算法选择的影响。当然，在我们的示例中，可以选择多种算法来进行排序。所使用的语言和可用的库也会影响算法的选择。例如，要进行排序，最简单的解决方案是使用编程语言提供的标准函数，而不是自己实现。因此，可使用实现选择的任何算法。性能通常是选择算法时最重要的影响因素，但需要与实现算法所需的工作量和开发人员对算法的熟悉程度相平衡。算法通常是设计决策，但也可以作为设计约束，甚至作为功能需求。在许多业务环境中，可能会要求使用特定的算法或数学公式，在许多科学应用中，目标是测试几种算法，这意味着你必须使用这些算法。

1.2 测试

在定义、开发过程中和完成后，测试程序总是一个好习惯。这可能听起来像是理所应当的建议，但实践中并不总是这样做。测试有多种类型，其中一种是验收测试，指由客户或代表客户的人员来执行，以确保程序按照规定运行。如果此测试失败，客户可以拒收该程序。

项目开始时的简单确认测试可以通过向客户展示手绘的"问题解决方案"界面来完成，这种做法可确保你对这个问题的看法和客户的期望一致。开发人员运行自己的内部测试来确定程序是否正常工作，这些测试称为验证测试。确认测试确定开发人员是否为客户构建了正确的系统，验证测试确定构建的系统是否正确。

　　虽然开发机构进行了许多类型的测试，但是对于单个程序员来说，最重要的一种验证测试是单元测试——由程序员测试软件每个单元的过程。编写代码时，你还必须编写测试用例来检查所编写的每个模块、函数或方法。一些方法，特别是极限编程，甚至提出编程人员应该在编写代码之前编写测试用例，参见 Beck（2004 年）的著作中关于极限编程的讨论。缺乏经验的程序员通常没有意识到测试的重要性，他们编写的函数或方法依赖于未经过适当测试的其他函数或方法。当一个方法失效时，他们不知道实际上是哪个函数或方法失效。

　　区分黑盒和白盒测试也很重要。在黑盒测试中，测试用例仅基于需求规格说明书，而不是实现代码。在白盒测试中，可在查看设计和代码实现时设计测试用例。在进行单元测试时，程序员可以访问实现，但仍然应该进行黑盒和白盒混合测试。当我们讨论示例程序的实现时，将对它进行单元测试。在第 10 章会对测试进行更广泛的讨论。

1.3　估计工作量

　　软件项目最重要的方面之一是估计其工作量。工作量估计是制定成本估算和进度计划所必需的。在做出完整的工作量估计之前，必须理解需求。一个有趣的练习说明了这一点。

尝试以下练习：

　　估计使用你最喜欢的语言和技术，需要几分钟的时间来编写一个从文件逐行读取文本，并将这些行排序后写入另一个文件的程序。假设你将自己编写排序例程，并实现一个如图 1.21 所示的简单 GUI，其中有两个文本框用于提供两个文件名，每个文本框旁边都有一个按钮。单击任意一个按钮将显示打开文件对话框，如图 1.22 所示，用户可以在其中浏览计算机的文件系统并选择文件。假设你只完成这一项任务，并且没有任何干扰。在 1 分钟内提供估计结果（在步骤 1 中）。

步骤 1

　　估计理想的总时间：＿＿＿＿＿＿＿＿

　　"你能够直接完成这项任务，没有任何干扰"这个假设现实吗？你不需要去洗手间或喝点水吗？你什么时候可以花时间在这个任务上？如果你被要求从现在开始，尽可能快地完成此任务，你估计何时能完成任务？假设从现在开始，你估计何时可以将这个程序完成并交付给客户？在步骤 2 中，估计你没有用于完成该任务的时间（例如，吃饭、睡觉、其他课程时间等）。

步骤 2

　　估计日历时间，开始于：＿＿＿＿＿＿　　结束于：＿＿＿＿＿＿　　休息于：＿＿＿＿＿＿

　　现在，我们创建一个新的估计，将整个程序分成几个单独的开发任务，每个开发任务在合适的情况下可被分为几个子任务。你当前的任务是一个规划任务，其中包括一个子任务：估计。考虑到项目的需求，假设你将创建一个名为 StringSorter 的类，其中有 3 个公共方法：Read, Write 和 Sort。对于排序例程，假设你的算法将找到最大的元素，将该元素放在数组的末尾，然后使用相同的机制对数组的其余部分进行排序。

假设你将创建一个名为 IndexOfBiggest 的方法，该方法返回数组中最大元素的索引。使用下面的图表，在步骤 3 中估计执行每个任务（和 GUI）需要多少时间。

步骤 3

理想的总时间	日历时间
Planning	
IndexOfBiggest	
Sort	
Read	
Write	
GUI	
Testing	
Total	

这次估计值与前一次的估计值有多接近？你使用什么公式将理想时间转换为日历时间？你将向客户给出的交付日期是什么？

现在，设计和实现你的解决方案，同时跟踪步骤 4 中的时间。

步骤 4

跟踪每个任务实际花费的时间以及你遇到的干扰，这都是有价值的数据收集活动。将这些时间与你的估计值进行比较。偏高还是偏低？有什么模式吗？你最初估计的总时间有多准确？

如果你在本练习中进行了这些活动，那么可能发现，在将任务划分为子任务后估计更为准确。你还将发现，即使对于明确定义的任务，估计总体上也不太准确。项目和工作量估计是软件项目管理和软件工程中最棘手的问题之一。为了进一步了解为什么要跟踪每个人的开发时间，请参阅 Humphrey（1996）的著作中的 Personal Software Process（PSP）。准确的估计是很难实现的。将任务分成较小的任务，并保存之前的任务和估计数据通常是有帮助的开始。这个主题将在第 13 章中详细讨论。

重要的是，这个估计是由完成任务的人做的，而这个人通常是程序员。客户还需要检查估计的合理性。估计的一个大问题是从概念上讲，它在项目开始之前的投标期间就已开始。实际上，为了得到一个相对准确的估计值，需要很多待设计的开发任务和信息。

1.4 实现

在本节中，我们将讨论排序程序的几个实现，包括实现排序功能的两种方法和用户界面的几种变体。我们还将讨论对实现进行单元测试。示例代码用 Java 语言编写，使用 JUnit 来帮助进行单元测试。

1.4.1 关于实现的几个要点

虽然软件工程更倾向于关注需求分析、设计和过程，而不是实现，但是只要实现不好，那么即使所有其他部分都是完美的，程序也绝对是不好的。尽管对一个简单的程序来说怎么都能实现，但遵循一些简单的规则通常会使你的编程更容易。在这里，我们将仅讨论几种与编程语言无关的规则，并在 1.8 节给出其他相关书籍。

- 最重要的规则是保持一致——特别是在选择命名、大小写和编程约定时。如果你是单独编程，那么只要是一致的，特定约定的选择并不重要。你还应该尽量遵循所使用编程语言的已确立的约定，即使这不是你本来的选择。这将确保你不会引入两种约定。例如，在 Java 中已约定俗成，类名开头为大写字母，而变量名开头为小写字母。如果你的名称包含多个单词，请使用大写字母表示单词界限，例如 FileClass 和 fileVariable。在 C 中，约定是几乎仅使用小写字母，并用下划线分隔单词。因此，在用 C 编程时，我们遵循 C 的约定。一些常见操作用词的选择也由约定指定。例如，打印、显示、展示或输出变量是一些含义类似的操作术语。编程语言约定还提供了关于变量的默认名称、对较短或较长名称的偏好等的提示。在你的选择中尽可能保持一致，并遵循语言已有的约定。
- 仔细选择名称。除了命名一致性外，还要确保函数和变量的名称是描述性的。名称太麻烦，或者很难找到一个好名字，通常是设计中可能存在问题的迹象。一个很好的经验法则是为具有全局作用域的实体（例如类和公共方法）选择较长的描述性名称。对本地引用使用较短名称，这些引用的作用域非常有限，例如局部变量、私有名称等。
- 在使用函数或方法之前进行测试，确保它能正常工作。这样，一旦有错误，你就知道问题出在正在编写的模块中。仔细进行单元测试，在单元测试之前或之后编写测试用例，将有助于你建立使用该单元的信心。
- 了解标准库。在大多数现代编程语言中都有标准库，这些库实现了许多常用功能，通常包括数据的排序和收集、数据库访问、Web 开发工具、网络服务等。不要重新发明或重新实现轮子。使用标准库将省去额外的工作，使代码更易于理解，并且通常运行速度更快而错误更少，因为标准库已进行了良好的调试和优化。在初学编程时，许多练习都涉及解决经典问题并实现众所周知的数据结构和算法。虽然这是有价值的练习，但不意味着你应该在实际开发过程中使用自己的实现。对于我们的示例编程问题，Java 具有健壮而快速的排序例程。使用它而不是自己编写可以节省时间和精力，并产生更好的实现。为了进行说明，我们仍然自己实现，但也会使用 Java 排序例程。
- 如果可能，请对代码进行审查。软件审查是减少软件缺陷的最有效方法之一。向其他人展示你的代码不仅有助于检测功能错误，还会检测到不一致和不好的命名。它还将帮助你从他人的经验中学习。这是另一种与学校项目不相容的习惯。在大多数这样的项目中，从其他同学处获得帮助可能被视为作弊。也许可以在代码提交之后进行审查。审查有益于学校作业和真实项目。

1.4.2 基本设计

鉴于我们将实现不同的用户界面，在基本设计中将排序功能与用户界面分开是一个很好的做法，因为用户界面比功能变化得更快。我们有一个叫作 StringSorter 的类，它有 4 个方法，第一个从文件中读取字符串，第二个对字符串的集合进行排序，第三个将字符串写入文件，第四个结合前 3 个方法获取输入和输出文件名。不同的用户界面将在不同的类中实现。鉴于 StringSorter 不知道如何处理异常情况，例如读取或写入数据流时发生的错误，因此我们通过适当的方法传递异常，由用户界面类决定如何处理它们。我们还有一个利用 JUnit 框架进行所有单元测试的类。

1.4.3 使用 JUnit 进行单元测试

JUnit 是单元测试框架之一，J 代表 Java。单元测试框架的原始库是用 Smalltalk 开发的，有许多其他语言的变体，例如 C++ 的 cppUnit。我们只需要创建一个继承自 junit.framework.TestCase 的类，它定义了名称以 test 开头的公共方法。JUnit 使用 Java 的反射功能来执行所有这些方法。在每个测试方法中，可以使用 assertEquals 来验证两个应该相等的值是否相等。这里我们只对 JUnit 进行基本介绍，将在第 10 章中做进一步讨论。

1.4.4 StringSorter 的实现

我们将先介绍实现，然后介绍测试用例。我们假定你有一定的 Java 编程基础，尽管熟悉别的面向对象编程语言也足以理解本节。这些方法可能以不同的顺序开发，我们将按照我们开发的顺序呈现它们：Read、Sort、Write。这也是最终程序执行的顺序，并且将更易于测试。

我们引入几个命名空间，并声明 StringSorter 类。唯一的实例变量是按行存储的 ArrayList。ArrayList 是一个可以动态增长的容器，并支持对其元素按索引访问。它大致对应于其他编程语言中的 vector。在标准 Java 集合库中，这是另一个可以说明使用标准库有利于节省时间的示例。注意，我们没有在图 1.1 中声明变量的访问权限为 private，这是因为测试类需要访问它。Java 中没有类似 C++ 中友元类的概念，可以通过将变量设置为默认的 protected 权限，允许同一个包中的所有类访问该变量。这是一种不错的折中方式，我们将在第 10 章进一步讨论。如图 1.2 所示，我们的第一个方法涉及从文件或流中读取行。为了使该方法更为通用，我们使用一个 Reader 类来读取基于文本的流。通过使用 Reader 而不是一个显式基于 Files 的类，我们可以使用同一个方法从标准输入设备甚至网络中读取数据。另外，因为我们暂时还不知道如何处理异常，所以只是让 IOException 传递过去。

```
1  import java.io.*; // for Reader (and subclasses), Writer (and subclasses) and IOException
2  import java.util.*; // for List, ArrayList, Iterator
3
4  public class StringSorter {
5      ArrayList<String> lines;
```

图 1.1   类声明及 import 语句

```
9   public void readFromStream( Reader r ) throws IOException
10  {
11      BufferedReader br=new BufferedReader ( r );
12      lines=new ArrayList<String> ();
13
14      while ( true ) {
15          String input=br . readLine ( );
16          if ( input==null )
17              break ;
18          lines . add ( input );
19      }
20  }
```

图 1.2   readFromStream 方法

为使用 JUnit 测试这个方法，我们创建一个继承 TestCase 的类。我们还定义一个名为 make123 的方法，它创建一个 ArrayList，含有按照图 1.3 中顺序插入的 3 个字符串（one、two 和 three）。

然后定义我们的第一个方法 testReadFromStream，如图 1.4 所示。在这个方法中，我们创建一个 ArrayList 和一个 StringSorter。我们打开一个已知文件，并使用 StringSorter 从中进行读取。假设已经知道文件中存放的数据，因此我们知道 StringSorter 中的 ArrayList 内部应该是什么。我们断言它应该等于已知值。

```
5   public class TestStringSorter extends TestCase {
6       private ArrayList<String> make123 ( ) {
7           ArrayList<String> l = new ArrayList<String> ( );
8           l . add ( "one" );
9           l . add ( "two" );
10          l . add ( "three" );
11          return l;
12      }
```

图 1.3　TestStringSorter 声明及 make123 方法

```
34      public void testReadFromStream( ) throws IOException{
35          Reader in=new FileReader ( "in.txt" );
36          StringSorter ss=new StringSorter();
37          ArrayList<String> l= make123 ( );
38          ss . readFromStream ( in );
39
40          assertEquals ( l , ss .lines );
41      }
```

图 1.4　testReadFromStream 方法

通过键入 java.junit.swingui.TestRunner，我们可以在设置 classpath 并编译好所有的类之后运行 JUnit。这将为我们提供一个可供选择的类列表。当选择 TestStringSorter 类时，我们会看到一个如图 1.5 所示的用户界面，它表示所有的测试都已实现并成功运行。单击 **Run** 按钮将重新运行所有测试，并显示有多少测试成功。如果测试不成功，提示栏将是红色而不是绿色。默认情况下会重新加载类，因此你可以打开、修改、重新编译窗口并再次单击 **Run**。

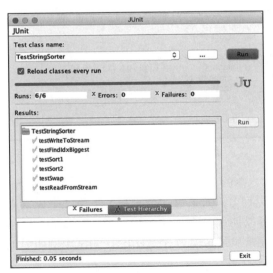

图 1.5　JUnit 的 GUI。由 JUnit 提供

在我们验证测试成功之后，可以开始构建下一个方法，实现排序功能。我们决定使用一个简单的算法：在数组中找到最大的元素，然后交换其与最后一个元素的位置，并对数组的其余元素重复上述步骤。我们需要两个支撑函数，一个用于交换数组中的两个元素，另一个用于查找最大元素的索引。交换函数的代码如图 1.6 所示。

```
46    static void swap ( List<String> l, int i1, int i2 ) {
47        String tmp=l.get ( i1 );
48        l.set ( i1,l.get ( i2 ));
49        l.set ( i2, tmp );
50    }
```

图 1.6　交换两个整数的代码

因为 swap 是一个通用函数，可以在许多情况下重用，所以我们决定独立于 StringSorter 类构建它。鉴于此，将其作为静态方法是合理的。在 C++ 或其他语言中，它是在类外部定义的并且不与任何类相关联的函数。静态方法是 Java 中与之最为接近的技术。我们将一个 List 以及两个元素的索引作为参数，List 是 ArrayList 实现的通用接口。如图 1.7 所示，该方法的测试用例在 TestStringSorter 类的 testSwap 方法中。

```
22    public void testSwap ( ) {
23        ArrayList<String> l1= make123 ( );
24
25        ArrayList<String> l2=new ArrayList<String> ( );
26        l2.add ( "one" );
27        l2.add ( "three" );
28        l2.add ( "two" );
29
30        StringSorter.swap ( l1,1,2);
31        assertEquals ( l1, l2 );
32    }
```

图 1.7　testSwap 方法

下一个方法返回 List 中最大元素的索引。如图 1.8 所示，其名称为 findIdxBiggest。显然，Idx 是索引的缩写。我们曾讨论是命名为 largest、biggest 还是 max/maximum（我们觉得这些名称同样合适）。在决定使用 biggest 后，我们确保不使用其他两个单词命名变量。

```
32    static int findIdxBiggest ( List<String> l, int from, int to) {
33        String biggest=l.get ( 0 );
34        int idxBiggest=from ;
35
36        for ( int i=from+1; i<=to; ++i ) {
37            if ( biggest.compareTo ( l.get ( i ) ) <0 ) {// it is bigger than biggest
38                biggest=l.get ( i );
39                idxBiggest=i ;
40            }
41        }
42        return idxBiggest ;
43    }
```

图 1.8　findIdxBiggest 方法

我们使用 Strings 类中的 compareTo 方法，如果第一个元素小于第二个元素则返回 -1，如果它们相等则返回 0，如果第一个元素大于第二个元素则返回 1。ArrayList 中的元素是字符串，因此可以使用这个方法。请注意，Java（自 1.4 版起）不支持泛型（C++ 中的模板），因此必须将元素显式转换为 Strings。测试用例如图 1.9 所示。

```
14    public void testFindIdxBiggest ( ) {
15        StringSorter ss=new StringSorter ( );
16        ArrayList<String> l= make123 ( );
17
18        int i=StringSorter.findIdxBiggest( l,0,l.size ( ) -1);
19        assertEquals ( i, 1);
20    }
```

图 1.9　testFindIdxBiggest 方法

如图 1.10 所示，在完成 swap 和 findIdxBiggest 方法后，sort 方法变得相对容易实现。测试用例如图 1.11 所示。请注意，如果我们了解标准库，还可以使用一个更简单的实现，即使用标准 Java 库中的 sort 函数，如图 1.12 所示。这样可避免写 swap 和 findIdxBiggest。了解标准库绝对是值得的。

```
52    public void sort() {
53        for ( int i=lines . size ( ) - 1 ; i>0 ;  --i ) {
54            int big=findIdxBiggest ( lines , 0 , i ) ;
55            swap ( lines , i , big ) ;
56        }
57    }
```

图 1.10　sort 方法

```
43    public void testSort1() {
44        StringSorter ss= new StringSorter ( ) ;
45        ss . lines=make123 ( ) ;
46
47        ArrayList<String> l2=new ArrayList<String>( ) ;
48        l2 . add ( "one" ) ;
49        l2 . add ( "three" ) ;
50        l2 . add ( "two" ) ;
51
52        ss . sort ( ) ;
53
54        assertEquals (l2 , ss . lines ) ;
55    }
```

图 1.11　testSort1 方法

```
60    void sort ( ) {
61        java . util . Collections . sort ( lines ) ;
62    }
```

图 1.12　使用 Java 标准库中的 sort 方法

如图 1.13 所示，接下来是写文件。如图 1.14 所示，我们通过将已知的值写入文件，然后再次读出并进行比较来测试。现在需要的是实现获取文件名称的 sort 方法，如图 1.15 所示。鉴于我们已经明白了如何使用测试用例，这是很容易做到的。该方法的测试用例如图 1.16 所示。

```
22    public void writeToStream ( Writer w ) throws IOException {
23        PrintWriter pw=new  PrintWriter ( w ) ;
24        Iterator i=lines . iterator ( ) ;
25        while ( i . hasNext ( ) ) {
26            pw . println ( ( String ) ( i . next ( ) ) ) ;
27        }
28    }
```

图 1.13　writeToStream 方法

```
57    public void testWriteToStream ( ) throws IOException{
58        StringSorter ss1=new StringSorter ( ) ;
59        ss1 . lines=make123 ( ) ;
60        Writer out=new FileWriter ( "test.out" ) ;
61        ss1 . writeToStream ( out ) ;
62        out . close ( ) ;
63
64        // then read it and compare
65        Reader in=new FileReader ( "in.txt" ) ;
66        StringSorter ss2=new StringSorter ( ) ;
67        ss2 . readFromStream ( in ) ;
68        assertEquals (ss1 . lines , ss2 . lines ) ;
69    }
```

图 1.14　testWriteToStream 方法

```
65    public void sort ( String inputFileName , String outputFileName ) throws IOException{
66          Reader in=new FileReader ( inputFileName ) ;
67          Writer out=new FileWriter ( outputFileName ) ;
68
69          StringSorter ss=new StringSorter ( ) ;
70          ss . readFromStream ( in ) ;
71          ss . sort ( ) ;
72          ss . writeToStream ( out ) ;
73
74          in . close ( ) ;
75          out . close ( ) ;
76    }
```

图 1.15   sort 方法（获取文件名称）

```
71    public void testSort2 ( ) throws IOException{
72          StringSorter ss1=new StringSorter ( ) ;
73          ss1 . sort ( "in.txt" , "test2.out" ) ;
74          ArrayList<String> l=new ArrayList<String> ( ) ;
75          l . add ( "one" ) ;
76          l . add ( "three" ) ;
77          l . add ( "two" ) ;
78          Reader in=new FileReader ( "test2 . out" ) ;
79          StringSorter ss2=new StringSorter ( ) ;
80          ss2 . readFromStream ( in ) ;
81          assertEquals ( l , ss2 . lines ) ;
82    }
```

图 1.16   testSort2 方法

1.4.5   用户界面

我们现在有一个 StringSorter 的实现，并且有理由相信它将按照预期工作。我们意识到测试不是那么全面，尽管如此，可以继续构建一个用户界面，用于使用 StringSorter 的功能。我们的第一个实现是一个命令行，而不是 GUI，如图 1.17 所示。它将输入和输出文件的名称作为命令行参数。

```
1    import java. io . IOException ;
2    public class StringSorterCommandLine {
3          public static void main ( String args [ ] ) throws IOException {
4                if ( args . length ! =2 ) {
5                      System . out . println ( "Usage: java Sort1 inputfile outputfile" ) ;
6                } else {
7                      StringSorter ss=new StringSorter ( ) ;
8                      ss . sort ( args [ 0 ] , args [ 1 ] ) ;
9                }
10          }
11    }
```

图 1.17   StringSorterCommandLine 类，为 StringSorter 功能实现了一个命令行接口

我们键入以下命令来使用它：

```
java StringSorterCommandLine abc.txt abc_sorted.txt
```

你认为这是一个有用的用户界面吗？其实，对很多人而言是的。如果你一直开着一个命令行窗口，或者在没有 GUI 的情况下工作，那么键入命令并不困难。此外，在脚本中使用此命令对大量文件进行排序非常容易。实际上，你还可以使用脚本来更全面地测试实现。除了可脚本化之外，另一个重要优点是构建该界面很容易。这意味着更少的工作量、更低的成本和更少的错误。

但是，对于有的人来说，这并不是一个有用的界面。如果你习惯于仅使用 GUI，或者通常不会开着命令行窗口，并且不打算对大量文件进行排序，则 GUI 将会更好。然而，

GUI 不一定比 CLI 更好，这取决于使用方式和用户。此外，非常容易设计出不好的 GUI。例如图 1.18 所示的实现，该图中的代码将显示图 1.19 所示的对话框。用户单击 OK 按钮后，将显示图 1.20 所示的对话框。请注意图 1.20 中对话框顶部的标题"Input"和提示信息"Please enter output file name"。这对用户而言可能存在矛盾。

```
4   public class StringSorterBadGUI {
5       public static void main ( String args [ ] ) throws IOException {
6           try {
7               StringSorter ss=new StringSorter ( ) ;
8               String inputFileName= JOptionPane . showInputDialog ( "Please enter input file name" ) ;
9               String outputFileName= JOptionPane . showInputDialog ( "Please enter output file name" ) ;
10              ss . sort ( inputFileName , outputFileName ) ;
11          } finally {
12              System . exit ( 1 ) ;
13          }
14      }
15  }
```

图 1.18　`StringSorterBadGUI` 类，为 `StringSorter` 功能实现了一个不方便使用的 GUI

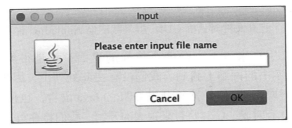

图 1.19　输入文件名对话框（一个不方便使用的 GUI）。屏幕截图经 Apple Inc. 许可转载

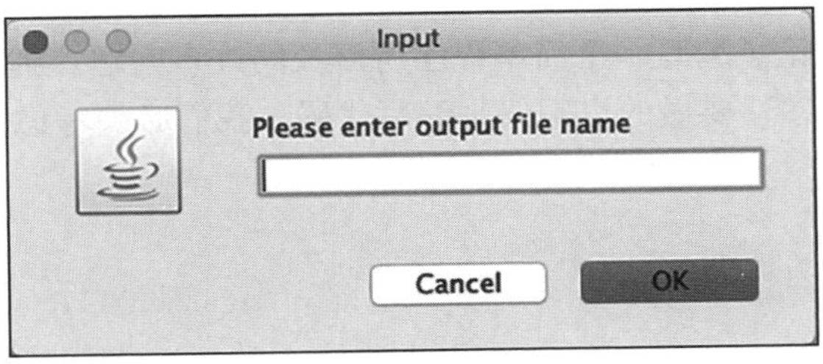

图 1.20　输出文件名对话框（一个不方便使用的 GUI）。屏幕截图经 Apple Inc. 许可转载

这并不比命令行版本的用户界面需要更多的工作量，但使用效率非常低。尽管它是一个 GUI，但对几乎所有的用户来说都比 CLI 更难使用。更好的界面如图 1.21 所示，虽然改进不是很大，但至少两个输入在同一处。使它更便于使用的是右边的按钮将打开一个如图 1.22 所示的对话框，用于选择一个文件。

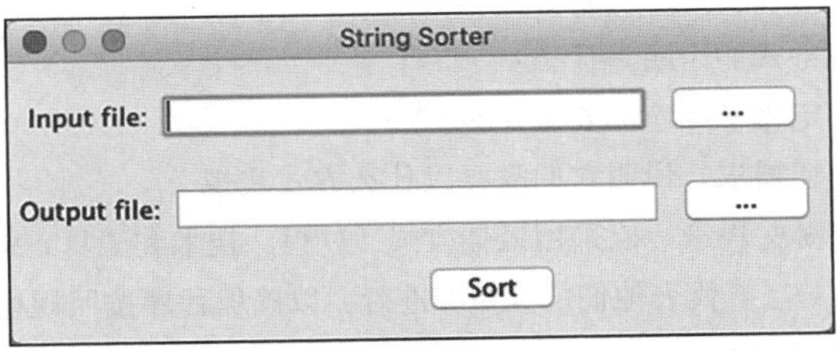

图 1.21　输入和输出文件名对话框 GUI。屏幕截图经 Apple Inc. 许可转载

图 1.22　打开文件对话框 GUI。屏幕截图经 Apple Inc. 许可转载

　　这对于大多数 GUI 用户来说至少是一个像样的界面。不是很漂亮，但简单且功能齐全。该 GUI 的代码可在本书的网站上找到。我们没有在此处列出，因为需要 Java 和 Swing 的背景知识才能理解它。注意，即使是擅长开发 GUI 的 Java 语言，也使用了 75 行代码，这比 `StringSorter` 类更长。有时候，GUI 将带来很大的开销。我们将在第 7 章讨论用户界面设计。

1.5　总结

　　在本章中，我们讨论了编写一个简单程序所涉及的许多问题。到目前为止，你应该已经意识到，即使是简单程序，要做的也不仅是编写代码。我们必须考虑以下问题：
- 需求
- 设计
- 代码实现
- 单元测试
- 个人工作量估计
- 用户界面

其中大部分内容属于软件工程，我们将在本书中对其进行概述。

1.6　复习题

1.1　定义和限定程序需要做什么的声明是什么？

1.2　限制软件设计和实现方式的声明是什么？

1.3　哪种类型的需求声明定义了程序需要做什么？

1.4　什么需求适合作为功能需求？说明它们需要以什么方式实现。

1.5　软件工程师需要做出哪些决策，以采用最佳方式（过程、技术和工具）来实现需求。

1.6　什么类型的测试由客户（或代表他们的人员）进行，以确保程序按照规格说明运行？

1.7　什么是 GUI？什么是 CLI？

1.8　列出 3 种典型的非功能需求。

1.7 练习题

1.1 对于接下来的两个软件项目（一个编程任务，一个查找一组有理数中的最大值和最小值的程序），在完成它们之前估计将花费多少工作量，然后跟踪实际花费的时间。你的估计有多准确？

1.2 在学习本章讨论的编程工作量时，你观察到相关活动的顺序是什么？

1.3 你认为编程语言约束是否应该被视为一个需求。解释你为什么这样想。

1.4 下载本章的程序，并为 StringSorter 类的每个方法添加至少一个测试用例。

1.5 在本章简单程序的讨论中，"基本"设计考虑了哪些事项？你是否已经写下这些考虑事项，或者在实际编码之前与一位可信赖的人进行了回顾？

1.6 考虑一个 CLI，不将文件名称作为参数，而是通过键盘获取它们（例如，它显示"Input file name:"，然后从键盘读取文件名）。这是一个更好的用户界面吗？为什么？

1.7 考虑一个新的用户界面，用于排序程序，它结合了 CLI 和 GUI。如果它在命令行中接收到参数，则会进行排序。如果没有，它将显示对话框。这会是一个更好的界面吗？与其他界面相比，它的优点和缺点是什么？

1.8 参考文献和建议阅读

Beck, K., and C. Andres. 2004. *Extreme Programming Explained: Embrace Change*, 2nd ed. Reading, MA: Addison-Wesley.

Dale, N., C. Weems, and M. R. Headington. 2003. *Programming and Problem Solving with Java*. Sudbury, MA: Jones and Bartlett.

Humphrey, W. 1996. *Introduction to the Personal Software Process*. Reading, MA: Addison-Wesley.

Hunt, A., and D. Thomas. 2003. *Pragmatic Unit Testing in Java with Junit*. Sebastopol, CA: Pragmatic Bookshelf.

Kernighan, B. W., and R. Pike. 1999. *The Practice of Programming*. Reading, MA: Addison-Wesley.

Main, M., and W. Savitch. 2010. *Data Structures and Other Objects Using C++*, 4th ed. Reading, MA: Addison-Wesley.

McConnell, S. 2004. *Code Complete 2*. Redmond, WA: Microsoft Press.

Mead, N. R., and T. Stehney. 2005. "Security Quality Requirements Engineering (SQUARE) Methodology." In *SESS '05 Proceedings of the 2005 Workshop on Software Engineering for Secure Systems*, 1–7. New York: Association for Computing Machinery.

Wu, C. T. 2009. *Introduction to Objected Oriented Programming with Java*, 5th ed. New York: McGraw-Hill.

构建一个系统

目标
- 描述系统的规模和复杂度问题。
- 描述系统的开发和支持中的技术性问题。
- 描述系统的开发和支持中的非技术性问题。
- 以薪资管理系统为例，讨论大型应用软件的开发和支持活动中的关注点。
- 描述协调过程、产品和人员所需的工作量，这些软件工程主题将在后面的章节中展开。

2.1 构建一个系统的特征

上一章关注的是一个人为几个用户开发单个程序的环境和条件。我们已经看到，即使一个人编写单个程序，也必须考虑多个事项。在本章中，我们将描述构建一个多组件系统时的相关问题和关注点，这种系统包含几个到成百上千个组件。组件数量和复杂性的增加要求我们学习和理解软件工程的各个方面、原理和技术。这个讨论说明了软件工程作为一门学科的理由，特别是对于需要一个团队完成的大型复杂项目。

2.1.1 规模和复杂度

随着软件变得无处不在，开发含有软件的系统也变得越来越复杂。从本质上讲，大型项目涉及更多的组件、更多的任务、更多的人员和更复杂的工具。项目规模和复杂度密切相关。软件工程师既要解决简单问题，也要解决复杂问题，并处理它们之间的明显差异。复杂问题表现在广度和深度的多个层面。广度问题涉及以下几个方面：
- 主要功能的数量
- 各功能区域内的功能点数量
- 与其他组件或其他外部系统的接口和连接数量
- 并发用户数量
- 数据类型和数据结构的数量

深度问题涉及不同项之间的连接和关系。连接可能通过数据共享，也可能通过控制转移，或两者兼有。关系可以采取分层、顺序、循环、递归或其他形式。在分层关系的情况下，层次的数量是深度问题的一个例子。此外，嵌套循环等关系往往更加复杂。递归关系是一种特殊的嵌套循环，在设计和测试中需要额外关注。在开发这些复杂问题的解决方案时，软件工程师必须设计另外一组可能不同于该问题关系中的关系。图 2.1 显示了引入（1）规模（广度）和（2）复杂度（深度和交互次数）的影响。虽然仅查看图即可自然地"感受"到差异，但差异还是值得你花时间去分析。该图中的简单情况有 3 个主要部分：（1）开始过程，（2）执行 3 个普通任务，（3）终止过程。在图 2.1b 中，随着"等待信号"和"执行任务 A_2"的增加，普通任务的数量从 3 个增加到 5 个。还有一个新的判定任务，由图中心的菱形表示。判定任务大大增加了路径或选择的数量，从而导致复杂度增加。此外，通过引入与判定任务有关的循环关系，复杂度进一步增加。在循环或重复关系中涉及更多的交互，这比图 2.1a 中描绘的任务之间的直接顺序关系更复杂。

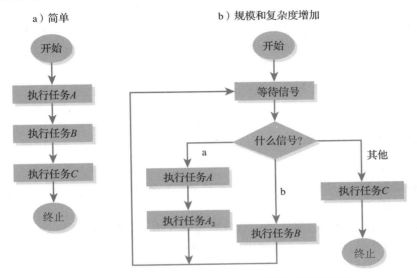

图 2.1　规模和复杂度。a）简单。b）规模和复杂度增加

　　如图 2.1 所示，任务和判定数量相对较小的增加极大地增加了复杂度。与单个编程模块一样，在软件系统的问题中，规模和复杂度都被放大数倍时，解决这些问题的方法也涉及对规模和复杂度的类似放大。软件工程师不仅要关注详细设计，还必须要考虑对整体架构、编码、测试、客户部署、后续客户支持和未来扩展 / 修改的复杂度影响。

2.1.2　开发和支持的技术性考虑

　　在以下三个部分中，我们将讨论与开发和支持一个系统有关的各种技术问题。

问题和设计分解

　　当我们从构建软件系统的简单情况向复杂情况转变时，必须考虑一些技术问题。基本的问题是如何处理所有的组成部分和它们之间的关系。一个常见的解决方案基于分治的概念。这源于 Parnas（1972 年）首先提出的模块化概念，模块化将在第 7 章进一步讨论。那我们如何将一个大型复杂问题与其解决方案分解成较小的组成部分？这个问题比它听起来更困难。我们首先需要通过将问题分解为较小的片段来简化大型复杂问题。成功完成这一过程之后，需要决定是否应该按照问题片段的划分界限来设计和分解软件系统解决方案。因此，如果问题描述或需求按功能和特征进行划分，我们可以按照相同的功能和特征片段来设计解决方案。或者，我们可以为解决方案选择另一种分解方法，按照"对象"划分。（有关对象的进一步讨论见第 7 章。）解决大型复杂问题的关键是考虑通过以下类型的活动来进行某种形式的简化：

- 分解
- 模块化
- 分离
- 增量迭代

在 2.2.2 节中，将以薪资管理系统的设计为例，进一步讨论这个概念。

技术和工具考虑

除了要分解问题及其解决方案之外，还要解决与技术和工具相关的问题。如果你不是单独为某些用户编写程序，那么特定编程语言的选择可能会成为一个问题。一个大型复杂系统的软件需要多个人来开发。尽管所有相关的开发人员可能都会几种编程语言，但每个人通常都会有不同的经验。这种背景和经验的多样性往往会导致个人对某种编程语言的偏爱或反对，也可能影响开发工具的选择。需要选择一个共同的编程语言和开发工具。除了编程语言和开发工具之外，还有与以下内容相关的技术选择需要进一步考虑：

- 数据库
- 网络
- 中间件
- 其他技术组件，如代码版本控制

这些必须由参与构建和支持复杂软件系统的所有各方共同商定。

过程和方法

在讨论简化和分解的必要性时，不免要提到方法和过程。即使只有一个人开发解决方案，也仍然需要了解问题或需求。通常需要先花时间来整理或者设计解决方案，再实现。对解决方案的测试可以由同一个人执行，用户可能参与其中。在这样的条件下，人们之间的交流很少。设计文档等材料只在作者手里，不会传递给其他人。记录所进行的工作是有必要的，因为即使只有一个开发人员，也可能会忘记所做决策背后的一些理由。这种情况下通常不需要协调各个工作项，因为可能没有这么多的组成部分。当只涉及一两个人时，执行任何任务使用的具体方法都不需要协调。

在开发大型复杂系统的情况下，问题会由许多不同的专业人员进行分解和处理，需要一个**软件开发过程**来指导和协调这群人。简单的事项（如表达设计所用的语法）需要所有开发人员达成一致，以便他们能够审查、理解、编写，并生成一个一致且内聚的设计方案。用于解决特定任务的每种方法以及整个开发过程必须得到参与项目的团队成员的同意。提出软件开发和支持过程是为了协调和管理涉及人员较多的复杂项目。当一群

> **软件开发过程** 软件生成过程中的一组任务，以及这些任务的输入和输出、顺序和流程、前置条件和后置条件。

人变成一个相互协作的团队时，将会对软件开发和支持过程带来极大便利。虽然在不断做出改进和提出新的建议，但还没有人提出完全去除过程或方法。无论是否相信软件过程，人们普遍认为必须使用一些过程，以便协调一个复杂的软件项目取得成功。传统的软件过程模型和新兴的过程模型，包括目前流行的敏捷方法，将在第 4 章和第 5 章中讨论。

图 2.2 所示的六个主要任务是软件开发和支持中的常见任务。每个任务都作为一个独立的事项，都会提出预期是什么和如何执行该预期的问题。例如，是否有一种收集需求的方法？如果有多个人执行需求收集任务，那么如何分解这个任务？同样，我们可能会问用户支持由什么构成，必须解决什么问题。

图 2.2 所示的各个任务是相互独立的。当有多个人参与软件开发和支持时，必须清楚地了解顺序、重叠和开始条件。例如，设计者和程序员可能与需求分析师不是一群人，而需求分析师会与客户进行合作。设计者和程序员在什么时候开始任务？这些任务之间有多少重叠？应如何对完整代码进行集成和测试？过程定义可以回答这些问题，帮助协调各项任务，

并确保按照以前商定的方法执行这些任务。

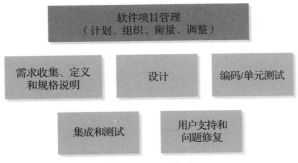

图 2.2　独立任务

　　图 2.3 表示采用了增量开发和持续集成概念的一种方法。软件集成是将已测试的独立单元连接到一个协调一致的完整系统中的过程。自 20 世纪 70 年代首次构建大型系统以来，持续集成已经付诸实践（Tsui 和 Priven，1976）。最近，由于广泛使用增量开发和敏捷方法，持续集成越来越流行。当前流行的术语 CI/CD，即**持续集成 / 持续部署**（Pittet，2017），已经扩展了该过程，现在包括以下持续任务：（1）集成已完成的功能，（2）交付该功能，（3）让用户部署该功能。增量开发中涉及的方法必须得到整个开发团队的同意和实践。图 2.3 中看似简单的测试 – 修复 – 集成循环方框极具欺骗性。

> **持续集成 / 持续部署（CI/CD）**
> 增量软件开发过程的扩展，包括通过以下方式快速部署已完成的功能：（1）将已完成的功能持续集成到产品中；（2）将这些功能交付给用户；（3）让用户快速部署这些功能。

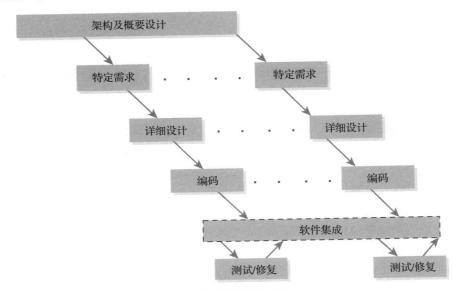

图 2.3　一种可能的过程方法

这个简单的循环需要一种描述方法来回答以下问题：

- 是否有分离的和独立的测试组？
- 当发现问题时，应该如何报告和向谁报告？
- 问题描述中必须附加多少信息？
- 谁决定问题的严重程度？
- 修复后的问题如何反馈给测试人员？
- 是否应重新测试所有修复后的问题？
- 修复后的问题如何集成回代码中？
- 应该怎么处理那些未修复的问题？

这些仅是图 2.3 所示的一部分过程中必须确定和解决的问题。过程还假设会利用增量开发，并且问题和设计都可以分解为增量。图 2.3 不包括支持和定制问题修复活动。软件产品需要使用支持、问题修复和功能增强。过程在确定和协调大型复杂系统的开发和支持活动中起着至关重要的作用。我们将在第 10 章和第 11 章中扩展描述与测试和集成方法及过程有关的具体细节。

在第 4 章中，图 4.3 和图 4.4 描述了增量开发过程的变化和增长，以及如何形成当前 CI/CD 的前身。CI/CD 的概念也将在第 5 章对敏捷过程和看板方法的讨论中提出。

2.1.3　开发和支持的非技术性考虑

除了需要考虑技术之外，大型复杂系统还需要考虑非技术性问题。我们将讨论两个这样的问题。

工作量估计和进度安排

对于一个团队规模为 1 到 3 个人的小型简单软件项目，项目的工作量估计和进度安排相对容易。项目的功能和非功能需求数量少且复杂性较低。即使如此，它仍然不是一项轻松的任务。对于大型复杂系统，仅收集和理解需求就不容易。此困难使得估计总工作量并提出切实的进度安排是许多软件项目失败的主要原因之一，更多细节见文献 Jorgensen（2004）的论文。大型复杂系统不准确的工作量估计和进度安排通常会过于乐观，这会给这些系统的客户和供应商带来不切实际的期望。

例如，考虑一个相对简单的软件项目，有 3 个主要功能，共计 12 个功能点。该项目的工作量估计需要很好地了解所有功能点和负责它的小团队中每个人的生产效率。对于一个大型复杂软件系统，主要功能的数量往往是数十个或数百个。这些主要功能包含的功能点数轻易就会达到数百个甚至数千个，开发这样一个系统所需的人员轻易就会达到数百个。在这种情况下，准确理解所有需求，并掌握所有人生产效率的可能性非常低。为如此大量的功能点挑选不同的人员组合，并分配设计和编码任务是一项艰巨的任务。由此产生的工作量估计和进度安排通常只是一个合理的"猜测"，远远不够准确。软件行业长期以来一直存在这个问题。在第 13 章中，我们将介绍一些可用的技术。

人员分配和沟通

当功能点的数量和相应的开发人员数量增加时，为设计和编码不同功能点进行人员分配就会出问题。此外，还有其他需要人力资源的活动。为不同任务（如测试、集成或工具支持）分配不同人员需要更多地了解相关人员的技能以及他们需要执行的具体任务。将效率最高和最熟练的人员分配到正确的任务中需要更细粒度的进度安排。

人员增加带来的一个问题是通信问题。对于一个只有两三个人的小型项目，2 个人需要 1 条通信路径，3 个人需要 3 条通信路径。图 2.4 说明了最大通信路径数是如何随着参与者数量的增加而增加的。该图中的节点代表人，线代表通信路径。当团队人员从 4 个人增加到 6 个人时，可能的通信路径数量增加了不止一倍。

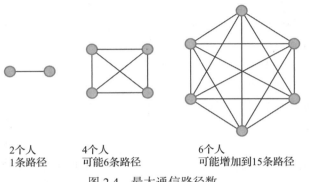

2个人　　　　4个人　　　　　　　6个人
1条路径　　　可能6条路径　　　可能增加到15条路径

图 2.4　最大通信路径数

一般来说，n 个人的通信路径数是 SUM($n-1$)，其中 SUM 是 1，2，…，n 的算术求和函数（注意这非常接近 $n^2/2$）。因此，从 4 人团队增加到 12 人时，可能的通信路径数将从 6 条增加到 66 条。一个小团队的人数变为 3 倍将导致 10 倍以上的可能通信路径数！

与通信路径数量的增加相关联的是通信中出现错误的概率。例如，假设任意两个人之间正确沟通特定信息的概率是 2/3。第一个人与第二个人，然后第二个人与第三个人正确沟通的概率将是 ($2/3 \times 2/3$) = 4/9。一般地，n 为 2 或者大于 2 的数时，正确传达该消息的概率为 $(2/3)^{n-1}$。因此，对这条信息，只有 16/81 的概率将它正确地从第一个人传递给团队中的第五个人。突然之间，信息正确传递的概率从 2/3 降到了 1/4 以下。团队成员之间正确沟通的概率如此之低是一个严重的问题，特别是对至关重要的信息而言。为提高正确沟通的概率，应为人员建立组织，降低复杂性。

2.2　系统构建实例

本节将使用一个假想的薪资管理系统来说明在 2.1 节中介绍过的一些问题。我们会讨论如何开发这样一个系统和向用户发布之后如何进行系统支持。本节仅简单讨论构建该系统时会出现的不同问题和关注点，而不深入探讨构建和支持该系统的所有细节。

2.2.1　薪资管理系统的需求

每个人都有一些关于薪资管理系统的想法。花点时间思考一下，你认为什么是薪资管理系统的主要功能和非功能需求。以下功能仅代表薪资管理系统应该能够执行的部分任务，远少于一个真正薪资管理系统的所有需求。

- 增加、修改和删除所有员工的姓名和相关个人信息。
- 增加、修改和删除与所有员工相关的所有福利。
- 增加、修改和删除与所有员工相关的所有税金和其他扣除项目。
- 增加、修改和删除与所有员工相关的所有总收入。
- 增加、修改和删除与计算每个员工的净薪酬相关的所有算法。
- 为每个员工生成纸质支票或电子银行直接存款。

这些功能需求都可以加以扩展。例如第一项，需要了解相关个人信息是什么。这是一个简单的问题，但是需要软件工程师为此征求意见。软件工程师应该从何处得到答案？是问用户、某些官方指定的需求人员还是项目负责人？一旦得到回答，应该使用文档进行记录吗？上述第二个功能需求中提到了所有福利。有什么福利？对员工的工资单而言这个福利是指什么？是否有一个包括所有可能福利的清单？不难发现，需求的收集、记录和分析需要相当大的工作量。为了正确处理薪资管理系统应用程序的需求，我们可能需要了解福利、税法和其他特定领域的专业知识。

此外，薪资管理系统每月必须能够多次生成支票和直接存款。允许的薪资结算周期是什么？换句话说，如果支票和存款必须在每月中下旬完成，那么在一个薪资结算周期中，以加薪为例，何时必须关闭该周期的输入？在这里，我们有兴趣了解在业务环境中允许的薪资处理周期窗口，以及系统必须具备哪些性能才能满足该处理窗口。这涉及非功能需求——性能。搞清楚这个问题要求软件工程师了解薪资事务的规模和处理每笔薪资事务的速度。为分析和处理这种类型的需求，我们可能需要知道运行薪资管理系统的硬件和操作系统环境的计算能力。除了薪资领域的专业知识外，薪资管理系统还需要技术系统和接口信息的知识。

薪资管理系统在用户/客户现场如何运行也需要了解。例如，如果一条记录有错，应该如何重新处理该员工的薪资？这是否意味着有多次重新运行薪资管理系统的需求？还需考虑非功能需求中的安全性。面对可能出现的错误、恶意行为和灾难，需要提供什么保护？可能还会有一些用户/客户在后续的过程中提出新的需求，在第 6 章中，我们将讨论如何处理这些迟到的需求。

在使用文档记录薪资管理系统的需求信息后，对于这种复杂程度的系统，有必要先与用户/客户进行需求评审，再把需求规格说明书提交给设计和编码阶段。当需求被增量式分析和记录时，可以逐步进行评审，当需求被一起分析和说明时，可以进行一次性评审。这两种情况都需要协调用户/客户和需求分析师。

因此，单独完成薪资管理系统的需求阶段所需的活动总数可能非常多，也非常耗时。需求阶段对于系统的成功而言至关重要。可能不仅需要一个需求分析师，还会需要一个需求分析师组成的团队——每个人拥有丰富的技能，涵盖了从薪资领域的特定知识到 IT 和系统开发的专业知识。Jones（1992 年）也指出，从质量角度来看，大约 15% 的软件缺陷是需求错误导致的。正如我们的薪资管理系统示例，需求分析并不容易完成，并会对接下来的所有阶段和最终产品产生重大影响。有专门的著作对该主题进行介绍，参见 2.7 节。

2.2.2　设计薪资管理系统

理解并同意薪资管理系统的需求后，就可以设计系统了。暂不考虑 2.2.1 节中的薪资管理系统，该系统的需求只是一个样例，且并不完整。例如，我们可能会自然地问到所有"增加、修改和删除"相关的功能需求是否应该被组合成称为"薪资管理功能"的单个组件。然后，我们可能会问是否所有的处理功能，如所有的扣除项目和净薪酬计算的相关功能，应该被组合成一个称为"薪资处理"的组件。当然，我们必须为处理错误和异常做好准备，因此相关的那些功能可以被聚合到异常处理组件中。此外，薪资管理系统必须与外部系统连接，例如直接银行存款、批量传输到远程站点进行本地支票打印。我们决定将所有的接口功能放在一个名为"薪资接口"的组件中。将相关功能分组为组件有以下几个优点：

- 在组件内提供一定的设计内聚度

- 与业务流程和薪资处理环境匹配
- 通过组件提供可能的任务分配
- 允许通过组件简化软件打包

这种方法可能会有一些缺点。可以想象，这些组件之间仍然存在很多交互或耦合关系。在这种情况下，耦合可能来自于公用的数据文件或关系数据库中的公用表。即使在现在的概要设计阶段，设计者也需要考虑设计的内聚度和耦合度。第 8 章讨论了与这些主题有关的概念。

还有一些作为公共服务的非功能需求也需要进行设计。例如，需要为所有功能组件设计帮助服务或消息服务。这些服务可能全部放在一个称为服务组件的组件中。功能组件和公共服务的组合如图 2.5 所示，分为水平和垂直的设计实体。水平实体是公共服务功能，例如错误处理程序，与所有应用功能交叉。垂直实体是不同应用在特定领域的功能，如薪资管理系统中的税收和福利扣除功能。各种功能组件与这些公共服务之间的交互或耦合是关键的设计关注点。

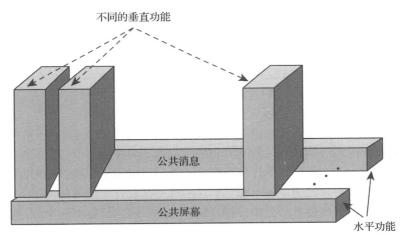

图 2.5　水平和垂直的设计实体

在设计阶段，将会敲定屏幕的界面布局。在薪资管理系统中，这是一个严重面向批处理的系统而不是一个交互式系统。因此，基于屏幕结构的用户界面不是一个主要的设计关注点。当然，它仍然需要得到解决。对于一个大型批处理应用来说，数据库表和索引键很重要，也是一个重要的设计关注点。

虽然有很多方法来进行概要和详细设计，但是由于系统的广度和深度，薪资管理系统的设计需要广泛的技能。从广度上看，所需的设计技能需要复合的知识：数据库、网络和传输接口、打印接口、操作系统接口、开发工具环境和薪资领域的专业知识。从深度上看，设计者需要了解薪资管理系统的具体情况，例如性能和错误处理。虽然这是一个批处理系统，但大型企业的薪资记录规模往往需要特殊的设计考虑，从而使看似简单的错误处理过程变成一项复杂的任务。设计时不仅要捕捉错误信息或相互冲突的信息，还必须考虑不能被处理的记录应该怎么办。如果这些记录没有得到立即处理，并能够累积到薪资结算周期结束，那么将没有时间再做出反应。必须处理这些记录，以便在薪资处理周期内结算。设计者必须考虑薪资管理系统的环境和为少数不幸的人员手动编写薪资单处理代码的可能性。因此，设计者必须设计系统以支持手工处理，并将这些手工处理记录合并到自动薪资管理系统中。在诸如薪资管理系统的大型系统中，即使对经验丰富的设计者来说，错误处理的深度也是一个挑战。

在这里提到的薪资管理系统设计中，每个组件内部都使用了功能分解和合成技术。除了组件之间的交互之外，组件中的各个部件必须明确划分，并且还必须设计各个部件之间的交互。显然，设计一个复杂的系统与设计单个编程模块是完全不同的，前者需要更严格的纪律、更多的指导原则以及可能更多的团队成员。

2.2.3 薪资管理系统的编码和单元测试

薪资管理系统的概要设计或架构需要进一步细化并转换为可执行代码。每个设计组件中，需要设计单个的、相互作用的功能单元并转换成代码。大多数进入 IT 和计算机领域的人都熟悉这一活动。通常，软件工程或计算机科学专业学生的第一门课程都会涉及使用详细的功能设计和代码解决一个小问题。当解决方案足够小时，详细设计甚至不会被记录，而只有模块的源代码可用。

对于每个功能单元，程序员必须处理以下问题：

- 以某种语言实现的精确的屏幕界面布局
- 以某种编程语言实现的精确的功能处理逻辑
- 以某种语言实现的精确的数据访问和存储逻辑
- 以某种语言实现的精确的接口逻辑

此外，如果有许多这样的编程单元，就必须设定一些共同的标准。例如，模块的命名规则，可以将每个模块唯一地标识为特定组件的模块。又如，可能需要为不同的数据库记录设置规则，使来自特定关系表的所有元素具有相同的前缀。可能会有一些规则用来记录一些设计细节，例如提供进入和退出模块条件的注释。注释还可以用于描述对处理而言至关重要的数据以及对预期功能的简短说明。一个非常重要的部分是设计、代码和记录如何处理各种错误条件的文档。不同程序模块显示的错误信息需要一致。因此，每个程序单元必须遵循错误信息的标准。

在程序模块完成后，完成者应该对模块进行测试，以确认其完成了预期任务。单元测试任务的第一步是设置模块的条件并选择适当的输入数据。第二步是运行模块并观察模块的行为，主要是检查模块的输出，以确保它在执行预期的操作。第三步，如果单元测试发现了问题，必须进行修复并重新测试。当所有问题都解决后，就可以将模块集成到更大的功能单元中，如果模块本身就是一个功能单元，则可以将模块集成到组件中。

模块的编码和单元测试通常由同一个人执行。对于诸如薪资管理系统的大型系统，可能需要对数百个模块进行编码和单元测试。因此，编码是一项人力资源极其密集型活动。当程序员的数量增加到一个很大的数字时，协调和整合所有的编码工作就成为了一项管理上的挑战，需要使用软件工程管理原则来缓解这种压力。

2.2.4 薪资管理系统的集成和功能测试

模块完成并进行单元测试后，必须从各个程序员那里正式地把它们收集起来。收集活动被称为集成，是配置管理这种大型控制机制的一部分。配置管理将贯穿全书，并在第 11 章中正式讨论。集成的一个简单原因是，如果完成的模块留给各个程序员，程序员容易对已经通过单元测试的模块进行修改，并且会对哪个是最新版本产生困惑。为确保所有经过单元测试的最新模块能够作为一个功能单元一起工作，这些模块需要编译并链接在一起。在薪资管理系统中，功能单元可能是先前提到的管理组件的一部分，它执行所有扣除法相关的增加、修改和删除功能，这些功能几乎每年都会更改。然后，由一个比编写模块的程序员更客观的团队生成测试用例，来测试集成后的模块集合。

功能测试通常会发现一些需要程序员修复的问题。从发现问题到解决问题的周期中，需要在测试人员和代码修复人员之间进行协调。修复后的代码必须集成到功能单元中，并重新进行测试，以确保所有修复后的代码作为一个整体不会对彼此产生负面影响。由于功能单元中的一组模块已经完成了功能测试，因此它将被电子标记并锁定，以防止被进一步修改。和模块单元一样，这些功能单元需要通过配置管理机制进行管理。在只有一两个模块的简单情况下，不需要集成和配置管理机制。在大型软件系统（如薪资管理系统）的构建过程中，通常需要一种工具来帮助自动化配置管理机制，例如 Serena Software 的 PVCS。需要复杂工具的另一个原因是前面提到的 CI/CD 过程，我们通过它以更快的速度向用户发布增量功能。处理薪资管理系统的集成和功能测试所需的人员和技能通常与编码、设计或需求收集所需的人员和技能不同。但是，测试场景和测试脚本通常需要需求和设计方面的知识。各种集成和配置管理的概念和工具将在第 11 章进行讨论。

2.2.5　发布薪资管理系统

功能单元经过测试并集成到组件中后，必须一起测试这些组件，以确保系统能作为一个整体正常工作。这对于确保组件间的所有接口实际上都可以正常工作非常重要。此外，功能单元和组件的各种修复可能会影响其他一些先前正常工作的功能单元和组件。应该在用户业务环境中的所有用户场景下对整个薪资管理系统进行测试，只有找不到任何问题时，才能发布系统。至少在认为系统可以交付给用户之前，必须要修复所有的主要问题和缺陷。同样地，经过测试的薪资管理系统必须得到管理和保护，以免被进一步修改。

即使薪资管理系统完全没有错误，仍然需要培训用户如何使用系统——对于一个大型系统来说，这是不能事后再考虑，而必须事先进行精心规划的过程。撰写这种系统的培训材料是一项非常重要的任务，可能需要几个人花费几个月的时间。提供用户培训可能需要一些与技术设计或编码不同的技能，重点是演示和沟通技巧。撰写培训材料的人可能与开展培训的人不同。

发布薪资管理系统之前另一个需要考虑的方面是准备用户支持人员。用户只须通过培训就能掌握薪资管理系统的所有细节的情况是很少见的。此外，一个大型复杂系统也不太可能完全没有错误。支持人员本身必须就薪资管理系统、用户环境和支持客户所需的工具接受培训。

在完成系统测试、用户培训，以及建立和培训支持团队之后，就做好了向用户发布薪资管理系统的准备。谁应该是对产品发布做出最后决定的人？这应该是一个团队的决定吗？在决定发布时应使用什么标准？这些问题属于软件项目管理的范畴，将在第 13 章中进一步讨论。

2.2.6　支持和维护

对于少数人使用的只有一两个模块的小型软件产品，支持工作不是一个主要的关注点。对于薪资管理系统这样的大型系统，对用户和客户的发布后支持则可能是一系列非常复杂的任务。当薪资管理系统停止运行，并弹出消息和几个可能的选项，用户也看过用户手册后，用户该向谁寻求帮助，系统才能继续处理？当银行的直接存款接口发生变化，需要修改现有的薪资管理系统接口时，用户该向谁寻求帮助？在应用先前的问题修复补丁后，薪资管理系统表现出不同的行为时，用户该向谁寻求帮助？这些只是薪资管理系统发布后将出现的众多问题中的一小部分。必须做出若干假设，并将其纳入薪资管理系统支持工作量的估计中。下列决策因素将起到一定的作用：

- 预期用户数和客户数
- 在发布时存在的已知问题数量和类型
- 预计用户将发现的问题数量
- 培训的用户数量
- 培训的支持人员数量
- 投入系统支持的开发人员数量
- 预计未来发布的问题修复版本和功能版本数量

基于这些因素，必须估计和分配薪资管理系统发布后所需的支持和维护人员的数量。为支持这样一个复杂的环境，显然需要不同的技能，有必要考虑至少两组支持人员：

- 一组回答和处理系统使用情况以及简单问题的变通解决方案
- 一组解决困难问题并实现未来的增强功能

第一组不需要任何程序编码人员，但必须拥有良好的沟通能力以及薪资管理系统的使用知识。第二组通常需要设计者和编码人员。如果薪资管理系统的产品预期寿命较长，则支持人员必须准备发布几次功能增强版本。因此，该组支持人员可能类似于一个完整的开发团队。这里的重要概念是，诸如薪资管理系统的大型复杂系统需要一个可以与原开发团队的规模和复杂性相当的支持团队。第 12 章将更详细地介绍发布后的支持和维护主题。

2.3   协调工作

薪资管理系统的例子表明了许多软件工程活动的必要性。大型复杂系统的一个关键问题是如何将所需过程、产品的设计结构和内容，以及所需人员规模向上扩展。对简单系统，关键问题则是如何将相同参数向下缩放。在本节中，我们将介绍这些问题，并在后面的章节中详细讨论过程、产品设计和人员管理。

2.3.1   过程

我们已经讨论了过程的概念。应用程序和软件系统在 20 世纪 80 年代和 90 年代变得庞大而复杂，严重和造成巨大损失的问题数量急剧上升。在过去，通常会引入更多的评审、更多的检查、更多的测试和更多的会议，作为过程的一部分。大公司做了大量昂贵的质量保证和度量工作，旨在防止、检测和纠正问题，从而提高软件质量，并提高软件开发人员的生产力。大量的度量标准得以制定，用于度量质量和生产力，参见 Daskalantonakis（1992 年）给出的摩托罗拉测量方案。为了规避风险，开发和支持过程变得越来越重要。近年来，随着速度和成本开始占据软件行业的中心地位，出现了一场简化过程的运动（Beck 和 Andres，2004 年；Cockburn，2006 年）。没有一个适合所有场景的过程。一些过程更适用于需要大量协调工作的大型复杂系统，而另一些过程更简单，适用于小型快速软件项目。我们将在第 4 章和第 5 章中详细介绍软件过程的相关主题。

2.3.2　产品

软件产品经常被认为只包含可执行代码。然而，在开发和支持软件时，必须产生更多的制品，小到需求文档，大到功能测试场景。许多有经验的用户和客户要求把用户手册、用户培训和产品支持作为产品的一部分。在许多情况下，只提供可执行代码是不够的。

本章中讨论的薪资管理系统就是这样一个示例，客户和用户要求的不仅是可执行代码。除了开发最终产品所需要的制品之外，他们可能会要求提供设计文档和源代码，以便将来可以由他们自己的人员进行修改。当然，一旦产品源代码被用户和客户修改，产品的被修改部分就必须由用户和客户自己来维护和支持。无论是大型还是小型软件产品，只要预期寿命长，都需要设计得可修改和易于维护。在长时间的修改、更新和维护过程中，软件组件和制品的协调是一项复杂的工作。在大型软件产品的最初设计中，可能会使每个部件的内聚度高，而部件之间的交互或耦合度低。但是，当大型软件产品经过多个周期的修改后，很难保持高内聚度和低耦合度。因此，需要保护软件产品的设计免受损坏（Taylor、Medvidovic 和 Dashofy，2009 年）。随着设计和产品复杂度的增加，测试工作也是如此。第 7 章和第 8 章将进一步介绍软件产品的设计以及内聚和耦合的概念。第 9、10 和 11 章将更详细地介绍如何协调测试的准备、执行，以及修复和集成。

2.3.3　人员

正如薪资管理系统示例所展现的那样，对于大型软件系统，我们需要一群具有各种技能和经验的人来开发和支持系统。人的因素是开发和支持软件的关键组成部分。在许多方面，软件行业仍然是劳动密集型的。因此，学习软件工程必须解决协调人员活动和管理技能的相关问题。

协调软件人员的关键点在于组织架构和各部分间的沟通强度。第 13 章将介绍与软件项目不同阶段相关的一些人员管理问题。

2.4　总结

在本章中，我们描述了复杂软件问题在广度和深度上的扩展，以及相关的软件解决方案，介绍了设计分解、过程通信、工具和方法的技术和非技术问题。将一个大型企业的典型薪资管理系统作为示例来介绍和演示大型软件产品的开发和对此类产品的支持中出现的实际问题。大型软件项目需要对过程、产品和相关的人员进行控制。软件工程对于开发和支持这些大型复杂系统至关重要。

2.5　复习题

2.1　定义软件复杂性中的深度和广度问题。

2.2　描述一种简化复杂问题的方法。

2.3　列出开发大型系统的两个技术问题。

2.4　一个 20 人的团队最多有多少条通信路径？

2.5　列出决定产品发布后需要多少人员时应考虑的 4 个因素。

2.6　练习题

2.1　a）举个例子，说明软件规模的增加。b）举一个复杂性增加的例子。c）讨论一下，在你看来，哪种类型的增加更难处理。

2.2 讨论垂直和水平实体之间的差异以及它们之间可能的交互。

2.3 集成的含义是什么，为什么管理集成工作在大型系统中尤为重要？

2.4 开发和支持软件系统中的主要任务是什么？

2.5 a）编写一个读取 11 个数字的程序，将前 10 个数字的和除以第 11 个数字，并显示结果。b）列出在编码阶段遇到的所有问题。c）在你看来，需要怎样的技能来收集和说明系统的需求。

2.6 讨论在大型软件工程项目中需要协调的 3 个方面。其中有哪一个比其他的更重要吗？解释你的结论。

2.7 参考文献和建议阅读

Beck, K., and C. Andres. 2004. *Extreme Programming Explained: Embrace Change*, 2nd ed. Reading, MA: Addison-Wesley.

Cockburn, A. 2006. *Agile Software Development*, 2nd ed. Reading, MA: Addison-Wesley.

Daskalantonakis, M. K. 1992. "A Practical View of Software Measurement and Implementation Experiences within Motorola." *IEEE Transactions on Software Engineering* 18 (11): 998–1010.

Gilb, T., and D. Graham. 1993. *Software Inspection*. Reading, MA: Addison-Wesley.

Jones, C. 1992. *Critical Problems in Software Measurement*, Version 1.0. Burlington, MA: Software Productivity Research.

Jorgensen, M. 2004. "Realism in Assessment of Effort Estimation Uncertainties: It Matters How You Ask." *IEEE Transactions on Software Engineering* 30 (4): 209–217.

Leffingwell, D., and D. Widrig. 2003. *Managing Software Requirements: A Use Case Approach*, 2nd ed. Reading, MA: Addison-Wesley.

Maciaszek, L. 2007. *Requirements Analysis and System Design*, 3rd ed. Reading, MA: Addison-Wesley.

Parnas, D. 1972. "On Criteria to Be Used in Decomposing Systems into Modules." *Communications of the ACM* 15 (12): 1053–1058.

Pittet, S. 2017. "Continuous Integration vs. Continuous Delivery vs. Continuous Deployment." Atlassian CI/CD. https://atlassian.com/continuous-delivery/principles/continuous-integration-vs-delivery-vs-deployment.

Serena Software Inc. n.d. Accessed June 18, 2021. http://www.serena.com.

Taylor, R. N., N. Medvidovic, and E. M. Dashofy. 2009. *Software Architecture: Foundations, Theory, and Practice.* Hoboken, NJ: John Wiley & Sons.

Tsui, F., and L. Priven. 1976. "Implementation of Quality Control in Software Development." In *AFIPS '76: Proceedings of the June 7–10, 1976, National Computer Conference and Exposition*, 443–449. American Federation of Information Processing Societies.

工程化软件

目标

- 了解建立软件工程学科必要性背后的依据。
- 分析软件项目失败的主要原因。
- 给出一个软件产品失效的例子。
- 了解在 1968 年北约会议上提出的术语：软件工程。
- 定义软件工程和专业化的概念。
- 回顾软件工程的道德规范。
- 讨论由 Alan Davis、Walker Royce 和 Anthony Wasserman 提出的软件工程原理和基础。

3.1 软件失败的示例和特点

单人编程工作和大型软件系统工作之间存在许多差异。这两种方法之间的复杂程度使得许多项目经理和软件工程师意识到这个领域需要更多的规范。建立软件工程学科的另一个很强的动机是失败的软件项目数量和软件产品中遇到的缺陷数量。本节将探讨其中一些失败的例子。

3.1.1 项目失败

在互联网上搜索失败的软件项目，很快便能搜索到数页的示例。Standish Group 于 1995 年发布的 CHAOS 报告指出，软件项目中的许多错误没有得到深入的研究，同样的错误仍然在重复。他们的研究覆盖了大多数主要行业（银行、制造业、零售业、州政府和地方政府、医疗卫生行业等）的大中小型企业。研究人员对 365 名受访者进行调查，发现只有约 16% 的软件项目能够按时完成，预算不超支，并完成最初指定的所有特征和功能。报告接着描述了成功和失败的因素。项目成功的 4 个最重要的原因如下：

- 用户的参与。
- 高级管理层的支持。
- 明确的需求声明。
- 恰当的规划。

在项目成功归因问题的回应中，这 4 个因素占 52.4%。如果这 4 个因素执行得当，软件项目的成功概率将会大幅提高。由 Fishman 撰写并出版于 Fast Company 的文章 "They Write the Right Stuff" 指出，明确的需求声明和用户的参与等也是 NASA 与 Lockheed Martin 公司成功开发航天飞机软件的主要因素之一。

CHAOS 报告还列出了软件项目的 3 大失败因素。该研究将 "挑战性" 项目定义为已完成且可运行，但预算超支或超出预计时间，或缺少初始规格说明中的一些功能特征的项目。这些挑战性项目失败的前 3 项原因如下：

- 用户输入不足。

- 需求和规格说明不完整。
- 需求和规格说明变更。

软件项目被归为"挑战性"项目，上述原因在受访者回应中大约占 37%。

以下被视为项目出现问题并最终被取消，从而导致项目失败的原因：

- 需求不完整。
- 用户参与不足。
- 资源不足。

在受访者回应中，这 3 个因素占导致软件项目最终被取消原因的 36%。

CHAOS 报告进一步分析了两个被取消的软件项目和两个成功的项目。两个被取消的项目分别是加利福尼亚 DMV（Department of Motor Vehicles）的驾驶执照和注册申请系统，以及美国航空公司的汽车租赁和酒店预订系统。这两个项目都几乎没有用户参与且需求模糊。美国航空公司的项目是与 Budget Rent-A-Car、Marriott Corporation 和 Hilton Hotels 共同组建的合资企业，因此涉及许多人员，这增加了项目的复杂性。

两个成功的项目分别是 Hyatt Hotel 的预订系统和 Banco Itamarati 的银行系统。Hyatt Hotel 的预订系统既有用户参与，又有明确的需求。Banco Itamarati 的项目没有明确的需求声明，但确实有大量的用户参与。Capers Jones 在他的《软件风险评估和控制》一书中将"忽视用户需求"作为管理信息系统的首要风险因素。

用户参与和用户需求被列为软件项目成功和失败的主要原因并不奇怪。如果没有理解要开发的是什么，那任何项目成功的几率都很小。软件项目的需求特别难以明确，因为所涉及工作的许多方面都是不可分割的。需求获取、分析和说明是软件工程的关键组成部分。第 6 章介绍了需求工程。

3.1.2　软件产品失效

软件项目失败包括许多类型的问题，如成本超支或计划超时。软件产品失效是项目失败的类型之一。Jones（2008 年）还研究了软件产品失效和这些缺陷的来源。他给出了软件产品错误不同来源的分布情况。不同来源的缺陷所占平均百分比如下：

- 需求错误：12.50%。
- 设计错误：24.17%。
- 编码错误：38.33%。
- 文档错误：13.33%。
- 修复错误：11.67%。

这些数字本身表明大多的错误是由编码引起的，但它隐藏了问题修复背后的成本问题。在需求阶段引入的错误可能会传递到设计和编码中，可能直到产品发布后才会被发现。此外，一个需求错误可能会变成几个设计和编码问题。因此，修复传递到设计或代码中的需求错误通常比修复编码错误成本更高。尽管来自需求阶段的错误只占 12.50%，但是解决这些问题的成本通常是最高的。看起来，软件开发的需求阶段需要比后续其他阶段采取更多的问题预防工作。需求规格说明可以通过向客户和用户展示手绘原型来快速测试，这将确认并验证提供给开发团队的需求。不幸的是，需求的收集和说明通常十分紧迫，没有足够时间与客户和用户进行沟通。

需求规格说明和设计规格说明都不能直接执行。可以构建一个原型来测试它们。然而，在大多数情况下，是通过评审和形式化检查来检测需求和设计的。在编码前发现的错误越多，对编码、测试、编写用户指南和其他文档等活动的影响就越小。

3.1.3 协调和其他关注点

很多软件项目的失败都归咎于不良编码，但通常不单源于编程工作或软件。正如美联社最近的报道：随着系统变得越来越复杂，可解释为技术导致的失败反而越来越少，更多是因为管理不善、沟通或培训不足。他们引用了多个例子。2004 年，由于缺乏适当的软件维护，南加利福尼亚州控制商用飞机和空中交通管制员间通信的系统出现了故障。

为了降低风险，许多企业正在转向购买 SAP、Oracle 和 PeopleSoft（PeopleSoft 于 2004 年被 Oracle 收购）等知名企业的软件产品。有人从事这些大型复杂企业资源管理系统的使用顾问和开发外包工作。围绕这类项目的问题通常不是软件产品本身。这些大型项目涉及的复杂因素有：

- 管理层的决心和领导力。
- 对业务和技术流程的周密规划。
- 熟练和经验丰富的顾问。
- 对项目管理的持续关注和监督。
- 在需要时进行修改和调整的意愿。

在美国总会计局（GAO）2004 年 3 月向美国参议院军事委员会提交的报告中，认为有 3 项基本的管理策略是确保按时并在预算范围内交付高质量软件的关键：

- 重点关注软件开发环境。
- 规范的开发过程。
- 系统地度量成本、进度计划和绩效目标。

美国国防部（DOD）参观过的主要公司都体现了这 3 个特点

美国国防部是一个采购机关，关注采购过程。因此，美国国防部必须恰当地训练其人员，以管理所需软件的采购。对于美国国防部的采购经理来说，能够识别出成功软件组织的特征，并将其作为采购软件的来源非常重要。他们必须能够区分出软件工程实践良好的软件组织。

3.2 软件工程

3.2.1 什么是软件工程

到目前为止，考虑到每个读者对软件工程的直观感受，我们已经使用了"软件工程"这个术语。我们讨论并提供了软件工程部分活动的示例，描述了简单和复杂的软件产品和软件项目的属性，引用了软件项目和产品失败的例子，概要介绍了成功可能需要的因素。软件工程有很多方面，我们先不给出正式的定义，因为我们希望读者能感受这个学科的范围之广。它起源于计算机科学与程序设计，并作为一个年轻的学科，仍然在不断发展和壮大。因此，很难去定义软件工程，并且其定义也将继续演变。

软件工程一词首次于 1968 年在德国举行的北大西洋公约组织（NATO，简称北约）会议上提出。20 世纪 60 年代末，计算机领域开始面临软件"危机"。计算机硬件在计算能力和存储容量方面取得了巨大的飞跃，这开创了一个需要大量程序员参与开发大型复杂软件的时代。第一波涉及系统级软件，如操作系统、文件系统和访问方法。鉴于业务自动化的巨大潜力，大型复杂的业务应用软件也在不久后开始出现。经证明，对于这些大型复杂项目来说，早期的编程经验是不够的。因此，许多软件项目被推迟，有些项目从未完成。有些项目虽然已经完成，但预算严重超支，最终软件产品的质量和性能往往不令人满意。这些软件系统用户经常遇到难以理解的用户手册，因为编写用户手册的程序员不熟悉用户需求。这些发布的软件需要持续的支持和维护，但开发软件的程序员没有接受过相关培训。1968 年北约会议的参会者认识到需要像其他工程学科一样有自己的规则，从而形成了软件工程的概念。在过去 30 年中，软件行业和学术界都取得了巨大的进步。但是，软件工程仍然需要更多的改进。

3.2.2 软件工程的定义

早先的一个软件工程定义来自 David Parnas，他指出软件工程是由多人构建多版本软件的过程（Hoffman 和 Weiss，2001 年）。这个定义指出了软件工程已经被讨论过的一些方面，例如，增加开发人员意味着需要更多的通信路径（参见 2.1.3 节）。

Ian Sommerville 指出，软件工程是一个工程学科，其重点是高性价比地开发高质量软件系统。他进一步解释道软件是"抽象且无形的"，并将软件工程定义为"涉及软件生产各个方面的一个工程学科，从早期的系统规格说明阶段到系统投入使用后的维护阶段"。这个定义明确了从初始到产品退出的软件生命周期。

Shari Pfleeger 以化学与化学工程的关系为例，讨论了计算与软件工程的关系。她表示，在计算中，我们可以专注于"计算机和编程语言本身，或者我们可以将它们视为用于设计和实现问题解决方案的工具。软件工程采用后一个观点"。根据她的观点，软件工程是指应用计算工具来解决问题。

美国计算机学会（ACM）和电气电子工程师学会（IEEE）发布的《课程指南》确认了该领域的广阔范围，强调了 3 个不同来源的定义：

- F. L. Bauer 的定义：建立并使用可靠的工程原理（方法），经济地获得可靠的、可以在真实机器上运行的软件。
- 卡内基梅隆大学 / 软件工程研究所（CMU/SEI-90-TR-003）的定义：软件工程是一种应用计算机科学和数学原理，获得成本效益好的软件问题解决方案的工程。
- IEEE 标准 610-1990 的定义：在软件的开发、运行和维护中采用的系统、规范、可量化的方法。

《课程指南》进一步进行了说明，软件工程以系统、可控和高效的方式创建高质量的软件。因此，要十分重视软件的分析和评估、规格说明、设计和演化。另外，还有在软件工程中发挥关键作用的管理和质量、新颖性和创造性、标准、个人技能、团队合作与专业实践等问题。

很明显，由于**软件工程**的广度和短暂的历史，想用一句话来说明它是非常困难的。在本书的其余部分，我们将介绍软件工程的许多基本组成部分。

> **软件工程** 涉及开发和支持软件系统各个方面的广泛领域，这些方面有：技术和业务流程，具体方法和技术，产品特性和指标，人员、技能和团队合作，工具和培训，项目协调与管理。

3.2.3 软件工程与软件的相关性

鉴于软件工程涉及领域如此广，而且现在的软件已经错综复杂地参与了我们的日常生活，所以不可能忽略软件的重要性。金融系统通过银行系统管理，运输通过包含嵌入式软件的各种设备管理，家用电器和汽车都包含嵌入式软件，医疗保健依赖于复杂的医疗系统，制造业运行在大型企业资源处理系统上，甚至食物供应也通过配送和仓库软件系统管理。

随着我们对软件的依赖性越来越高，包括软件系统的开发和支持在内的软件工程正在引起软件产业、学术界和政府的关注。在2021年撰写本书第5版时，已有30个美国工程技术评审委员会（ABET）认证的软件工程本科项目。还有更多的软件工程项目正在准备进行认证。

随着软件使用的增多，其价值也在增加。根据2002年三角研究所为美国国家标准与技术研究所准备的报告，软件已经成为"今天所有美国企业的固有组成部分"。在2000年，软件的总销售额约为1800亿美元。

软件价值的增加也带来了一大堆问题，每年数百万美元的软件被盗，大部分通过非法复制。软件是一种知识产权。因此，它具有价值并需要得到保护。2004年美国司法部的知识产权工作组报告中引用了许多不同类型的知识产权违法行为。仿冒软件被司法部列为知识产权诉讼的一个典型案例。根据这一报告，该部门正在把实施知识产权犯罪法作为高度优先事项，并建立了一个受过专门培训的检察官小组，致力于打击知识产权犯罪。

3.3　软件工程专业与道德规范

传统的工程专业，如土木工程或电气工程，在美国设有专业工程师（Professional Engineer，PE）。这个称号意味着得到了当地政府的认证。认证涉及工作经验、培训和考试。在许多其他国家，传统的工程师也能获得认证。但是在软件工程方面，我们还没有这样的专业认证。1998年，得克萨斯州的专业工程师委员会将软件工程设为一个独立的学科，使其可以颁发工程师执照。然而，这仍然是一个新鲜事物，预计在真正颁发执照之前还需要花费大量时间和努力。

3.3.1　软件工程道德准则

如今，软件是一种宝贵的知识产权，软件工程正在变为一个更加规范的行业。软件在我们生活的各个方面都起着关键作用。作为专业人士，软件工程师必须在一定的专业水平上规范其行为，确保其工作不会对社会造成损害。IEEE-CS/ACM联合工作组报告（5.2版）提出了软件工程道德规范和专业实践的8条原则[○]：

1. 软件工程师的行为应该符合公共利益。
2. 在符合公共利益的前提下，软件工程师应以最大化客户和雇主的利益为目的行事。
3. 软件工程师应确保其产品和相关修改尽量符合最高专业标准。
4. 软件工程师应在其专业判断中保持诚信和独立性。
5. 软件工程经理和管理者应认可并提倡管理软件开发和维护的职业道德。
6. 软件工程师应提高符合公共利益的专业诚信度和声誉。
7. 软件工程师应平等对待并支持同事。
8. 软件工程师应参加与其专业实践有关的终身学习，并应提倡专业实践中的职业道德。

在这些一般原则之下，有几个进一步解释这些原则的子元素。例如，第 2 条原则涉及客户和雇主，它有 9 条关于软件工程师责任的解释性子原则：

1. 在其职权范围内提供服务，诚实坦率地承认在经验和教育方面的局限。

2. 不得故意使用和保留通过非法或不道德途径获得的软件。

3. 仅在客户或雇主知情并同意的情况下，以适当授权的方式，使用客户或雇主的财产。

4. 确保项目所依赖的文件在有需要的情况下都可以获得授权人员的批准。

5. 在保密性符合公共利益和法律规定的情况下，对专业工作中获取的机密信息保密。

6. 如果认为某个项目可能失败、成本过高、违反知识产权法或存在其他问题，则应确定、记录、收集证据，并且及时向客户或雇主报告。

7. 通过软件或相关文件，识别、记录重大社会关注问题，并向雇主或客户报告。

8. 不接受不利于他们为主要雇主所做工作的外部工作。

9. 承诺不会不利于雇主或客户的利益，除非有更高的道德准则受到损害。在这种情况下，应告知雇主或其他关注该道德准则的合适机构。

作为一项专业工程实践，软件工程必须包括其成员必须遵守的规范和规定。因此，软件工程还包括其成员的知识获取指导和行为习惯指导。这是特别困难的，因为没有与土木工程或化学工程类似的软件工程政府法规和规范。如前所述，已经制定了保护知识产权的法律，软件工程师可以从中寻求指导。事实上，存在一个制定软件工程师行为规范的工作组就已经表明，软件工程在专业化方面取得了重大进展。

3.3.2　专业行为

遵循 8 项原则中推荐的职业道德规范无疑是一个好的开始。但是，这 8 项原则中有太多细节。本书的一位作者在软件产业界工作期间，曾在软件开发、支持和管理方面采用了更简单的道德伦理指南。这些价值观受到了早期 IBM 企业价值观的深刻影响：

- 尊重他人，争取公平。
- 竭尽所能去执行。
- 遵守法律。

这些看起来简单的指导方针，实际上为软件工程专业人员的广泛行为范围和判断提供了基础。不可能列出软件工程师必须遵守道德规范的所有可能场景。但是，有很多场景可以使用这些简单的指导方针，例如以下场景：

- 处理信息隐私。
- 处理质量问题和问题解决方案。
- 处理项目估算和项目协调。
- 处理复用和知识产权。
- 处理安全问题。

在所有这些情况下，如果软件工程师在做出判断或采取行动之前停下来，考虑对他人的尊重和公平性、竭尽所能去执行和遵守法律等问题，将会有所助益。

有几个网站提供有关职业道德和相关话题的更多信息，例如东田纳西州立大学（East Tennessee State University）以前由 Donald Gotterbarn 负责的软件工程伦理研究所。此外，Gotterbarn 还主持了一个 IEEE-CS/ACM 联合工作组的执行委员会，制定了《软件工程道德与专业实践规范》。

处理行为守则和道德行为的问题最终导致了与善、恶或美德、邪恶等术语有关的概念讨论。关于这个话题的哲学讨论超出了这本教科书的范围，但有很多好书探讨了这个主题。

Michael Quinn（2014 年）很好地介绍了伦理道德理论及其在信息技术中的应用。伦理学作为一个主题，已经被哲学家进行了数千年的研究和分析。这一领域的主要思想家，例如 Bertrand Russell、Sir David Ross、G. E. Moore 和 A. C. Ewing 编写了很多更为深入的著作，对此感兴趣的读者请参考 Sellars 和 Hospers（1952 年）收集的有关伦理理论的读物。

3.4　软件工程原则

许多软件工程专业的学生以及职业软件工程师都问过，在软件工程中是否存在与其他学科类似的自然法则或原则，例如相当于运动定律或热力学定律的东西。在软件工程中，没有一套法则，但是有一些被推荐的**软件工程原则**。这些原则是在过去多年经验基础上演化而来的，许多已被广泛接受。由于软件工程还很年轻，仍在发展中，现有原则将继续进行修订，新的原则也将添加进来。在本节中，我们将介绍其中的一些原则。

> **软件工程原则**　软件工程中的规则和假设，它们来源于广泛的观察。

3.4.1　早期由 Davis 提出的**软件工程原则**

Alan Davis 是最早提出软件工程基础原则的权威人士之一，他关于软件工程 15 项原则的文章实际上包含 30 项原则。他后来出版了一本名为《201 项软件开发原则》的书。在这里，我们将只介绍 Davis 认为的其中 15 项"最重要的原则"。

1. 质量放在首位：提供质量差的产品是目光短浅的表现。质量有许多定义，意味着不同的含义。例如，对于开发人员来说，这可能意味着"优雅的设计"；对客户来说，这可能意味着"良好的响应时间"。无论如何，必须将质量视为第一个需求。

2. 高质量的软件是可能的：可以建立高质量的大型软件系统，虽然可能会需要很高的成本。

3. 尽早向客户提供产品：在需求阶段完全理解和获取用户需求是非常困难的。因此，给用户一个产品原型并让他们先用起来会更为有效。收集反馈信息，然后进行产品的全面开发。

4. 在编写需求之前确定问题：软件工程师在急于提供解决方案之前，请确保问题得到很好的理解。然后探索可能的解决方案和各种替代方案。

5. 评估可选设计方案：在理解并就需求达成一致后，探索各种设计架构和相关算法。确保所选择的设计和算法能最好地满足需求。

6. 使用适当的过程模型：由于没有适用于所有项目的通用过程模型，每个项目必须根据企业文化、项目情况、用户期望、需求的变动性和经验资源等参数选择最适合项目的过程。

7. 在不同阶段使用不同的语言：没有哪种语言，在软件开发的所有阶段都是最佳的。因此，要为软件开发的不同阶段选择最佳的方法和语言。从一个阶段转向另一个阶段的困难并不一定要通过在所有阶段使用一个语言来解决。

8. 最小化智力差距：如果能最小化真实问题与该问题的计算机解决方案之间的距离，则创建解决方案将会更为容易。也就是说，软件解决方案的结构需要尽可能接近现实世界的问题结构。

9. 将技术置于工具之前：在使用工具之前，需要很好地理解技术。否则，这个工具会导致更快地做出错误的事情。

10. 在使软件更快之前，请确保其正确性：有必要先使软件正确执行，再进行改进。不要在初始编码阶段担心执行速度或代码优化。

11. 检查代码：IBM 的 Mike Fagan 首先提出，检查是一种能够比测试更好地发现错误的方法。一些早期的数据显示，检查减少了 50%～90% 的测试时间。

12. 好的管理比好的技术更重要：即使面对有限的资源，一个好的管理者也可以产生显著的成果。即使最好的技术也不能弥补糟糕的管理，因为好的管理者可以激励员工，而技术不行。

13. 人是成功的关键：软件产业是劳动密集型的，具有经验、天赋和适当动力的人才是关键。正确的人可以克服许多过程、方法或工具中的困难。没有什么可以替代高质量人才。

14. 勿盲目跟风：谨慎地采用工具、过程和方法。不要因为别人在做或使用而跟风。在做出重大承诺之前先进行一些实验。

15. 承担责任：你开发了一个系统，就应该承担把它做好的责任。将失败或问题归咎于其他人、进度计划或是过程都是不负责任的。

Davis 的 15 项软件工程原则中，只有两项不是致力于解决软件开发和支持的管理和技术的。还要注意，第 15 项原则类似于行为准则，与前文讨论的软件工程职业道德规范相似。Davis 的前两项原则保证了软件产品的质量属性。有趣的是，质量是这些原则中唯一提到的软件产品属性。显然，需要有更多的原则来保证软件产品属性。这些产品属性可能包括以下内容：

- 可维护性。
- 易安装性。
- 可用性。
- 可重用性。
- 互操作性。
- 可修改性。

这些属性的定义还不明确。我们必须首先对它们进行明确定义，再在哪些是重要属性上达成一致。随着软件工程领域愈发成熟，必要的软件产品属性将逐渐发展完善。

3.4.2 更现代的 Royce 原则

在 Davis 所提原则的基础上，Walker Royce 在他的书中提出了一套更现代的原则。Walker Royce 的现代软件管理原则 Top10 如下：

1. 基于架构优先的方法建立过程。

2. 建立一个迭代过程，通过此过程尽早解决风险。

3. 强调基于组件的开发，以减少编码工作量。

4. 应该建立变更管理来处理迭代过程。

5. 增强迭代开发过程环境（称为双向工程），通过自动化工具在多个制品上频繁地进行多次变更。

6. 使用基于模型和计算机可处理的符号来进行设计。

7. 建立质量控制和项目进度评估（包括评估所有中间制品）的客观过程。

8. 为能够更早地评估中间制品，使用基于演示的方法，将中间制品转换为用户场景的可执行演示。

9. 计划增量式发布多个版本，每个版本由一组使用场景组成，并在细节上逐步演化。

10. 建立一个可配置的过程，因为没有一个过程适合所有的软件开发。

这 10 项原则受到如下假设的深刻影响：基础开发过程本质上是迭代的。越来越明显的是，在一次迭代中建立一个大型复杂的系统是非常困难的，因此这些原则被认为更符合现代软件工程实践。仅理解大型系统的需求就需要多次迭代。一个允许我们迭代和递增地构建软件系统的过程至关重要，可以作为顺序方法（如瀑布过程模型）的替代。我们将在第 4 章和第 5 章对传统和新兴的软件开发过程模型展开讨论。

3.4.3　Wasserman 提出的软件工程基础概念

Anthony Wasserman 认为，尽管软件行业一直在发生变化，但是有 8 个软件工程的概念保持相对稳定。因此，以下基本概念构成了软件工程学科的基础：

- 抽象化。
- 分析、设计的方法和表示法。
- 用户界面原型。
- 模块化和架构。
- 复用。
- 生命周期和过程。
- 度量。
- 工具和集成环境。

作为第一个概念，抽象化通常被归类为一种设计技术。事实上，这是软件工程师广泛采用的一种方法，用来泛化概念，并推迟对细节的关注。正确的分析和设计和第二个概念有关，这是成功开发软件的关键。分析为我们提供了一个清晰的需求，设计将需求转化为解决方案的架构。许多人试图忽略或减少这些工作的工作量，但是如 3.1.2 小节所述，这些工作的不完整一直是导致许多软件失败的主要原因。此外，分析和设计的表示法需要标准化，以促进更一般的沟通。开发标准表示法对于软件工程成为一个规范的工程专业至关重要。

第三个主要概念——用户界面原型，为理解需求和用户偏好做出了重要贡献，还为软件开发的迭代过程方法提供了巨大帮助。第四个概念包括软件架构中的模块化，这大大提升了软件的质量和可维护性。早些时候，David Parnas 强调了模块化的概念和意义。除了模块化，Wasserman 还关注设计模式和标准化架构的必要性。当然，架构的设计模式和标准化对于复用的概念有很大的贡献，而复用被列为第五个概念。自汇编语言和标准数学函数库开始使用宏定义以来，复用在软件行业得到了长期实践。在操作系统和软件工具中，我们发现了丰富的通用函数库。容易发现，需要开发行业特定的可复用组件。由于有一些软件项目在没有规范或过程的情况下成功完成，因此对软件工程来说，软件过程可能没有规格说明、分析这类概念显得重要。然而，重要的是要认识到，大多数大型复杂软件项目需要一些已定义过程才能生存。因此，第六个概念是生命周期和过程。第七个概念是度量，这是重要的工程和管理技术。没有明确的度量和测量技术，就不可能衡量任何软件属性或软件过程，更不用说尝试改进这些属性和过程。最后，作为第八个概念，工具和集成环境对于开发和支持任何大型复杂软件都是必不可少的。

单独看 Wasserman 提出的每一个概念，都不觉得非常特殊。但是，它们合在一起描绘了软件工程领域取得的许多重大进展。这些概念中有很多是在第 2 章中提到的，在那里我们讨论了一个薪资管理系统的开发和支持，将其作为一个庞大而复杂的软件系统实例。

3.5　总结

本章展示了软件项目失败的例子，并描述了失败背后的一些原因。这些软件失败的主要原因可追溯到不良需求和缺乏用户参与。自 20 世纪 60 年代末以来，软件开发者对软件质量问题的增加感到震惊，并且意识到需要一个更严格的工程学科。这个新学科被称为软件工程，其中提供了几个定义。这个相对较新的领域依然在扩张，软件的价值也在急剧增加。对软件知识产权价值的认识和对专业化的需求促成了软件工程道德准则的发展。近几十年来，软件工程取得的许多提升和进步使我们能够制定一套原则。这些原则还将继续发展，本书介绍并讨论了 Alan Davis、Walker Royce 和 Anthony Wasserman 提出的 3 类原则。

3.6　复习题

3.1　列出软件项目成功和失败的两个主要原因。

3.2　根据软件工程的定义，列出软件工程必须涉及的 3 个方面。

3.3　列出美国总会计局在 2004 年的报告中提到的，确保成功交付软件的 3 个策略中的两个。

3.4　软件工程这个术语何时何地被第一次提出？

3.5　IEEE-CS/ACM 联合工作组报告（5.2 版）推荐的 8 条软件工程道德准则是什么？

3.6　软件工程原则这个术语的含义是什么？

3.7　软件工程师能否成为经认证的专业工程师（PE）？说明原因。

3.7　练习题

3.1　对 3.6 节第 2 题中你列出的软件工程定义的 3 个方面进行优先级排序，并解释原因。

3.2　软件工程具有职业道德规范的原因是什么？

3.3　使用网络或 3.8 节列出的参考资料，查看 IEEE-CS/ACM 的《软件工程道德规范和专业实践》，并列出第 4 条原则的子原则，该原则涉及在专业判断中保持诚信和独立性。

3.4　对 Davis 提出的第一条原则中的术语质量，你认为哪个可能的解释最重要？

3.5　跟踪 Davis、Royce 和 Wasserman 的 3 套软件工程原则，并就其相关性和所强调重点围绕以下软件工程主题进行讨论。

　　a）需求

　　b）架构和设计

　　c）过程

　　d）工具

　　e）度量和测量

　　f）测试和质量

3.6　浏览 Donald Gotterbarn 的网站：http://seeri.etsu.edu。选择他的一个关于道德规范的研究案例，并进行总结。

3.8　参考文献和建议阅读

Davis, A. M. 1994. "Fifteen Principles of Software Engineering." *IEEE Software* (November): 94–101.

Edgar, S. L. 2003. *Morality and Machines*. Sudbury, MA: Jones and Bartlett.

Fishman, C. 1996. " *They Write the Right Stuff*." Fast Company. http://www.fastcompany.com/28121/they-write-right-stuff.

Gotterbarn, D. 2004. Software Engineering Ethics Research Institute. https://www.exploreaiethics.com/organizations/software-engineering-ethics-research-institute/.

Hoffman, D. M., and D. M. Weiss. 2001. *Software Fundamentals: Collected Papers by David Parnas*. Reading, MA: Addison-Wesley.

IEEE Computer Society and Association of Computing Machinery, Joint Task Force on Computing Curricula. 2004. *Software Engineering 2004 Curriculum Guidelines for Undergraduate Degree Programs in Software Engineering*. http://sites.computer.org/ccse/SE2004Volume.pdf.

Jones, C. 1994. *Assessment and Control of Software Risks*. Upper Saddle River, NJ: Prentice Hall.

Jones, C. 2008. *Applied Software Measurement*, 3rd ed. New York: McGraw-Hill.

Pfleeger, S. 2009. *Software Engineering Theory and Practices*, 4th ed. Upper Saddle River, NJ: Prentice Hall.

Quinn, M. J. 2014. *Ethics for the Information Age*, 6th ed. Reading, MA: Addison-Wesley.

Radziwill, N. 2005. "An Ethical Theory for the Advancement of Professionalism in Software Engineering." *Software Quality Professional* (June): 14–23.

Research Triangle Institute. 2002. *The Economic Impacts of Inadequate Infrastructure for Software Testing*. RTI Project Number 7007.011. Research Triangle Park, NC: Research Triangle Institute.

Royce, W. 1998. *Software Project Management A Unified Framework*. Reading, MA: Addison-Wesley.

Sellars, W., and J. Hospers, eds. 1952. *Readings in Ethical Theory*. New York: Appleton-Century-Crofts.

Sommerville, I. 2010. *Software Engineering*, 9th ed. Reading, MA: Pearson Addison-Wesley.

Standish Group. 1995. Chaos. https://www.standishgroup.com/sample_research_files/chaos_report_1994.pdf.

Stimson, W. A. 2005. "A Deming Inspired Management Code of Ethics." *Quality Progress* (February): 67–75.

U.S. Department of Justice. 2004. *Report of the Department of Justice's Task Force on Intellectual Property*. Washington, DC: U.S. Department of Justice. http://www.justice.gov/olp/ip_task_force_report.pdf.

U.S. General Accounting Office. 2004. *Defense Acquisitions: Stronger Management Practices Are Needed to Improve DOD's Software-Intensive Weapon Acquisitions*. https://www.gao.gov/assets/gao-04-393.pdf.

Wasserman, A. I. 1996. "Toward a Discipline of Software Engineering." *IEEE Software* (November): 23–33.

传统软件过程模型

目标

- 介绍软件工程过程模型的一般概念。
- 讨论三个传统过程模型：
  - 瀑布模型。
  - 增量模型。
  - 螺旋模型。
- 讨论主程序员制团队方法。
- 描述 Rational 统一过程，以及所有过程进出标准的重要性。
- 根据能力成熟度模型（CMM）和能力成熟度集成模型（CMMI）评价过程。
- 讨论修改和完善一个标准过程的必要性。

4.1 软件过程

　　我们已经在前面的章节中提到了过程的概念，并指出它在软件工程中扮演的重要角色。开发和支持软件的过程通常需要在某些相关序列中由不同的人执行许多不同的任务。比如，任何项目都可以通过需求、设计、编码、单元测试、发布、支持和维护来一步一步地完成。当软件工程师根据自己的经验、背景和价值观去执行任务时，他们不一定以同样的方式和顺序来认识和执行这些任务。换句话说，他们不遵从某个系统的过程。他们有时甚至不为所有的项目执行相同的任务。这种不一致性会导致项目花费更长的时间，最终却产出劣质的产品，更糟的情形则会导致整个项目失败。Watts Humphrey 在他的 *Introduction to the Personal Software Process* 一书中大量描写了关于软件过程和过程改进的内容，并且介绍了个体层面上的个人软件过程。

　　在这一章中，我们将介绍传统软件过程，还将介绍过程的总体评价和评估，敏捷过程等新兴的过程将留到第 5 章介绍。

4.1.1 软件过程模型的目标

　　软件过程模型的目标是为系统地协调和控制必须执行的任务提供指导，以实现最终产品和项目目标。一个过程模型定义如下：

- 一系列需要执行的任务。
- 每个任务的输入和输出。
- 每个任务的前置条件和后置条件。
- 任务的顺序和流程。

　　读者可能会问，若只有一个人开发软件是否需要软件开发过程。答案是要视情况而定。如果软件开发过程只被视为协调和控制的中介，则几乎是不需要它的，因为只有一个人。但是，如果过程被视为生成可执行代码及各种中间制品的说明性路线图（如设计文档、用户指南、测试用例），那么即使只有一个人的软件开发项目也需要软件开发过程。对于涉及多人的复杂项目而言，有一个明确的过程将具备以下好处：

1. 更好地理解团队成员要执行的任务
2. 更好地定义项目团队成员的职责、期望和结果
3. 更容易度量和控制项目进度

一些软件专业人员认为这个主题是项目管理的一个组成部分，因此可以与第 13 章介绍的软件项目管理一起学习。

4.1.2 "最简单"的过程模型

当程序员一个人开发软件时，他们自然会倾向于通常被视为最重要的任务——编码。大部分信息技术领域的人，包括软件工程师，都是通过学习如何使用某种语言编写代码来开始职业生涯的。图 4.1 显示了这个或许简单的过程，它将任务描述为编码－编译－单元测试的循环。因为通常认为编码是这个过程的核心任务，所以这个模型有时被称为编码－修复模型。当在编译或单元测试中检测到缺陷时，执行调试，以分析和解决缺陷。然后，通过修改代码来改正缺陷并重新编译，随后进行单元测试。单元测试完成，且所有检测出的缺陷都得以解决，代码才会发布。

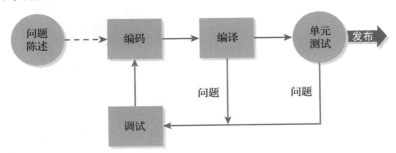

图 4.1　一个简单的过程

图 4.1 中有两个区域值得关注。第一个是问题陈述，它是现在的软件工程中需求规范的前身。这一区域的重要性在早期并没有得到认可和重视。第二个是单元测试，代码作者以一种非正式的方法执行代码的单元测试。由于问题陈述经常是不完整或不清楚的，所以用来确保代码满足问题陈述的测试本身也常常是不完整的。测试工作通常反映了程序员对问题的理解。

尽管简单过程模型有很多的缺点，但它还是为很多早期项目提供了服务。随着软件项目复杂性的增加，引入了更多的任务，如设计和集成。随着越来越多的人参与软件项目，引入了更好的协调。过程中的任务、任务间的关系以及这些任务的流程变得更加明确。

随着软件设计师获得了更多的经验，引入了不同的软件开发模型来解决不同的问题。如今有一个认识，就是没有一个过程模型能够满足所有的软件项目。最有可能的是，所选模型仍需进行一些修改以适应特定组织的需求。本章将介绍一些早期的过程模型和相关主题，近期提出的过程模型将在第 5 章中讨论。

4.2　传统过程模型

在本节中，将介绍几个早期的软件开发模型。为了适应不同的情形，这些模型都需要进

行相应的适配和修改。我们在这里只介绍这些模型的基本形式。

4.2.1 瀑布模型

瀑布软件开发过程模型可能是已知模型中最早的公开模型，它有时被称为经典软件生命周期模型。很多组织都使用了这种模型，Royce 是最早提出这个模型的人之一。瀑布模型的名称是从它代表的过程中衍生出来的，如图 4.2 所示，任务一个个地顺序出现，上一个任务的输出传递给下一个任务。

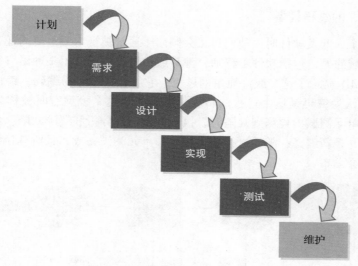

图 4.2　瀑布模型

类似于一个多层的瀑布，该模型有许多优点，特别是对于 20 世纪 70 年代初的软件项目经理。它作为管理软件项目的工具，代表了软件经历不同开发阶段的生命周期。它给了项目经理一个更准确地描述软件开发状态的方式，而不仅是反映软件"差不多快要完成"。虽然我们现在已经认识到瀑布模型的许多缺点，但这个过程也有很多可取之处：

- 必须在第一步中指定需求。瀑布模型包括计划阶段，而该阶段可能在组织内部就已经完成，因此是需求的先决条件。
- 在打包发布软件之前必须完成四个主要任务：需求、设计、实现和测试（如图 4.2 中突出显示的阶段）。
- 每个阶段的输出按顺序传递给下一个阶段。
- 软件项目在特定的、可识别的阶段间顺序移动，因此可以对它进行跟踪。

由于软件的需求、设计和测试阶段生成了大量的文档，因此瀑布模型也被称为文档驱动的方法。

多年来，基本的瀑布模型与早期定义相比经历了多次修改，每次修改都解决了它存在的一些缺点。例如，这个模型通常被视为只提供很少的任务重叠的单次迭代模型。因此，在图中引入了反向箭头来描述额外的迭代活动。由于瀑布模型只在需求阶段和交付软件时与用户进行有限的交互，因此也受到很多批评。瀑布模型的实现者通过使用联合应用程序开发（Joint Application Development，JAD）技术，在设计阶段和测试阶段中加入了用户和客户。我们还意识到瀑布模型存在维护阶段，这可能是项目中最长的一个阶段。

瀑布模型的一个最重要的贡献可能是它给软件工程提供了一个过程，以明确在软件开发时应该关注什么。

4.2.2　主程序员制团队方法

主程序员制团队方法是一种协调和管理的方法，而不是一种软件过程。这个概念在 20 世纪 70 年代中期是一个流行的组织观念。

Fred Brooks 在他的著作《人月神话》中描述了一种小团队协调软件开发活动的方法。他把最初的提议归功于 IBM 公司的 Harlan Mills。他提出的这个方法模拟了一个外科手术团队，这个团队中有一个主刀外科医生，而其他专家都在支持这位主刀外科医生。这个方法不是让很多人都处理较小的问题，而是有一个主程序员，他负责制定工作计划、划分并分配任务给不同的专家。主程序员就像外科手术团队中的主刀外科医生，由他来指导所有的工作活动。这个团队的规模应该在 7～10 人，由设计师、程序员、测试人员、文档编辑员和主程序员等专家组成。这种方法合情合理，在此基础上，可将大问题分解为多个组件，再由多个小型主程序员团队开发组件。这种多团队方法为接下来描述的增量开发过程提供了良好的组织模型。类似的方法与微服务结合得很好。在技术博客中会看到此类团队被称为两披萨团队：一个小到两个披萨就够吃的团队。

4.2.3　增量模型

增量模型可以看作对瀑布模型的修改。随着软件项目规模的增大，人们意识到，将大型项目细分为更小的组件能够使软件的开发更为简单，因为这样可以通过增量和迭代的方式开发软件。而且，这种细分有时是必不可少的。在早期，每个组件都遵循瀑布过程模型，迭代地遍历每个步骤。在增量模型中，组件是以图 4.3 所示的重叠的方式开发的。这些组件都必须进行集成，然后在最终的系统测试中作为一个整体接受测试。增量模型中提供了一定的风险控制，任何一个组件遇到了问题，其他组件都仍然可以继续独立开发。除非遇到的问题是一个普遍的问题，如底层技术存在缺陷，否则单个问题不会阻碍整个开发过程。

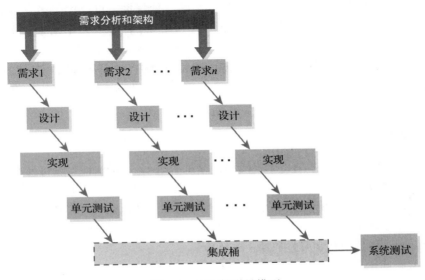

图 4.3　多组件增量模型

使用增量模型的另一个观点是首先开发包含大部分所需功能的核心软件。第一个增量可以作为版本 1 交付给用户和客户。额外的功能和补充的特性将在随后开发，并在完成后分别作为版本 2、版本 3 等进行交付。这种增量模型提供了一种更类似于演化式软件产品开发的方法。在使用这种开发模型时，图 4.3 中的模型将不具有集成桶。

图 4.3 中的增量模型可以有单独的组件。例如，需求 1 可以是核心功能组件，其他分别描述不同组件的主要需求将作为一个版本一起交付。图 4.4 描述了多版本增量模型的场景，第一个版本是核心功能，后续版本可能包括对以前版本中错误的修复以及新的功能特性。第一个版本可能存在缺陷，多版本增量模型还可以通过后续版本将它演化成理想的解决方案。因此，由包括提出演化过程的 Tom Gilb 在内的许多人提出的增量模型，是有助于演化软件开发和管理的。软件项目的版本数量取决于项目的性质和目标。虽然每个版本都是独立构建的，但由于以前版本中已有的设计和代码是构建未来版本的基础，因此版本之间仍是存在联系的。

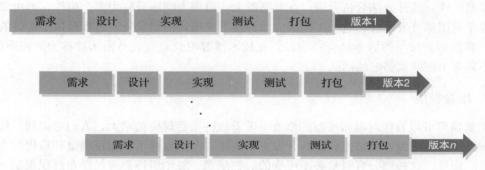

图 4.4　多版本增量模型

两种增量模型都使用"分而治之"的方法，将大型复杂的问题分解为多个分开的部分。这种模型的难点在于这些问题常常是相互交织的，将各部分解耦为独立可实现的部件是很困难的。它需要对问题、解决方案和使用环境有深入的了解。不同增量的重叠是另外一个难点，因为组件之间可能有一定数量的信息存在顺序依赖性。可以产生多少重叠取决于需要多少先决条件和必要的共同信息。尽管图 4.3 和图 4.4 都涉及多个增量，但图 4.4 可被视为当今 CI/CD 概念的代表和先驱。回想一下，CI/CD 的关键是"持续"集成已完成的部分，然后交付给用户以进行快速部署。此外我们还应该想到，一个好的构建和集成工具不仅对 CI/CD 有很大帮助，而且是必需的。第 11 章将进一步解释配置管理、集成和系统构建的重要性。

4.2.4　螺旋模型

另一个软件开发的演化方法是螺旋模型，它是由 Barry Boehm 于 1988 年提出的，与此同时人们还关注瀑布模型的文档驱动方法。早期的螺旋模型借鉴了 TRW 公司关于各种大型政府软件项目的经验。螺旋模型的一个重要属性是它强调降低软件开发中的风险。因此，该模型是一种风险驱动的软件过程方法。如图 4.5 所示，它提供了一种循环的方法来增量地开发软件系统，同时降低项目在开发周期中的风险。

螺旋模型有四个象限，软件项目在增量开发过程中会遍历这些象限。如图 4.5 所示，螺旋路径可能不是非常平滑。每个循环都对每个关注点、组件或制品执行相同的步骤。

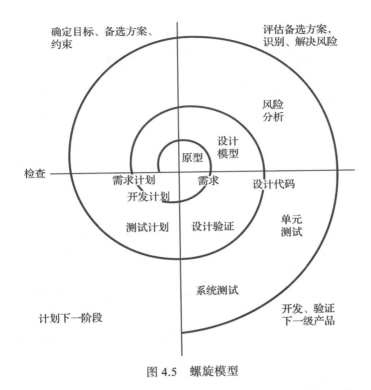

图 4.5　螺旋模型

　　螺旋模型是基于一些期望目标的，它同样适用于软件开发和软件改进项目。螺旋过程将对该目标或需求进行连续测试或迭代，直到得到最终结果或被证明是不可实现的。对四个象限的一次典型遍历过程如下：

　　1. 确定螺旋中每次循环的目标、备选方案或约束。

　　2. 评估与目标和约束相关的备选方案。在执行此步骤时，将识别并评估多项风险。

　　3. 根据所识别风险的数量和类型，开发一个原型，进行更详细的评估和更进一步的开发，或用其他步骤来进一步降低实现既定目标的风险。如果风险大幅度降低，那么下一步可能只是一项任务，如需求、设计或编码。

　　4. 验证目标的实现和计划下一次循环。

　　循环的一个组成部分是检查项目中所有主要利益相关者在循环中完成的活动以及产品。检查的主要目的是确保各方持续地致力于该项目，并就项目下一阶段使用的方法达成一致。

　　因为螺旋模型是通过迭代来降低项目风险的，因此它有几个内置的方便特性。

　　● 该模型将原型设计和建模作为过程的一个组成部分。

　　● 它允许基于涉及的风险量，对所有活动采用迭代和演化的方法。

　　● 如果确定了更好的备选方案或识别到新的风险，该模型不排除对早期活动的返工。

　　螺旋模型的讽刺之处在于它依赖于风险评估的专门技能，并非所有软件工程师都受过风险识别和风险分析方面的培训或在此方面有经验。

4.3　一个更加现代的过程

　　近年来，人们提出了很多新的过程，本节将介绍一个最初由 Rational 软件公司开发的流行过程。

4.3.1 Rational 统一过程框架的一般基础

Rational 统一过程（RUP）是由 IBM 公司收购的 Rational 软件公司开发的软件过程框架，而不是单个过程。RUP 起源于 1987 年的对象过程、1997 年的 Rational 对象过程以及**统一建模语言（UML）**。Fowler 和 Scott 在他们的著作《 UML 精粹》中全方位地介绍了 UML。RUP 在许多方面都吸取了增量、迭代以及螺旋模型中的早期经验。这个过程框架是由三个主要概念驱动的：

> **统一建模语言（UML）** 一种面向对象的建模语言，提供元素和关系来建模软件需求和设计。

- 用例和需求驱动。
- 以架构为中心。
- 迭代和增量。

用例主要用于捕获需求，也可用于描述软件系统与外部（例如系统用户）的交互。传统的功能规格说明方法只描述系统的功能，不描述系统和用户之间的完整交互。此方法的重点在于用户以及用户的价值。用例驱动意味着开发过程是从用例开始的，设计是从用例中开发出来的，测试用例也是从用例中派生出来的。因此，是用例驱动了软件开发过程。

架构在 RUP 中扮演着重要的角色，它描述了整个系统的静态和动态方面，强调了系统中更重要的方面，忽视了系统中不重要的细节。在 RUP 中，架构最初提供了 Jacobson、Booch 和 Rumbaugh（1999）所称的系统"形式"，它是独立于用例的。它描述了超越所有用例的高层设计，例如用户界面标准或错误处理标准。根据这条基线，架构得到细化以适应重要的主要用例。每个重要的用例都代表软件系统的一个关键组件，能为设计提供更多的细节。随着考虑到用例的更多细节，架构也演变成一个更加成熟和稳定的设计。用例驱动架构，架构影响用例的选择。

RUP 也是迭代和增量式的，因为它以较小的部分或增量开发大型软件。在开发所选择的增量时，RUP 使用了迭代方法。第一次迭代开发用来表示产品增量或某一部分的所有用例或需求。第二次迭代处理所选增量中所有最重要的风险。后续的迭代将基于之前迭代的结果。

用例、架构以及迭代和增量这三个概念构成了 RUP 的基础。若要更全面地学习 RUP，请参阅 4.10 节。

4.3.2 RUP 的阶段

RUP 中的阶段不是以设计、测试或编码等活动命名的，一个阶段可能包含许多不同程度的活动。RUP 中有四个阶段：

1. 初始（Inception）
2. 细化（Elaboration）
3. 构造（Construction）
4. 交付（Transition）

在 RUP 的每个阶段，开发团队可能会进行多次迭代来实现产品的增量。在每个阶段中，需求规格说明、测试或编码等活动的完成程度也有所不同。

初始阶段可以视为产品增量仍不确定的早期开始阶段，这个阶段将实现一个初步的想法。在细化阶段制定详细的用例，架构和设计也得到加强。产品增量是在构造阶段构建、编码和测试的。在交付阶段先向一小部分受限制的用户发布产品增量，以便进行进一步的测试和修正，再发布给公众。图 4.6 提供了 RUP 四个阶段的视图，并展示了各类开发活动与各阶段的关系。图中左侧的软件开发活动都经历了四个阶段。每个活动将在不同阶段处于"峰值模式"。每一项活动的完成程度由条形的厚度表示，活动的峰值由相对近似值表示。虽然在图中没有明确显示，但是任何活动（如设计）都可能在一个阶段中迭代多次。RUP 不仅提供增量开发，而且包括迭代开发。这四个阶段提供了一个跟踪项目里程碑的机制。

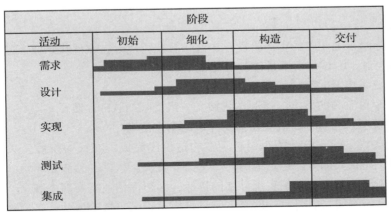

图 4.6　Rational 统一过程（RUP）（来源：https://en.wikipedia.org/wiki/Rational_Unified_
Process#/media/File:Development-iterative.png）

初始阶段

初始阶段是一个计划阶段，包括以下主要目标：

- 确定软件项目的范围并明确其目标。
- 创建用于驱动架构和设计的关键用例以及主要场景。
- 建立一些架构和早期设计的备选方案。
- 估计进度计划和所需的资源。
- 计划实现、测试、集成和配置方法。
- 估计潜在风险。

为了实现这些主要目标，需求活动的建立必须完全达到顶点。软件系统的架构是很窄的，在此阶段必须考虑各种不同的设计方案。在初始阶段需要计划软件的实现、测试、集成方法、工具等。根据主要需求和早期架构估算整个项目的进度计划、所需资源以及潜在风险。建立项目的目标和度量。利益相关方应就项目的工作量估计和计划达成一致。

细化阶段

细化应该是 RUP 中最关键的阶段。在这一阶段结束时，大部分未知的问题都应该解决了。这一阶段的主要目标包括以下内容：

- 建立系统中所有主要和关键的需求。
- 建立并展示基线设计。
- 建立实现、测试和集成的平台和方法。
- 建立主要测试场景。
- 建立所商定目标的测量和度量。
- 组织并建立实现、测试和集成中需要的所有资源。

为了实现这些目标，各方都必须在细化阶段收集、分析、理解、记录所有的需求，并就这些需求达成一致。需求中的所有原型、体系结构以及大部分的设计都必须完成。对设计中的所有可行性问题都必须进行原型设计和回答。在这一阶段，将确定主要测试场景，完成对实现、测试和集成的计划，获取并组织实现、测试和集成所需的资源，培训完成实现、测试和集成所需的新方法或工具，接受明确的度量和测量系统并获取测量所需资源。也就是说，对项目其余阶段的控制都将就位。在细化阶段结束时，软件项目已准备好进入全面的实现和测试模式。

构造阶段

构造阶段等同于工业中的生产阶段。在这一阶段完成时，软件代码应该已经完成，所有的主要需求都经过了测试。以下是该阶段的主要目标：

- 在估算成本内及时完成实现。
- 实现一个可发布的版本，该版本将接受一组受限的 Alpha 测试。
- 为了实现项目的目标，确立还需要完成的剩余活动。

为了实现这些目标，设计的编码必须在构造阶段完成。在这一阶段，必须执行所有计划的测试用例，并且大部分已经发现的问题都需要解决。软件必须满足项目的大部分既定目标，并且通过测试去验证。为了实现计划的目标，必须评估还需要多少剩余活动，以及这些剩余活动是什么。例如，需要对软件产品质量目标是否满足进行评估。必须建立为实现目标后续要进行的所有必要活动，如额外的测试和修复。

交付阶段

交付阶段是将软件交付给普通用户之前的最后一个阶段。对所有的修复和组件进行集成。非代码制品，如手册和培训材料，也都被集成到完整的产品中。这一阶段的主要目标如下：

- 建立正式发布的最终软件产品。
- 建立软件的用户准备和验收。
- 建立支持准备。
- 获得发布和部署许可。

在这个阶段，必须由一定数量的用户对软件完成 Alpha 和 Beta 测试，修复发现的缺陷并集成到最终版本中。必须对用户进行培训。所有交付活动，如数据迁移和使用流程的修改，都要在这一阶段结束之前完成。软件支持组需要经过培训，必须随时准备为用户提供服务。对于用于外部销售的软件产品，销售组织也必须进行培训，并且必须创建营销材料以供分发。根据目标对软件进行最终评估，并做出发布决定。

4.4　进入和退出标准

迄今为止讨论的过程都强调了活动的顺序和协调性，而 RUP 还会进一步提供一些关于哪些制品需要由谁开发的指导。但是，对于每一项活动必须执行多少的指导很少。也就是说，每个活动的退出标准是什么？进入下一个活动的标准又是什么？

如图 4.7 所示，在活动开始前必须满足进入标准，只有满足退出标准才能将活动视为完成并开始下一个活动。当并行的活动产生重叠时，困难就出现了，这时必须更细粒度地定义进入和退出标准。

4.4.1　进入标准

在执行过程图中描述的任何活动之前，必须检查允许活动执行者开始活动的条件是否满足。活动开始的条件定义了进入标准。这些标准包括以下内容：

图 4.7　进入和退出标准

- 所需制品。
- 所需人员。
- 所需工具。
- 所需对执行活动的定义。

必须列出指定的制品。仅仅把它们列出来是不够的，这些制品还必须处于可以被活动使用的状态。例如，考虑需要需求规格说明的设计任务。每个规格说明的状态必须定义为已完成，这意味着：

- 所有规格说明都已经由客户和其他利益相关者评审过。
- 评审过程中发现的异常都已经修改。
- 修改后的规格说明被各方接受。

当需求规格说明达到这些条件时，认为它们是完整的，并且符合设计任务的进入标准。注意，如果所期望的过程是增量驱动的，则完成状态可能只适用于下一个设计活动所需的增量需求。

执行任务所需的人员也必须指定。他们必须已经做好准备，这意味着他们是可用的，并且可以在任务开始之前投入到任务中。

需要指定任何所需的或以后用于执行任务的工具。同样，仅仅列出这些工具是不够的，还必须说明使用它们执行任务的理由和期望。在执行任务之前，必须确定使用工具的人员并对其进行培训。

最明显但常常被忽略的需求是对任务本身的定义和解释。当涉及设计活动时，这尤其难以描述，因为许多人认为设计一定程度上是一种艺术活动，无法系统地规定。如果对任务没有明确的理解，则不同的人可能会以不同的方式执行任务，这会导致结果的不稳定。

为过程中描述的每个步骤或活动定义的进入标准会将过程在抽象层次的定义细化到可执行级别。它还允许组织的每个部分通过为过程中的每个任务指定稍有不同的进入标准来定制过程。

4.4.2　退出标准

在声明活动完成之前，需要提前指定这个活动的退出标准。只有满足这些标准，才能认为该活动已经完成。同样，在面向增量式和有重叠的活动时，也必须以更细粒度的级别声明退出标准。

退出标准的主要作用是描述下一个活动中必须可用的制品。必须明确说明每个完成的制品中必须包含的内容。此外，清楚地说明所有条件是很重要的，如以下条件：

- 所有的制品都被评审过。
- 纠正所有或预先确定好百分比的某些错误。

- 执行下游活动的人员同意并接受制品。

我们还可以将其他条件作为退出标准的一部分，例如，将参与下一个下游活动的人退出当前活动。提前明确地规定好退出标准是很重要的。

4.5 过程评估模型

通过无数的研究、实验和实现，软件工程开发和支持过程经历了持续的修改、改进和发明。这些行动有的取得了巨大的成功，有的则是彻底失败（Cusumano 等人，2003 年；MacCormack，2001 年）。多年来，软件行业一直认可软件开发过程的重要性。致力于促进、推动和倡导软件开发过程的一个关键组织是软件工程研究所（SEI），它是一个由美国国防部资助的位于卡内基梅隆大学的研发中心，核心目标是"帮助其他人对他们的软件工程能力进行可度量的改进"（参见 4.10 节的 SEI 网址）。

另一个在软件工程领域做出贡献的组织是国际标准组织（ISO）。包括 ISO/IEC 90003:2004 文件在内的 ISO 9000 系列软件质量标准，为该组织在计算机软件活动中应用 ISO 9001:2000 提供指导。具体来说，有四个文件涉及软件质量的各个方面：ISO/IES 9126-1 至 ISO/IES 9126-4。除此之外，面向信息技术文档的 ISO/IEC 12207 标准讨论并提供了软件生命周期过程的框架。这些文件可以从 4.10 节列出的 ISO 网站上购买。SEI 和 ISO 都为如何评估一个组织在软件开发和支持方面的成熟度做出了巨大贡献。在 21 世纪初期，对软件开发和服务组织的评估成为决定将软件开发和支持活动外包给谁的主要管理工具。我们将详细介绍原始的能力成熟度模型（Capability Maturity Model，CMM），并只简要讨论升级后的能力成熟度集成模型（Capability Maturity Model Integrated，CMMI）。

4.5.1 SEI 的能力成熟度模型

能力成熟度模型最初是由 SEI 提出的，它是一个用于帮助软件组织定义自身在软件开发方面成熟度水平的框架（参见 Paulk 等人于 1993 年关于 CMM 的原始文件中的信息）。模型基于持续改进的观念提出了成熟度的五个级别。软件组织的成熟度水平是由其在实践中采取的不同关键软件开发过程活动决定的。成熟度水平是连续并且可以累积的，一个被评为第 x 级的组织是从第 $x-1$ 级升上来的。可以从 SEI 获得一个经过正式培训的 CMM 评估员名单，SEI 对一个组织进行评估，并对其关键过程活动的优势和劣势提供反馈意见。CMM 的五个级别如图 4.8 所示。

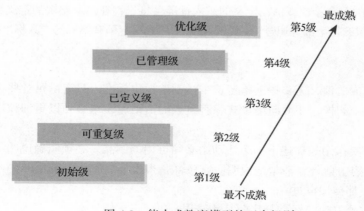

图 4.8　能力成熟度模型的五个级别

在第 1 级（图中的初始级），组织内部没有过程，任何成功都可以归功于一个强大而有经验的领导，想要重复这种成功的可能性很低。当一个组织在不同过程中进行定义、实践并不断改进时，它的成熟度就会提升一个级别。

在第 2 级（可重复级），组织必须掌握六个关键过程：

- 需求管理。
- 软件项目跟踪和监督。
- 软件质量保证。
- 软件项目计划。
- 子合同管理。
- 软件配置管理。

第 2 级的组织已经掌握了这些关键的项目管理相关过程，预计在给定相似项目时可以再次成功。

为了使一个组织从第 2 级升到第 3 级（已定义级），它必须掌握七个关键过程：

- 组织过程焦点。
- 培训计划。
- 软件产品工程。
- 同行评审。
- 组织过程定义。
- 集成软件管理。
- 组间协调。

组织在第 3 级掌握了软件构造相关的主要过程，以及项目管理相关的附加过程。

一个组织在满足第 2 级和第 3 级的所有关键过程的同时，再将精力集中在定量和质量管理上，就会提高到第 4 级（已管理级）。照此，增加了两个关键过程：

- 定量的过程管理。
- 软件质量管理。

我们已经介绍了过程和软件制品的度量和测量。这一级的组织对质量、生产率或效率等属性进行定量管理。通过获取的测量结果，先前活动的反馈变得可见，这使得在未来可以改进过程和产品。

CMM 的最高级别是第 5 级（优化级），这一级别强调的是持续改进。为了促进这种改进，必须包括三个关键过程：

- 缺陷预防。
- 技术变更管理。
- 过程变更管理。

这个最终级别的所有关键过程都有助于组织平稳地应对变更和改进。

SEI 最初的 CMM 已被多个国家的成千上万个软件组织使用。如今，世界各地的大小企业，从印度的 Wipro 到中国的东软，都已经达到了第 5 级。有时候，同一家公司的几个组织可能会在不同的级别进行评估。航空航天业的美国技术巨头 Lockheed Martin 公司就是一个案例，其有几个达到了 CMM 第 5 级的组织。美国的 CMM 评估组织的数量居世界第一。然而，有些组织仅利用 CMM 框架进行自我完善，从不要求任何正式评估。还有些组织将 CMM 级别评估作为一项营销工具。这在软件服务业尤为明显。

从一个级别提升到下一个级别通常需要一两年，很少能通过几个月或几天完成。正因为如此，许多人认为使用 CMM 来进行评估过于耗时且昂贵。与早期相比，它的流行程度已经大幅下降。

4.5.2 SEI 的能力成熟度集成模型

2001 年，CMM 升级为 CMMI。同样，要记住的重要因素是，CMMI 的作用是为改进组织的过程以及提升组织软件产品和服务的开发、管理和支持能力提供指导。虽然 CMMI 有多个方面（例如系统工程、软件工程、集成化产品和过程开发以及供应商采购），但我们感兴趣并将在此讨论的是软件工程模型 CMMI-SW。

CMMI-SW 模型有两种表示方式：

- 连续式。
- 阶段式。

连续式表示模型更适用于组织内部的过程评估和改进。每个过程成熟度级别都通过过程已满足的目标的数量和类型进行单独评估。阶段式表示模型和 CMM 一样，能更好地应用于评估组织的成熟度。CMMI 的连续式和阶段式表示方式存在三个共同点。第一，都总共有 25 个主要过程域需要考虑。这些主要过程涵盖四个一般主题领域：（1）过程管理，（2）项目管理，（3）工程，（4）支持。第二，两种表示都使用能力级别进行评估。第三，两种表示是与每个过程相关的目标和实践。为了满足特定过程，必须实现与该过程相关的目标。此外，对于每个目标，都有一组明确的实践。这些与目标相关的实践必须得到令人满意的执行，才能认为实现了特定过程的目标。

对于连续式表示方式，每个过程都有 6 个能力级别，分别是：未完成级、已执行级、已管理级、已定义级、已量化管理级和优化级。每个过程的能力级别取决于满足该过程的通用目标和特定目标的数量。完成过程的通用目标和特定目标的数量和类型与连续式表示方式中适当的能力级别相映射。虽然阶段式表示方式只有 5 个能力级别，但这里的成熟度级别为组织的成熟度，而不是单个过程的成熟度。阶段式表示的成熟度级别是初始级、已管理级、已定义级、已量化管理级和优化级。对于阶段式表示方式，就像 CMM 一样，组织通过满足 25 个过程中为该级别指定的某些子过程来达到特定成熟度级别。同样，满足特定过程是通过令人满意地实施为该过程的目标定义的实践来实现的。

CMMI 为软件开发组织提供了一种选择，即只关注那些被认为与组织相关且重要的过程。它还允许每个组织选择最符合自身需求的过程改进顺序。由于组织在经验、需求、劣势和优势方面各不相同，因此 CMMI 的连续式表示对于许多使用者来说是更合适的选择。

4.6 过程定义和通信

我们讨论了几种传统软件开发过程。虽然它们是很好的模型，但可能需要一些修改以适应特定的组织。根据软件项目的目标，可能一些需要或强调的活动会稍有不同。正如 Osterweil 观察到的那样，软件开发过程只是进行这些活动的载体。因此，具体说明过程模型就类似于构建软件系统本身。一个过程的模型或规格说明是对实际过程的抽象表示。重要的是，为了项目能够顺利进行，应该明确定义修改后的过程，并传达给所有参与者。

软件过程规格说明由两个基本部分组成：

- 包含在软件项目中的活动。

- 执行这些活动的顺序。

进一步扩展和完善这两个主要部分，包括以下内容：

- 活动：对过程所包含每一项活动的详细描述。
- 控制：每项活动必要的进入和退出标准，以及每项活动的执行顺序。
- 制品：每项活动的输出结果。
- 资源：执行活动的人。
- 工具：可用于提高活动性能的工具。

用于开发和支持项目的软件过程定义需要以不同的细节程度包含上述所有信息。为特定组织修改的过程定义需要描述要执行的活动，指定进入和退出标准的受控条件，并定义执行这些活动的顺序。必须识别并定义每个活动产生的制品，包括不产生任何制品的情况。一个软件项目通常由多个具有不同技能和经验的人共同完成，必须指定需要的人数、他们的个人技能水平和经验水平。最后，应该指定可以提高活动性能的工具。

定义上述所有活动和相关项是困难而乏味的，因此一个团队可以决定把重点放在与每个项目最相关的部分。为了给曾经在类似项目中工作过的经验丰富的团队提供一些灵活性，他们可以选择在抽象层次上定义所有五个部分，以便在总体上进行管理。请注意，将软件过程指定到最详细的级别几乎等同于执行对软件过程本身的详细设计和编程。

4.7 总结

在前面的章节中，我们提到了在大型开发和支持项目中有一个或一组过程来指导软件开发人员的重要性。在引入和使用这些过程之前，大型软件项目失败和软件产品质量差是非常普遍的。在这一章中，我们追溯了三个传统过程模型：

- 瀑布。
- 增量。
- 螺旋。

此外还介绍了一个更现代的过程模型——Rational 统一过程（RUP）。该模型的重点是需要明确定义过程模型中活动的进入和退出标准。

卡内基梅隆大学的软件工程研究所一直是过程建模和过程评估领域的驱动力之一。它的第一个软件过程模型 CMM 在软件行业从业者中广为人知。更新和改进的 CMMI 是一种连续式表示模型，允许组织分别评估其不同过程域的能力级别，而阶段式表示模型与 CMM 类似，允许组织评估整个组织的成熟度级别。在许多情况下，一个标准的过程很可能需要经过修改和改进，才能被软件项目使用。

在下一章中，我们将介绍最新的过程和方法，如敏捷和极限编程。

4.8 复习题

4.1 讨论瀑布过程的一个优点和一个缺点。

4.2 软件过程模型的目标是什么？

4.3 螺旋模型中的四个象限是什么？通过每个象限追踪活动的需求集。

4.4 过程的进入和退出标准是什么？

4.5 是什么促使软件工程师从使用瀑布模型转向使用增量模型或螺旋模型？

4.6 驱动 RUP 框架的主要概念是什么？

4.7 RUP 的四个阶段是什么？

4.8 列出 SEI 的 CMM 处理的所有关键过程。成熟度级别 2 需要其中哪些？

4.9 SEI 的软件 CMMI 中共包含了多少个过程？这些过程涵盖哪些一般主题领域？

4.9 练习题

4.1 回顾图 4.1 中的简单过程模型。你会选择首先在过程中添加哪个开发活动？为什么？

4.2 多组件增量模型和多版本增量模型的区别是什么？

4.3 讨论 RUP 的四个阶段及它们与需求分析、设计和测试等开发活动间的关系。

4.4 给出两个进入标准的示例，并讨论它们的重要性。

4.5 给出两个退出标准的示例，并讨论它们的重要性。

4.6 请访问 http://www.sei.cmu.edu 并找到 SEI 的愿景和使命。你认为我们需要这样一个组织吗？为什么需要或者为什么不需要？

4.7 过程总是必要的吗？列出使用开发过程的好处。

4.8 讨论 CMMI 中的两种表示模型。这两种模型用于评估什么？

4.9 为了使增量开发过程起作用，单独设计独立组件有多重要？这会对 CI/CD 产生什么影响？

4.10 参考文献和建议阅读

Ahern, D. M., A. Closure, and R. Turner. 2008. *CMMI Distilled—A Practical Introduction to Integrated Process Improvement*, 3rd ed. Reading, MA: Addison-Wesley.

Boehm, B. 1988. "A Spiral Model for Software Development and Enhancement." *Computer* 21 (5): 61–72.

Brooks, F. P. 1995. *The Mythical Man Month*, 2nd ed. Reading, MA: Addison-Wesley.

Carnegie-Mellon University Software Engineering Institute. 2002. *Capability Maturity Model Integration (CMMI) Version 1.1, CMMI for Software Engineering, CMU/SEI–2002–TR–028*. Pittsburgh, PA: Carnegie-Mellon University.

Cusumano, M., A. MacCormack, C. F. Kemerer, and B. Crandall. 2003. "Software Development Worldwide: The State of the Practices." *IEEE Software 20* (6): 28–34.

Emam, K. E., and N. H. Madhavji. 1999. *Elements of Software Process Assessment and Improvement*. Los Alamitos, CA: IEEE Computer Society.

Fowler, M., and K. Scott. *UML Distilled*, 3rd ed. Reading, MA: Addison-Wesley.

Gilb, T. 1989. *Principles of Software Engineering Management*. Reading, MA: Addison-Wesley Longman.

Gilb, T. 2004. "Rule-Based Design Reviews." *Software Quality Professional* 7 (1): 4–13.

Gilb, T., and K. Gilb. 2015. "Evo: The Agile Value Delivery Process, Where 'Done' Means Real Value Delivered; Not Code." InfoQ. http://www.infoq.com/articles/evo-agile-value-delivery.

Guerrero, F., and Y. Eterovic. 2004. "Adapting the SW-CMM in a Small IT Organization." *IEEE Software* (July/August): 29–35.

Humphrey, W. S. 1989. *Managing the Software Process*. Reading, MA: Addison-Wesley.

Humphrey, W. S. 1995. *A Discipline for Software Engineering*. Reading, MA: Addison-Wesley.

Humphrey, W. S. 1997. *Introduction to the Personal Software Process*. Reading, MA: Addison-Wesley.

International Organization for Standardization (ISO). n.d. Accessed June 18, 2021. www.iso.org.

Jacobson, I., G. Booch, and J. Rumbaugh. 1999. *The Unified Software Development Process*. Reading, MA: Addison-Wesley Longman.

Kruchten, P. 2003. *The Rational Unified Process*, 3rd ed. Reading, MA: Addison-Wesley.

MacCormack, A. 2001. "Product-Development Practices That Work: How Internet Companies Build Software." *MIT Sloan Management Review (Winter)*: 75–83.

Osterweil, L. 1987. "Software Processes Are Software Too." In *Proceedings of 9th International Conference on Software Engineering*, 2–13. Washington, DC: IEEE Computer Society Press.

Paulk, M. C., C. V. Weber, B. Curtis, and M. B. Chrissis. 1993. "Capability Maturity Model for Software, Version 1.1." CMU/SEI–93-TR-24, DTIC Number ADA263404. Pittsburgh, PA: Carnegie-Mellon University Software Engineering Institute.

Pressman, R. S. 2014. *Software Engineering: A Practitioner's Approach*, 8th ed. New York: McGraw-Hill.

Royce, W. W. 1970. "Managing the Development of Large-Scale Software Systems." *Proceedings of IEEE WESCON*, August 25–28, Los Angeles.

Rumbaugh, J., I. Jacobson, and G. Booch. 2004. *The Unified Modeling Language Reference Manual*, 2nd ed. Reading, MA: Addison-Wesley.

Software Engineering Institute (SEI). n.d. Accessed June 21, 2021. http://www.sei.cmu.edu.

Wood, J., and D. Silver. 1995. *Joint Application Development*, 2nd ed. New York: John Wiley.

第 5 章
Essentials of Software Engineering, Fifth Edition

敏捷软件过程模型

目标

- 了解传统过程方法的局限性和敏捷过程的适用范围。
- 了解敏捷软件过程的基本原理。
- 熟悉几种常用的敏捷过程：极限编程、水晶系列方法、敏捷统一过程、Scrum、开源软件开发和看板方法。

5.1 什么是敏捷过程

敏捷过程是一系列软件开发方法，它们在短周期的迭代中生成软件，并允许在设计中进行更大的更改。首先应该指出的是，并不是敏捷过程中的所有特征都是新的且具有突破性的。许多特征与第 4 章中讨论的迭代和增量过程相似，都来自多年的经验。由于软件开发仍然是劳动密集型的，因此敏捷方法也会关注软件开发的人员和团队方面。

许多敏捷方法支持者已经就如图 5.1 所示的敏捷宣言达成强烈共识。有关更多信息，请访问 http://www.agilemanifesto.org。

> 我们一直在实践和帮助他人中探寻更好的软件开发方法。由此我们建立了如下价值观：
> 个人和互动高于过程和工具
> 可工作软件高于详尽的文档
> 客户合作高于合同谈判
> 响应变化高于遵循计划
> 也就是说，虽然右边的内容很有价值，但我们更重视左边的内容。

图 5.1 敏捷宣言（来源：http://www.agilemanifesto.org, accessed June 2016）

虽然对于敏捷方法的构成没有一致的定义，但是大多数敏捷方法有几个共同的特征。不幸的是，一个过程有时仅因为其作者的声明，就被打上敏捷的标签。下面是一系列描述敏捷方法的特征和方法：

- 短周期的版本发布和迭代：将工作分成小块。尽可能频繁地向客户发布软件。
- 增量设计：不要试图预先完成设计，因为早期关于系统的了解还不够。尽可能地推迟设计决策，并在获得更多信息时改进现有的设计。
- 用户参与：不要试图在一开始就产生正式的、完整的、不可变的标准，而是让参与项目的用户提供持续的反馈。这通常会产生一个更合适的系统。
- 最少的文档：只完成必要的文档，文档只是达到目的的一种手段。源代码是实际文档的一大部分。
- 非正式沟通：保持持续的沟通，但不一定要通过正式文件。人员之间非正式的沟通效果更好。只要达成了理解，这种方法就会起作用。
- 变化：假设需求和环境会发生变化，设法找到好的方法应对这一事实。

当采用这种有趣和灵活的方法时，重要的是确保没有人滥用此方法，特别是与文档相关的方法。显然，如果发布的软件需要由与原开发人员不同的小组维护，则必须提供足够的文档。

5.2　为什么使用敏捷过程

虽然传统软件过程已经成功地应用于一些项目，但它们通常或多或少地存在以下几个问题：

- 漫长的开发时间：采用传统的开发方式，项目开发周期长达一到五年的并不少见。对于许多公司，特别是中小型企业而言，这显然太长而且不合适。许多小企业可能只能存活一年甚至更短。在三年内，更多的公司可能已经改变了它们的主要关注点或产品。即使这个项目按传统标准取得成功，也可能太晚了。
- 无法适应不断变化的需求：在大多数领域，环境变化非常迅速，迫使企业去适应并且进行改变。大多数软件开发项目都必须处理许多需求变更。传统的软件开发方法不能很好地处理变化的需求，它们认为变化发生的越晚，代价就越高。
- 假设在项目开始之前就完全理解了需求：这是许多传统方法中常见的不成文假设。虽然对于一些项目来说，它是切合实际的，但对更多项目而言不是。大多数用户不能用清晰而明确的语言表达需求。在许多情况下，他们甚至不确定他们想要什么。尽管许多系统分析员做出了巨大的努力，但这些需求还是不完整，甚至很多时候是错误的。
- 过分依赖于开发人员的工作量：不幸的是，太多的软件项目要按时完成，需要开发人员付出额外的工作量。除非团队非常有动力，否则团队成员不能长期这么努力。在某一个时间点之后，生产率会下降，这会导致更长的工作时间。
- 复杂的方法：大多数传统方法提供活动和工作产品的详细规格说明。这些规格说明可能令人望而生畏。例如，RUP 中包含 100 多个工作产品和 30 个角色。理解这些方法是费时的，而且大多数从业者无法成为方法学专家。
- 浪费 / 重复工作：许多文档是强制性的，包括可能需要和不需要的文档。许多信息以多种形式维护，需要密切关注以保持同步。例如，详细设计可以通过统一建模语言（UML）图和源代码的方式保存。对代码的更改可能意味着还需要对 UML 图进行更改，这意味着工作必须完成两次。因此，还存在信息不同步的风险（例如，UML 图中具有与代码中不同的类）。保持所有制品同步需要一个复杂的配置管理系统。工具支持可以最大程度地减少这种重复，使得你只需要保存和修改信息一次，就能生成不同的视图。

敏捷开发方法允许在较小的迭代中开发软件，保证在任何时候都有一个成品，并且只要求开发人员正常的工作量。敏捷方法非常擅长处理变更，这意味着不需要从开始就完全指定需求。尽管许多成功的案例来自于中小型软件项目，但我们也看到许多敏捷方法和过程在大型项目中获得了成功。

5.3　一些过程方法

本节将提供一个更好的敏捷过程开发方法的概念。我们认为，没有一种特定的方法能够适用于所有项目和所有组织，因此决策过程需要考虑到项目的特点以及组织的文化。

我们不推荐任何特定的方法，并且相信还有许多敏捷方法值得研究。篇幅限制了在这里可以关注的方法数量，所以我们选择了一个有代表性的示例——传统敏捷方法论中曾经最流行的极限编程。极限编程为许多最近出现的敏捷方法，如水晶系列方法、Scrum 和看板方法等奠定了基础。统一过程已经成为软件工程中最流行和最重要的框架之一，因此我们将讨论如何在敏捷环境中使用它。我们还会简要地讨论开源软件开发，并着重介绍它与敏捷开发的相似之处。感兴趣的读者可以通过 5.8 节获得关于上述方法及其他敏捷开发方法的更多信息。

5.3.1 极限编程

极限编程，通常简称为 XP，是最早也更广为人知的敏捷开发方法之一。它最早由 Kent Beck 使用在 Chrysler 公司的 C3 项目（原名为克莱斯勒综合补偿系统）中。XP 通过让小团队在同一个房间工作来鼓励交流，提倡只创建绝对必要的文档，将代码和单元测试也作为文档。本节将使用许多 XP 的术语，其中一些术语第一次出现时可能会显得有点别扭。XP 的核心价值观可以概括如下：

- 团队成员与客户之间的频繁沟通。
- 设计和代码的简单性。
- 多层次反馈。单元测试和持续集成为单个开发人员或结对开发人员提供反馈。另外，通过小规模迭代提供客户反馈。
- 勇于执行艰难但必要的决定。具有讽刺意味的是，有可能决定不使用 XP，如果它不适合项目的话。

此外，XP 遵循五个体现了其核心价值观的基本原则：

- 快速反馈：使用结对编程、单元测试、集成、短周期迭代及发布。
- 简单：尝试尽可能最简单的方法。不要过于担心将来可能发生或可能不发生的情况。
- 增量变化：不要试图做出大的改变，尝试将小的变化累加起来。这一点通过重构、规划、团队组合以及采用 XP 本身来应用到设计中。代码重构是一种改进代码结构的代码修改形式。
- 拥抱变化：在实际解决最紧迫的问题时，尽量为未来保留选项。延迟决定，直到最后时刻再做出选择。
- 优质工作：努力创造尽可能好的产品。一直做最好。这对大多数程序员来说，是一种自然的倾向，并且许多实践都鼓励这样做。迄今为止，质量最大的一个影响因素是不现实的进度计划。项目工作量估计和项目进度计划是较为艰巨的任务，第 13 章中对它们进行了广泛的讨论。

XP 也提出了几个非中心的原则：（1）持续学习；（2）初始投资少；（3）为胜利而战；（4）具体实验；（5）公开、诚实的沟通；（6）跟随人的本能工作，而不是背离本能；（7）承担责任；（8）适应本地；（9）轻装上阵；（10）如实地测量。

大多数时候，引入 XP 是通过介绍 XP 方法的十二个关键实践。对每一个实践都可以展开很多讨论，但是本章的后面只用一个实践——计划，作为示例进行详细讨论。十二个实践可以简单地概括如下：

- 计划：使用业务优先级和技术评估相结合的方法，快速确定要在下一个版本中包含的特性。本节后面将讨论更多关于 XP 计划的内容。
- 短周期发布：尝试尽快得到一个可工作的系统，然后在很短的周期内发布新版本。

XP 的典型发布时间是两到四个星期。在发布之后，客户运行其测试以查看新特性是否确实在工作，并向团队提供即时反馈。制定下一个版本的详细计划。

- 隐喻：使用隐喻作为一个简单的共同愿景，而不是一个正式的架构来表示整个系统是如何工作的。隐喻很简单，所以每个人都能够理解它，并可以用它来指导自己的设计。然而，说起来容易做起来难。设计风格和隐喻是很难提出的。

- 简单设计：尽可能地让系统设计保持简单。一旦发现不必要的复杂性就要将其消除。不要根据未来可能需要的东西使设计复杂化，而要选择现在最简单的解决方案。如果有必要，在未来可能会改变设计。

- 测试驱动开发：确保测试不断地进行，并尽可能自动化。为所有代码编写单元测试。在某些情况下，实际上会执行测试先行的开发。在编写实际代码之前先编写测试用例，使测试用例一直运行。要求客户编写功能验收测试用例，以验证功能何时完成。这些测试用例一旦开始运行，就让它们一直运行。

- 改进设计（重构）：实行重构，它将重建系统的结构而不改变其行为，旨在消除重复、改进通信，并且简化或添加所需的灵活性。因为开发人员执行了单元测试，并且进行了持续集成，所以对系统行为不发生改变可以有一定的信心。最初的设计是不完整的，但是会根据需要进行修改，并随着时间的推移进行改进。

- 结对编程：确保所有的产品代码都是由两个程序员在同一台计算机或设备上编写的。这是极限方法采用的审查步骤。所有代码总是由另外的至少一个人进行审查。虽然结对编程一开始听起来并不很有吸引力（因为需要两个人做同样的工作），但质量的提高通常足以弥补生产率的小幅下降。想象和别人一起编写一个程序，此时编写"丑陋的"代码、偷懒或者躲避测试是很尴尬的，因为合作伙伴总是在场。此外，设计和代码必须是可理解的，否则合作伙伴可能不容易跟进设计和代码，并会对此抱怨。在实践中，结对编程已被证明很难实现。

- 集体所有权：由整个团队拥有代码的所有权。任何人都可以随时更改系统中的任何代码。由于同时强调单元测试和持续集成，所以你可以在一定程度上确信这些更改不会破坏系统的其他部分。

- 持续集成：每次完成任务后，都集成系统并每天多次构建它。这样，开发组织总是有一个可工作系统，并且可以立即检测集成错误。这里假设系统构建不像大型软件项目那样，可能需要半天到一天才能完成。

- 可持续的步调：只以你能维持的步调工作，一周 40 小时是合理的。通常不要连续 2 周加班。如果一个开发人员经常需要加班，那么初始的估计是不正确的，并且计划可能需要调整。另外，编程是一项困难的智力活动。如果一个人不断地加班，他或她的工作效率就会降低，导致在更长的时间内完成更少的工作。疲劳的头脑也会产生更多的错误。

- 现场客户：在团队中包括一个真正的客户，随时可以用来回答问题。这使开发能够在没有预先指定的完整需求集的情况下工作。对于那些客户充分投入的幸运项目来说，项目成功的概率将大大增加。

- 编码标准：要求所有程序员按照同一组规则编写所有代码，以促进程序员之间通过代码进行交流。开发人员将与团队中的其他程序员结对工作，团队成员可以修改其他人的代码。这需要有一个所有人遵守的编码标准。这个特定的标准并不是那么重要，大多数选择都同样好。重要的是让每个人都使用同样的规则。

这些实践的难度并不相当。例如，很难有一个全职用户或客户承诺在现场回答与需求相关的问题。这些客户或用户通常有自己的工作，并不总是可以现场回答问题的。在没有开明的管理手段时，每周工作不超过 40 小时是另一个困难的实践。

接下来，我们对计划进行详细的讨论。

计划

计划在任何过程中都是非常重要的。在 XP 中，程序员只需要详细计划紧接着的下一次迭代。如果需要，可以在迭代期间对计划进行更改。XP 中的基本假设是，可以在一个项目中调整四个变量：（1）范围，（2）成本，（3）质量，（4）时间。通常，最容易调整的是范围，而且它也经常被更改。

在计划期间，必须对项目做出许多决定。必须进行权衡，并且做出调整。XP 方法区分了业务和技术人员应该做出的决定。业务人员和客户对下列内容做出决定：

- 范围：为了使系统有用，需要做些什么？
- 优先级：某些功能的特征是什么，它们应该按什么优先顺序排序？
- 版本范围：每个版本需要包含哪些内容？
- 发布日期：发布软件或软件的特定组件的重要日期是什么？

技术人员必须做出以下决定：

- 估计：实现每个功能需要多长时间？
- 结果：与技术问题和编程语言相关的最佳选择是什么？请注意，可以在做出某些权衡，并且了解成本后，再与业务人员共同做出决定。
- 过程：工作活动是如何进行的？团队是如何组织起来的？

在 XP 中，传统的计划时期叫作计划游戏。在这个过程中，发布计划是在每个版本的软件发布之前执行的一项重要活动，以决定该版本中包含哪些内容。还有一种叫作迭代计划的活动，它在迭代中执行。每个版本通常有好几次迭代。

功能需求是通过故事定义的，它扮演着与其他方法中的功能特征或用例类似的角色。故事通常写在纸或故事卡片上。XP 的支持者认为，使用物理卡片在很多方面都有帮助，尽管这些故事以后可能会被录入计算机中。卡片可以根据需要进行传递并重新排列。随着远程团队开发变得越来越流行，物理卡片显然已不那么实用，并已被在线“虚拟”卡片取代。

计划游戏的目标是最大化所生成软件的价值。玩家包括开发人员和客户，制品是故事卡片。策略是以尽可能少的投资，尽可能快地获得最有价值的功能。计划游戏分为三个阶段：

- 探索阶段：找出系统可以做的几个所谓的动作。第一个动作是由业务人员写一个故事。第二个动作是估计一个故事，这是由开发人员完成的，他们提出一个理想的工程时间估计。这个估计不考虑许多相关项，并且假设没有中断、会议、假期等。第三个动作是拆分故事，如果开发人员不能提供一个时间估计，或者业务人员指定某个部分比其他的更重要，则进行拆分。
- 承诺阶段：业务人员选择下一个版本范围和发布日期，并且由开发人员承诺去交付它。这里的动作包括由业务人员将故事根据其价值分为三类：必要的、重要的和有了会更好的功能需求或故事。开发人员根据风险也将故事分为三类：可以精确估计的、可以合理估计的以及不能估计的。开发人员还设置了所谓的速率，即理想时间与日历时间的比。最后，业务人员选择范围，即在故事卡上表达的业务需求。这是通过设置发布日期并只选择那些适合做的故事卡，或者通过选择故事卡并重新计算日期来完成的。

- 调整阶段：计划在调整阶段更新，这由几个动作或活动组成。其中，一个动作是在迭代层面上，由业务人员根据故事卡的业务价值来选择。那些故事应该在当前迭代中完成。第一次迭代完成将产生一个可执行一定数量功能的软件系统。恢复是另一个动作。在这个阶段，如果开发人员意识到对进度计划的速率进行了错误的判断，则可以要求业务人员调整故事卡中需求的优先次序。如果业务人员在发布过程中意识到需要一个新的故事，则可能会引入一个新的故事。一个新的故事可以用来取代一个或多个具有同样工作量的现有故事。重新估计是一个动作或一个活动，如果感觉到需要修改计划，开发人员可以在这个活动中重新估计所有剩下的故事，并再次设定速率。

在作为发布的一部分的每一次迭代中，开发团队内部将故事细分为任务，并通过任务进行类似的计划。计划分为以下任务：

- 探索：编写任务并拆分／组合任务。
- 承诺：接受任务，即开发人员承担相应责任，估计任务并根据每个开发人员对他或她的能力与理想工程时间对比的估计设置负载因子。程序员在增加他们的任务时需要对任务进行平衡，确保他们不会承诺过多的工作。
- 调整：这个任务包括以下动作：（1）实现一个任务；（2）记录进展状态，每隔几天询问一次程序员的工作状态和剩余工作量；（3）在工作过度的程序员寻求帮助时进行恢复；（4）验证故事，它本质上是对故事执行功能测试。迭代的调整阶段包含了一些超出计划的动作。它实际上包括执行任务并在必要的时候重新调整迭代计划。

XP 方法的描述在编程级别无疑粒度更细。很明显，一些 XP 实践需要非常默契且成熟的团队成员，也可能会给项目管理提出一些挑战。例如，结对编程给许多管理人员带来了问题，他们必须对个人表现进行评估。对评估而言，团队努力与个人成就之间的权衡处理起来可能很棘手。

5.3.2　水晶系列方法

水晶系列方法是由 Alistair Cockburn 提出的，他认为一个方法不能适用于所有的项目，方法需要针对项目进行调整。他提供了根据项目如何调整和使用什么样实践的指南。

Cockburn 根据三个因素对项目进行分类：（1）项目的规模，这以开发者的最大数量衡量；（2）项目的关键性，这由故障可能造成的损失衡量；（3）项目的优先级，这由项目的时间压力来衡量。请注意，项目的规模在这里不是通过代码的行数或功能点数来衡量的。高压力的项目需要优化的方法以提高生产效率，而其他项目可能更愿意以牺牲生产效率为代价优化可追溯性。此外，下面描述与质量和项目复杂度有关的四个关键性等级：（1）生命，这是指故障可以对人造成物理伤害，甚至危及生命；（2）必需的资金，这是指故障可能会导致组织损失对其生存至关重要的资金；（3）可自由支配的资金，这是指故障可能造成资金损失，但这些资金不是组织生存中必不可少的；（4）舒适度，这是指即使故障不会导致可衡量的资金损失，也仍会降低用户的舒适度和愉悦感。

Cockburn 定义了一些软件方法的基本原则，并描述了如何使方法适应于项目。这里定义三种方法：透明水晶、橙色水晶和橙色水晶网。基本上颜色越深，方法就越重量级。但这些并没有涵盖全部项目，缺少适用于生命攸关型或大规模项目的方法。

透明水晶方法被认为适用于可自由支配的资金等级的非关键性项目，这些项目需要有 6～8 人的团队。橙色水晶被认为适用于关键但不生命攸关的项目，这些项目需要多达 40 人的团队。

在设计水晶系列方法时，下面的基本方法应该是过程的一部分：

- 为更大的团队使用更大的方法。
- 为更关键的项目使用更重量级的方法。
- 优先考虑较轻量级的方法，因为重量级的方法成本昂贵。
- 优先考虑交互式的、面对面的交流，而不是正式的书面文档。
- 要明白在一个团队中人员会随着时间变化。人们往往会不一致。高纪律性的过程更难被接受，并且更有可能被弃用。
- 假设人们想成为优秀公民，他们会主动进行非正式交流。在你的项目中使用这些特性（Cockburn，2006）。

除此之外，还有七个属性扩展了这些原则，并提供进一步的指导，其中前三个被认为是非常重要的：

- 频繁交付：尽可能频繁地向实际用户提供可运行且测试过的代码，至少每隔几个月就交付一次。这里交付意味着在最高层，系统被交付给所有的用户组；在中间层，将软件交付给有限的一组用户，对系统进行测试；在最低层（最低层只允许用户查看或演示系统），用户也可以在受控环境中使用软件一小段时间。

功能通常在迭代中交付，并且通常是有时间限制的。这意味着发布日期是固定的，包含功能范围并可以在必要时进行修改。这种迭代和频繁发布的概念非常类似于 XP 中提出的概念。

- 反思改进：在项目执行之前、期间和之后，停下来思考过程以及可以改进的内容。即使在项目中期也可以尝试进行改进。虽然经常提到类似的想法，但水晶方法是显式地包含这一概念的少数方法之一。

在项目中期更改或修改过程时必须谨慎。必须通知项目组并为修改过程做好准备。积极的一面很明显，就是当前的项目，而不是未来的项目，将立即受益于反思活动。

- 密切交流：鼓励团队成员之间的密切交流。这种交流可以是非正式的，最好是面对面的交流。在透明水晶方法中，这个属性被扩展为渗透式交流。信息流入了团队成员听到的背景中，这样他们就可以像通过渗透一样，不自觉地获得相关信息。这意味着几乎能立即得到问题的回答，而不需要花费大量的精力来寻找答案。基本上，渗透式交流要求所有的团队成员都位于同一个房间，虽然小团队在不同的位置但仍离得很近也是可行的。

其余的四项原则不是绝对必要的。然而，遵循它们能获得更大的收益。

- 个人安全：鼓励团队成员发言而不用担心遭到报复。这包括对某些做法表示不满或承认自己的无知、错误，甚至无法完成一项任务。这为团队成员提供了心理上的安全保障，使个人能够给予坦诚的反馈。
- 焦点：最小化干扰，并允许专注于手头的任务。这使得团队成员能够准确地知道任务优先级是什么，并将重点放在高优先级的任务上。有时，一些团队成员可能无法集中精力，因为其他团队成员不断向他们请教方法、领域或技术方面的专业知识。

通常团队可以自我调整，通过建立一个无声区来解决这个问题——留出一段特殊的时间，允许这些专家专注于自己的任务。虽然这听起来是个小问题，但这些人通常是最好的设计师、编程人员或调试人员，也是团队中最平易近人的人物。他们经常被别人的问题拖累，因而无法完成自己的工作。

- 与专家用户建立方便的联系：使团队能够从专家用户那里获得关于产品、设计、需求和任何更改的快速反馈。透明水晶方法允许问题和解答中存在几天的间隔。请注意，XP 中也有类似的属性，让用户与开发人员在一起，以方便快捷地获取答案。
- 良好的技术环境：建立一个包括自动化测试、配置管理和频繁集成的环境。

图 5.2 概括了透明水晶和橙色水晶的基本特征。

	透明水晶	橙色水晶
团队	一个团队，同一房间	由不同团队负责系统规划、项目监控、架构、技术、功能、基础设施和外部测试
角色/不同的人	至少四人，扮演赞助商、高级设计师、程序员和用户的角色 其他角色可以由同一人扮演，包括项目经理、业务专家和需求采集者	由不同的人扮演角色，除了透明水晶方法中的角色以外，还包括项目经理、赞助商、业务专家、架构师、设计顾问、测试人员和UI设计师
工作产品	九个产品，包括进度计划、用例、设计草图、测试用例和用户手册等	十三个产品，除透明水晶方法中的产品以外，还包括需求文档、状态报告、UI设计文档和团队内部规范 开发工作产品，直到它们变得可以理解、足够精确和稳定，以便同行评审
最长交付时长	2个月	2~4个月，每个版本有两次用户查看

图 5.2 透明水晶和橙色水晶方法对比（来源：A. Cockburn, " Just in Time Methodology Construction, " http://alistair.cockburn.us/just-intime+methodology+construction, accessed May 2016）

两种水晶方法有许多共同特点：

- 进展是通过软件交付或主要决定来跟踪的，而不是通过书面文档。
- 有自动回归测试。
- 有用户直接参与。
- 每个版本有两次用户查看。
- 每个版本的开始和中间都会举行方法调整研讨会。
- 策略标准是强制性的，但可以用等效技术替代。
- 编码风格、模板、用户界面标准等都是团队维护的本地标准。
- 与个人角色相关的技术留给个人。

透明水晶和 XP 有许多共同的特点，两者的主要区别在于纪律。XP 要求严格遵守设计和编码标准，进行结对编程、重构以及 100% 的测试，它也尽可能少地依赖于书面文档。透明水晶的设计是为了容忍人们之间的差异，需要更小的一套规则。

5.3.3 敏捷统一过程

虽然统一过程没有为所有阶段指定特定的技术，但通常认为它是一种重量级方法，需要在初始阶段就获得大部分（不是全部）需求，它还需要预先指定架构和大型设计，包括 RUP 在内的流行实例要求的很多工作产品和制品。

另外，它是一个迭代和增量的过程，这是敏捷方法的要点之一，它还被设计成一个允许适应本地条件的框架。此外，这个框架本身不需要所有的工作产品。RUP 是统一过程的第一个且更广为人知的实例，需要所有制品。

使 RUP 更像敏捷方法的一个明显的方式是限制所需的工作产品，消除或合并某些角色，并通过迭代添加更多的客户参与。RUP 也可以通过增加一个迭代等级，重复每个迭代的所有阶段来进行修改。当然，细节决定成败。我们究竟能从 RUP 中消除什么使它更敏捷呢？

许多人正在积极地研究如何将 RUP 和敏捷项目的最佳特性结合起来，方法要么是使 RUP 敏捷化，要么是将 RUP 特性添加到敏捷过程中。IBM Rational 发布了几本白皮书，甚至专门为 XP 提供了特殊的 RUP 插件。

5.3.4   Scrum

Scrum 是另一种敏捷开发方法，已经取得了很好的成果。它的规则比 XP 更轻量级，所以通常与一些 XP 实践联合使用。这种方法是由 Takeuchi 和 Nonaka 首先提出的，基于其在制造业中的成功应用。Scrum 中使用的许多术语都采用自橄榄球游戏。Ken Schwaber 使用了这种方法，并且后来与 Mike Beedle 合著了《敏捷软件开发：使用 Scrum 过程》。

Scrum 框架由团队角色、事件、制品和规则组成。这些组件你必须全部使用，也可以添加其他技术或组件。

Scrum 是一种迭代方法，基于称为冲刺的短迭代方法。冲刺是软件产品功能开发的基本单位，持续时间短（一个月或更短）并有时间限制（持续时间保持不变，但需要时可以调整范围）。理想情况下，在每个冲刺结束时都会产生可能发布的产品。

一个 Scrum 项目定义了对项目成功至关重要的三个核心角色（可能还有其他配角）：
- 产品负责人，代表客户的声音，并确保团队为企业提供价值。
- 开发团队，通常包括 3～10 个开发人员，他们实际生产软件。
- 一个 Scrum 教练，他保证团队处于正轨，并确保遵循了 Scrum 方法，就像一个教练而不是项目领导者。

还有两个附加的辅助角色：利益相关者和管理者。

Scrum 的成功基于三个"支柱"概念：（1）透明（使过程可见），（2）检查（制品和进度），（3）适应（每当发现严重偏差时，纠正它）。透明的一个重要方面是对项目何时完成维护一个共同的定义，以便开发人员、产品负责人和 Scrum 教练就一个事项是否完成达成一致。

Scrum 事件

Scrum 过程可以概括为一系列连续的活动或事件。Scrum 定义了四个事件（冲刺本身不被视为事件）：
- 冲刺计划会议，在该会议中，产品负责人和团队决定在该冲刺期间实现什么。
- 每日 Scrum，一个供团队成员同步的短会，确保他们处于正轨，并在需要时寻求帮助。一个基本原则是保持这些会议时长很短（15 分钟或更短）。通常为确保这点，所有参与者都站立而不是坐着。
- 冲刺评审，在冲刺结束时举行，目的是检查产品，如果需要则调整产品待办项（backlog）。在此评审期间，产品负责人确认已完成的内容，并讨论产品待办项。开发团队演示所完成的工作、回答问题、讨论进展顺利的部分、分享遇到什么问题以及是如何解决这些问题的。最后，整个团队就下一步做什么（这是下一个冲刺计划的输入）进行交流。

- 冲刺回顾，发生在冲刺评审之后，在冲刺的最后一天进行，团队成员讨论冲刺的结果，从中学习，并将这些经验作为下一次冲刺计划的输入。

Scrum 制品

在任何软件项目中，定义生成的制品并用它管理该项目都是很重要的。Scrum 定义了以下用于控制项目的制品：

- 产品待办项，产品所有剩余需求或用户故事的有序列表。产品所有者划分需求的优先级并对需求进行排序。每个人都可以看到总体上还需要做什么（尽管开发者主要关注冲刺待办项）。
- 冲刺待办项，是当前冲刺需要完成任务的有序列表。这里的任务分解得很小（通常是4～16 小时），所以开发人员明确地知道该做什么。开发人员不是根据所分配的任务，而是根据冲刺待办项及其特定技能来选择下一个任务。
- 增量，是当前的项目。这是在这个冲刺和所有以前的冲刺中实现的所有需求的总和。这应该是可交付的（虽然不是功能完整的）项目。
- 燃尽图，是经常更新（每日或更频繁）并公开展示的图，显示当前冲刺待办项中的剩余项。这是在每天的 Scrum 会议上使用的项目状态图。在过去，很多项目状态图从没有工作完成开始，逐步展示已经完成的工作。燃尽图则是从所有需要完成的工作开始，并强调还有多少工作没有完成。

Scrum 是一种敏捷方法，并在许多项目中都取得了良好效果。目前有许多组织使用、改进和调整它，并将它与其他技术（如 CI/CD 和看板方法）相结合。CI/CD 是一种工具和基于过程的改进，它不仅允许开发小的增量，还能把该增量适当且快速地集成到一个可发布单元中。这一点特别重要，因为 Scrum 现在应用于更大、更复杂的项目，这些项目有许多组件和部分。下面来讨论看板方法，这是一种精简且即时的方法，最初用于日本的汽车行业。现在很多组织正在将 Scrum 扩展到更大的项目中，拥有几个团队，并举办 Scrum of Scrums 会议。

5.3.5　看板方法：一种新增的敏捷方法

敏捷过程和方法不断得到测试和改进。敏捷过程中最近添加的一个内容是看板方法。

看板是指日语中的"告示牌"或"可视板"。软件开发中的看板方法来源于使用精益生产的丰田生产系统。有兴趣阅读原书的读者，请参阅 Taichi Ohno 的翻译版。这种制造方式的核心概念是使用卡片（看板）从上游过程中即时地"拉取"所需组件，指定需要哪些部分完成下游任务，来最小化在制品（work in progress，WIP）的数量。

在软件开发中使用看板方法的倡导者之一是 David J. Anderson。这不是一种新的软件开发方法，而是对制造业中看板方法的修改，采用拉取的方法来提高软件开发的整体生产率。它的思想是保持当前的过程，只做一个小的修改。

考虑如图 5.3 所示的例子，我们正在开发相互关联的 X、Y 和 Z 模块。在图 5.3 中，A 的模块 1 可以等同于模块 X，A 的模块 2 可以等同于 Y，B 的模块 3 可以等同于 Z。考虑到模块 X 已经在单元测试。为了完成对模块 X 的测试并发布给用户，所有直接相关的模块——Y 和 Z，必须与 X 一起集成和测试。在这种情况下，如果 Y 和 Z 的开发人员被告知 X 已经在单元测试，并且很快就准备好进行集成测试，那么整体生产率可能会得到提高。组织应该更多地关注 Y 和 Z 的完成情况，并对它们进行测试以确保与 X 的联合集成测试能够顺利执行。换句话说，我们需要拉取 Y 和 Z，而不是耐心地等待 Y 和 Z 以自己的速度完成。因此，我们限制 WIP 或者缩短等待 Y 和 Z 的时间。这个方法不要求对当前的过程进行任何重大改变，只进行小幅增量更改。从某种意义上说，看板方法还通过拉取和快速集成所需的部件来帮助实现上述 CI/CD。

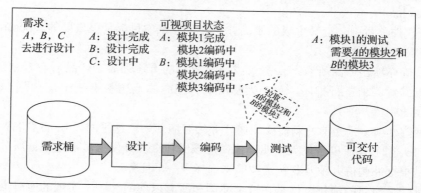

图 5.3   软件开发中使用看板方法的示例

"核心"实践包括以下内容：

- 可视化项目状态和工作流程。工作流程由各种看板卡表示。
- 最小化过程中的总体 WIP。利用拉取技术完成上游任务。
- 通过度量开发中的任务和事项来管理整个工作流程。
- 使过程清晰明了，例如明确定义每一个步骤的退出标准。
- 确保有一个反馈回路来恰当地监控和控制项目的流程。
- 确保并改进协作，这实际上只是敏捷宣言的延伸。
- 在软件开发中，拉取一个内容意味着从上游任务获得制品。如需进一步阅读，请参见 5.8 节中的文献（Anderson，2010）。

5.3.6   开源软件开发

在过去的几年中，开源软件开发已经成为一个成功的模型。这种软件以可执行的形式免费提供，允许对源代码的访问。除了访问源代码外，还授予重新分发和修改源代码的权限。这导致许多开发人员可以修改和改进程序。

有很多成功的开源项目，包括 Apache Web 服务器（这是使用最广泛的 Web 服务器程序）、Linux 和 BSD 操作系统，以及 Mozilla（一个集成了其他相关程序的 Web 浏览器）。Mozilla 包含一个邮件程序和一个页面设计器，它们现在也与流行的 Web 浏览器 Firefox 一起作为单独的组件分发。几个流行的数据库服务器，如 PostgreSQL 和 MySQL，以及许多互联网基础设施程序，如 Bind、Sendmail 和 Postfix 也是开源程序。

不同开源程序以及它们的开发有巨大差异，其中有些是由一个公司开发的，如 MySQL 产品。其他的，如 Linux，则是有强大的企业支持。还有一些是由个人在没有任何资金补偿的情况下开发的。其他变量包括团队规模、参与人数，以及程序开放源代码的时长。很多项目都是作为商业风险性投资开始的，当业务案例出现时变成了开源的。

尽管存在这些差异，但许多开源程序的开发过程中还是有一些相似之处，并且与敏捷方法也有许多相似之处：

- 小版本：在开源世界中，这个词语可以表达为"早发布，经常发布"。在大部分情况下，发布是非常频繁的，周期从几个星期到几个月不等，甚至在两次发布之间就可以在网上找到源代码。

- 使用互联网工具进行非正式的书面交流：交流是非正式的，主要通过公告栏和邮件列表进行。这虽然不是面对面的交流，但也不是正式的文档。这样做的一个好处是沟通内容很容易存档和传播。

- 客户可用性：对于大多数成功的开源项目，开发人员是最初的客户。大多数程序都是从某人一个具体的需求开始的，这就是为什么大多数成功的项目都出现在编程工具和系统基础设施领域。失败的一个常见原因是缺乏客户反馈。

- 持续集成：系统通常通过互联网工具进行集成。

- 共同愿景：成功的开源项目通常离不开可以促进共同愿景的强大的领导力。例如 Linus Torvalds，他是 Linux 的创造者和最接近最高权威的人，被描述成一个仁慈的独裁者，他做出了大部分架构决策。如果这个愿景不是共同的，开发人员将会放弃该项目，或者有时会"fork"它，并从原始源代码开始一个新的分支。

开源项目和大多数敏捷方法之间有许多不同之处：

- 更大的团队：尽管大多数开源项目的核心团队非常小，包含一两个人到几十个人，但通常比大多数敏捷团队都要大。此外，还有更多的用户和开发人员提供反馈，并添加小的修改和功能。

- 分布式团队：在许多情况下，参与的团队成员来自不同的国家或地区，这意味着沟通常常不是同步的。大多数敏捷方法把团队放在同一个房间里。

- 规模：一些成功的开源项目已经达到了巨大的规模。例如，Linux 内核包含数百万行的 C 代码。大多数敏捷项目的规模要小得多。

还有其他因素影响开源项目的成功，包括程序员的专业知识。成功的项目大多包括技术娴熟和积极主动的程序员。这些程序员中有许多都免费工作，他们从无形资产中获得满足感。令人惊讶的是，这的确增加了他们的动力。

关于开源开发方法还有很多东西需要学习，包括对使它们成功因素的广泛评估。我们可以知道成功的项目有一些共同的特点，但我们不知道其他具有相同特点的项目有多少是不成功的。看起来，开源开发方法在未来将变得更加重要，特别是当它们的许多技术被更好地理解并应用于更主流的方法时。

5.3.7 过程总结

本章重点讨论几个过程，其中大部分与敏捷方法相关。表 5.1 总结了本章涉及的过程。

表 5.1 新兴的方法和过程总结

方法	要点	敏捷性	纪律性
XP	曾经最流行的敏捷过程。需要高度的纪律性并遵守原则和实践。基于四个核心价值观（沟通、简单、反馈、勇气），五个基本原则（快速反馈、简单、增量变化、拥抱变化、优质工作）和十二个实践	高	高
透明水晶	方法很轻量级。不需要遵守所有原则。基于七个原则：频繁交付，反思改进，密切交流，个人安全，焦点，与专家用户建立方便的联系，良好的技术环境。只适用于小型项目和团队	高	低

（续）

方法	要点	敏捷性	纪律性
橙色水晶	比透明水晶重量级，适合更大的项目。不同功能有不同团队实现。仍然不适合大型或者生命攸关的项目	中等	中等
Scrum	目前最流行的敏捷过程，是一种可以适应并结合其他技术的严格方法。它为项目状态提供了明确的可见性，从长远来看，可以减少项目管理方面的工作量	高	高
RUP	框架，通常被实例化为一个非常重量级的过程。可以简化为最小化工程工作量的一个相对敏捷的过程。第 4 章深入讨论了该方法	低到中等	高
看板	最小化在制品。为每个任务使用可视卡。在需要时通过集中资源来拉取所需的组件	高	低

接下来，我们将讨论如何为一个项目选择过程，并在选择方法和过程方面提供一些指导。

表 5.2 比较了各种过程的主要特点。

表 5.2　敏捷与传统 / 重量级过程的特点对比

	敏捷	传统 / 重量级
需求	假设它们将发生改变。在项目开始时和之后每次迭代开始时非正式地收集需求。通过不断的用户交互替代正式需求	假设它们在项目执行期间不会改变。完整、详细的正式需求文档是成功的必要条件。在设计或实现后，对需求的任何更改都将是代价高昂的
规划	预先没有多少规划。在整个开发中以较小的增量进行规划	大多数活动都是预先规划好的
进度计划	只计划接下来的几项活动的进度。如果需要调整范围，进度计划可能会发生变化	进度计划相对不灵活，并应该被遵守
设计	非正式和迭代	正式且提前完成，在已知所有需求后进行
用户参与	关键，频繁，贯穿整个过程	仅在开始（需求征集和分析）和最后（验收测试）需要
文档	最小化，只有必要的。依靠源代码作为最终的文档	通常项目的每个阶段都需要有重量级的正式文档
沟通	非正式进行，贯穿整个项目	主要依靠文档和正式的备忘录与会议
过程复杂性	相对较低。初始描述少于 200 页	高。RUP（2002 年）描述了 100 多件制品、9 条原则、30 个角色和 4 个阶段
开销	低	相对较高，虽然较小的项目可以缩小

5.4　过程的选择

我们坚信，没有任何可以适应所有项目的过程。过程需要根据项目、组织文化和参与者进行调整。敏捷和传统过程都可以成功地用于许多项目。

在决定使用哪种过程时经常产生的一个问题是，在每一类甚至在每一个方法中都有许多变化。统一过程（UP）实际上是一个框架，可以而且应该调整它以更好地适应项目。第 4 章中描述的 RUP 是 UP 的一个实例，并且它也认识到需要根据项目进行调整。XP 和大多数敏捷方法也认识到这一需求。适应本地是 XP 的原则之一。当报告使用了 XP 或其他敏捷方法的项目的成功或失败时，有必要验证使用了敏捷方法的哪些部分。

5.4.1　每一种过程更适用的项目和环境

表 5.3 比较了每种方法适用的项目和环境类型，使用 XP 作为敏捷过程的示例，RUP 作

为传统方法的示例。这里假定，使用这些方法时不对它们做修改。

表 5.3　敏捷与传统过程的项目对比

	敏捷（XP）	传统（RUP）
范围/规模	小，限于一个最多十人的团队	更适合较大的项目。可扩展用于最大的项目，也可以缩小用于较小的项目
关键性	相对较低，经调整才能用于生命攸关的项目	适用于任务关键型系统（可能只要最小的修改）
人员	更适合善于团队合作，可以做好设计和编程的"好公民"。XP 需要严格遵守某些做法	定义许多角色，这对于大多数人来说是适合的；不需要紧密的团队合作；只要团队成员能遵守规则，成员几乎可以是任何个性的
企业文化	更适合拥有轻松文化、在同一地点工作的小型公司	更适合于可能有远程站点、文化更正式的大公司
稳定性	很容易应对需求或环境的变化	不那么适应变化。假设在需求不会有太大变化的相对稳定的环境中。可以修改

5.4.2　敏捷过程的主要风险和问题

本章前面讨论了传统开发方法的一些问题。我们已经描述了几种敏捷方法，以及它们如何解决这些问题。以下问题与敏捷过程有关：

- 可能不可扩展：使用敏捷过程的都是相对较小的团队，并且敏捷过程不能在不损失部分或大量敏捷性的情况下进行扩展。许多项目太大或太重要，不能用敏捷方法开发。然而，许多敏捷的实践和想法可以融入传统的方法中。
- 严重依赖团队合作：不是所有的人都能在团队中工作得很好。通常，一个不好的成员会破坏整个团队的凝聚力。敏捷方法比传统方法更依赖于非正式交流和团队动力。
- 依赖于频繁访问客户：敏捷方法需要来自客户的频繁反馈、XP 中的现场客户以及包含客户反馈的小版本发布。当团队去开发大型企业应用程序（如 PeopleSoft 或 SAP）时，要获得这种水平的持续客户反馈将是不可能的。在这些大型的行业范围的应用中，横跨 10～20 家公司的多个行业专家将参与需求过程。因为这种与客户的交互不是免费的，所以必须提前做好计划和协调。并非所有客户都愿意或能够提供这种级别的合作和反馈。没有客户反馈，敏捷方法无法验证需求或适应变化。传统方法则在过程开始的需求阶段和过程结束的测试验收阶段集中获取反馈。
- 文化冲突：许多 XP 实践与公认的软件工程智慧或常见管理技术相冲突。例如，绩效评估在 XP 中很难执行，因为工作是结对完成的，代码是整个团队共有的。

5.4.3　敏捷过程的主要优点

采用敏捷过程有一些明显的优点，最常提到的优点如下：

- 过程复杂性低：过程本身很简单，这使得它们易于理解和实现。
- 成本和开销低：过程只要求很少的不直接生成软件的活动。
- 有效地处理变化：过程的设计基于需求将发生变化的假设，这些方法为变化做好了准备。
- 快速的结果：大多数敏捷过程都进行快速迭代，并在较短时间内生成可以使用的核心系统。随着项目的推进，团队成员将改进系统，并添加更多的功能。鉴于这些过程的开销较低，它们也倾向于更快地产生最终结果。这样适合于持续集成。

- 可用的系统：因为客户参与以及过程善于处理变化，所以在项目完成时，最终产品是客户真正需要的，而不是最初规划作为需求的。

最近，一种新的现象，即**开发和运营（DevOps）**，抓住了上述所有敏捷的优点，正在蓬勃发展。DevOps 是一种基于产品的管理和流程扩展，包含了 CI/CD。DevOps 包括软件系统的开发 / 交付和系统的 IT 运营 / 支持。目前还没有一个公认的关于 DevOps 的定义，但它包括对人（包括开发人员和 IT 运营人员）、过程（与 IT 服务的持续集成和部署）和价值（业务、组织、用户等）的扩展。DevOps 的"核心"要素可以总结如下（Wiedmann 等人，2019）：

> **开发和运营 (DevOps)**　一种敏捷的软件产品开发管理概念，将软件产品的开发过程扩展到更多的环节，包括硬件、网络和计算系统基础设施对软件生产和使用的操作支持，从而为用户和客户带来更好的、可衡量的价值。

- 文化：包括用户在内的所有利益相关者群体，保持开放的心态和以互信的方式整合信息。
- 自动化：实施和使用高水平的工具和自动化技术，特别是 CI/CD 和测试。
- 精简：与看板很相似，最大限度地减少 WIP，并应用精简原则来提高产品生命周期各方面的效率和速度。
- 度量：用开发、测试、交付、支持、质量、用户意见、价值等关键指标衡量整个系统。
- 共享：信息和知识的自由流动，以及开发、交付和运营的所有小组之间的责任共享。

5.5　总结

在本章中，我们介绍了敏捷方法的一些原则以及几种具体的方法。我们还对敏捷方法与更传统的方法进行了比较，特别是与 RUP。

我们相信，需要针对每个项目来调整过程和方法，并介绍了 Cockburn 关于如何做到这一点的一些想法。软件工程师必须了解许多不同的方法，以便能够采用对他或她的特定项目有用的具体技术。

5.6　复习题

5.1　列出 XP 的四个核心价值观。

5.2　列出 XP 的五个实践。

5.3　在选择水晶系列方法时考虑什么因素？

5.4　说明敏捷方法的一些特性。

5.5　解释开源开发与敏捷方法主要的共同方面。

5.6　比较敏捷和传统方法。

5.7　敏捷方法更喜欢可工作的程序而不是完整的文档。（对 / 错）

5.8　敏捷方法更倾向于严格的过程而不是去适应人。（对 / 错）

5.9　什么是测试驱动的程序设计，哪个敏捷过程提倡它？

5.10　看板方法模拟了什么？

5.11　当我们在软件开发过程中"拉取"的时候，我们在拉取什么？

5.12　什么是燃尽图，使用它的过程 / 方法是什么？

5.13　DevOps 表示什么，它的核心元素之一是什么？

5.7　练习题

5.1　作为课程项目或只是为了体验，请尝试结对编程。与你愿意合作的人取得联系，并商量只以结对的方式完成这一个项目。这样做后，分析你的经验。这个软件比你单独编写的好吗？比你单独做这件事要花更多的时间吗？

5.2　作为课程项目或你自己的项目，请尝试测试驱动的程序设计。在编写代码之前尝试编写测试用例，并确保一直运行所有的测试用例。第 10 章提供了有关单元测试和测试驱动开发的更多信息。

5.3　考虑一个大型的、特定行业的产品，例如一些医院用的医院管理系统。讨论使用敏捷方法的优点和缺点，与需要更严格的计划和文档的传统过程做对比。关注项目规模、团队规模、几年中持续发布多个版本、推广产品到国际市场，提供全球用户支持等问题。

5.4　阅读看板方法的必要材料，并绘制图来说明 Scrum 敏捷过程中是如何"拉取"的。

5.8　参考文献和建议阅读

Anderson, D. J. 2010. *Kanban: Successful Evolutionary Change for Your Technology Business*. Sequim, WA: Blue Hole Press.

Beck, K. and C. Andres. 2004. *Extreme Programming Explained: Embrace Change*, 2nd ed. Reading, MA: Addison-Wesley.

Cockburn, A. 2006. *Agile Software Development*, 2nd ed. Reading, MA: Addison-Wesley.

Cockburn, A. n.d. "Just in Time Methodology Construction." Accessed May 2016. http://www.dsc.ufcg.edu.br/~garcia/cursos/ger_processos/seminarios/Crystal/Just-in-time%20methodology%20construction.htm.

Mathiassen, L., O. K. Ngwenyama, and I. Aean. 2005. "Managing Change in Software Process Improvement." *IEEE Software* (November/December): 84–91.

Ohno, T. 1988. *Toyota Production System: Large Scale Production*. Portland, OR: Productivity Press.

Pollice, G. n.d. "Using the IBM Rational Unified Process for Small Projects: Expanding Upon eXtreme Programming." IBM. http://www.uml.org.cn/softwareprocess/pdf/tp183.pdf.

Raymond, E. S. 2010. "The Cathedral and the Bazaar." http://www.catb.org/~esr/writings/cathedral-bazaar/.

Schwaber, K., and M. Beedle. 2002. *Agile Software Development with Scrum*. Upper Saddle River, NJ: Prentice Hall.

Takeuchi, H., and I. Nonaka. 1986. "The New Product Development Game." *Harvard Business Review* (January): 137–146.

Wiedemann, A., N. Forsgren, M. Wiesche, H. Gewald and H. Kromar. 2019. "Research for Practice: The DevOps Phenomenon." *Communications of ACM* (August): 44-49.

需求工程

目标
- 定义需求工程。
- 讨论需求工程的步骤。
- 详细描述需求工程每个步骤中需要做的任务以及如何执行任务。
- 分析在需求工程中使用的几种图形语言，如数据流图、用例和实体关系图。
- 定义软件需求规范（SRS）文档。

6.1 需求处理

需求形成了一组描述用户要求和期望的声明。在开发软件系统时，软件工程师必须清楚和充分地了解这些需求。然而，我们经常发现需求会侵入"如何做"的部分，从而进入解决方案设计的领域。尽管我们应试图将需求限制在"做什么"的部分，但这样清楚地划分通常很难。

如第 3 章所述，软件项目失败的主要原因之一是不完整的需求规格说明。与此同时，项目成功的重要原因之一则是明确的需求声明。现在，用户需求的重要性被广泛认可。无论软件开发过程模型如何，管理需求和用户参与正在成为软件开发的关键任务。

> **需求** 关于系统应该是什么，而不是如何构建的声明。
> **需求工程** 一组与最终需求规格说明的制定和商讨相关的活动。

以下是在软件项目中涉及的**需求工程**活动：
- 获取
- 文档化与定义
- 规格说明
- 原型化
- 分析
- 审查与确认
- 商定与验收

并非所有这些涉及需求的活动在所有软件项目中都具有相同的重要程度。这些活动的实施程度、实施时间与实施顺序是本章的中心主题。

6.1.1 需求处理的准备

需求收集与需求工程的第一步是确保进行了所有的准备工作，并规划了需求工程的活动。需求的提取者和提供者必须了解并就整个过程的基础结构是遵循灵活的敏捷方法还是严格的传统方法达成一致。必须执行一组如图 6.1 所示的准备工作。

必须先制定需求工程的计划，该计划应包括以下内容：
- 需求工程要采用的过程
- 需要的资源
- 完成需求活动的进度计划

图 6.1 需求工程的准备工作

根据项目的规模和复杂程度，计划本身可能需要数小时到数天或数周的时间来制定。

制定的计划必须由所有参与方加以审查和商定。这对计划的商定与承诺是非常重要的，因为需求不只是软件设计者与开发者的想象。用户和客户必须参与，因为需求代表了他们的要求和愿望。管理者也必须参与，因为这些活动的执行需要各种资源。而用户方和软件开发方的管理层都必须愿意投入资源。最后，需求工程活动的进度计划必须得到所有参与者的审查和同意。存在过这样的情况，仅原型开发、审查、用户界面的修改这些需求就占据了软件开发资源与进度计划的一大部分，而这必然导致该项目之后的进度计划紧缩和成本超支。有时需求工程需要保持一个相对开放与灵活的进度计划。如今大多数大型企业拥有足够多的经验，理解复杂的项目需要有良好的需求，因此需求工程本身可能昂贵而冗长，应该与软件项目的其他部分分开解决。

在同意计划后，必须获得并投入相关资源，包括有经验的分析师或所需的原型工具。找到合格的需求分析师可能是一个耗时的工作，一个好的需求分析师必须拥有多种技能，如沟通技能、特殊行业技能和技术技能。有关人员也必须在用于需求工程活动的工具和流程方面接受适当的培训。

对于大多数大型软件项目，被视为满足需求工程活动的入门标准的准备工作对于软件项目其他部分的成功至关重要。

6.1.2 需求工程过程

完成了需求工程的准备工作，实际的需求开发就可以开始了。在需求工程中有很多不同的步骤。必须确保所有参与者都明确了规划和商定好的需求工程过程。图 6.2 是一个常见的需求工程过程。

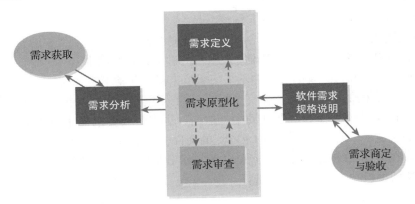

图 6.2 需求工程过程（灰色矩形代表直接的用户/客户参与）

该过程开始于需求分析师对用户和客户的需求进行获取与收集。收集的信息之后用于分析。在分析这一步骤中，需要对需求声明进行准确性和冲突方面的检查，并进行分类与优先级的排序。图 6.2 中，虽然存在一个从需求分析指回需求获取的箭头，但通常返回的机会非常小，因为提供这种需求信息的用户很少。分析过的材料之后通过三个潜在的中心子活动进行处理：

- 需求定义与文档化。
- 需求原型化。
- 需求审查。

显然，分析后的需求必须被正确地定义和记录。如果需要，一些需求，特别是用户界面方面的需求，需要进行原型设计。在大型系统中，这项工作本身就可能类似于一个小型的开发项目。定义和文档化的需求声明及原型用户界面必须由用户审查。用户必须在需求获取和审查期间承诺他们的时间和人员。这三个子步骤本身可以迭代，也可以加入分析步骤后迭代。必须正确管理迭代，否则它会变成进度计划和资源消耗的恶性循环。

图 6.2 中需求工程的后两个步骤涉及**软件需求规格说明（SRS）**的最后确定以及最后确定需求商定文档时的谈判。SRS 可以是软件团队内部的软件工程文档。客户与软件开发机构必须就需求商定文档达成一致，并将该文档作为合同的一部分。与客户对需求商定文档进行的审查作为初步确认测试（确认软件团队正在建立正确的系统）。一旦

> **软件需求规格说明（SRS）** 一个系统记录的完整、无歧义、可度量、详细的需求规格说明文档。

需求规格说明获得一致同意，它们就成为基准。此后，任何需求修改或改变的请求都必须通过一个变更控制过程来进行控制和管理，以防止出现臭名昭著的项目范围蔓延问题，即项目的规模在无人检测的情况下缓慢增加。在软件开发周期内的任何时候都可能发生需求范围蔓延，并且这是导致计划和成本超支最主要的原因之一。

需要执行图 6.2 中活动的数量取决于具体的软件项目。最近，一些敏捷软件开发人员错误地抛弃了需求工程中的很大一部分。敏捷过程实际上认识到了需求变化和需求收集的难度，并倡导与用户不断互动，以确保需求正确。没有花时间和精力收集和理解需求这一错误的代价可能是昂贵的，有许多充分的理由都建议避免该错误。下面通过一个因不执行需求工程导致负面后果的示例来说明需要执行需求工程的正面原因：

- 测试中没有可依赖的文档化的需求。
- 没有一致认可的需求来控制需求蔓延。
- 没有文档化的需求来进行客户培训或客户支持活动。
- 没有清晰和文档化的需求，很难管理项目的进度计划和成本。

因此很显然，在软件开发的过程中不采用需求工程是非常不明智的。

不进行需求工程是一个极端，另一个极端是投入了过多的成本在原型化、审查、大量文档的创建，以及其他官僚和浪费活动中。然而，也有时候要求需求分析师制定需求规格说明，目的是生成一个称为请求提案（RFP）的文件，用于邀请不同的软件供应商进行软件开发的竞标。在创建 RFP 的情况下，经常认为需求分析师偏向于过度工程化。大多数时候，我们需要在这两种极端之间进行适当选择。

6.2   需求获取与收集

许多软件工程师的职业生涯都起始于编码、设计或者测试软件系统。他们中只有少数在

获得了一些业务和行业领域知识后，成为需求分析师。大部分需求分析师来自业务方，他们具有良好的行业领域知识积累和沟通能力。一些经验丰富的用户/客户支持人员也获得了需求分析师的职位。沟通能力和行业领域知识对于获取用户需求都很重要。沟通技巧很重要是因为用户/客户并不总是知道如何说明自己的需求（Tsui，2004 年）。需求分析师必须是一个好的听众和解释者，还应懂得行业领域知识，因为每个行业都有自己独特的术语。例如，医疗保健行业与航空航天工业或金融业有着截然不同的词汇。需求分析师要想正确地获取需求，他们必须在特定行业有丰富的经验。

用户和客户往往密切地参与软件的开发，并不断澄清需求，正如在第 5 章讨论敏捷过程时提到的一样。这种操作模式对于小型软件项目来说是有效的。然而，期望用户和客户与复杂且周期长的大型软件项目的开发人员不断沟通是不切实际的。对于大型项目，由于在行的用户有限，我们经常需要经验丰富的专家级需求分析师。

需求获取有两个层次。在高层次上，需求分析师必须探索和了解软件或软件项目的业务原理和正当理由。在低层次上，需求分析师必须获取并收集用户要求和期望的细节。无论哪种情况都要求分析人员必须准备好进行需求获取和收集，他们必须有一组经过组织的问题来询问用户。实际的获取可能有以下几种模式：

- 口头的。
- 书面的（预格式化表格）。
- 在线表格。

书面及在线表格都迫使需求分析师通过问题进行思考并在准备过程中制定一些守则。然而，要求用户填写预格式化表格可能太过于僵硬，因此强烈推荐口头跟进。与用户的个人和直接联系通常收效良好，并且在这一过程中用户还可以扩展其输入。在整个需求获取与收集的过程中，需求分析师必须耐心、仔细聆听，并在需要时要求更多的信息，这是这一阶段中重要的技能。对于一些比较外向和武断的需求分析师来说，聆听特别困难。

需求分析师还应收集业务流文档、业务和技术政策文档、之前的系统手册等文件中可用的信息。新软件或新软件项目的需求通常可能在以往收集的信息中进行了说明和解释。阅读和分析现有文档是需求分析师应具备的另一个必要技能。

6.2.1　获取高层次的需求

在高层次上，需求分析师需要寻求赞助软件项目的管理层和管理人员的帮助，来了解项目背后的业务原理。业务原理以软件产品和软件项目约束的形式转化为需求。组成此高层次业务需求的信息类别包括：

- 机会/要求。
- 正当理由。
- 范围。
- 主要约束。
- 主要功能。
- 成功因素。
- 用户特性。

机会/要求说明了软件供应商带来的高层次问题。这通常是面向企业的问题，而不是纯技术问题。例如，由于纸质文件管理不善，可能客户库存过高或可能会损失客户订单的

50%。为了解决这个问题，客户需要一个解决方案，而该方案可以包含或不包含软件，但通常会涉及开销。为了证明解决方案和成本合理，必须有某些类型的业务回报。库存问题例子中的需求分析师需要知道库存有多大。客户可能会说有 200 万美元的额外库存，而这对于他们来说太高了。客户也可能会说他们的用户订单需要比当前数量多 30% 才行。这些都将转化为即将由客户委托的软件项目的正当理由。

客户可能还有其他问题，但上述的库存和用户订单是亟须解决的两大问题。这些说明确定了软件项目的约束和范围。在这种情况下，库存控制和订单处理是一个范围，并成为主要需求的领域。

需求分析师还必须了解主要约束。其中一个主要约束可能是为软件项目分配的预算。项目预算通常与业务问题正相关，在我们的例子中，是超出库存 200 万美元。当考虑详细需求的优先级时，预算约束的信息是很重要的，并且有助于决策什么是必需的，什么是最好有的。另一个主要的业务约束是进度计划。虽然企业高管知道系统不能一夜之间建立，但他们的需求总是很急切。需求分析师必须清楚隐含的进度计划约束和实际的进度计划。

列出客户和业务主管认为的新软件将要交付的主要功能是至关重要的。在库存和订单的处理示例中，要交付的主要功能可能如下：

- 通过自动化订单和运输处理改进库存控制。
- 在线化用户订单。
- 在线化交货／运输控制。

尽管必须获取更详细的功能需求，但这些高层次的陈述实现了客户的期望。它们还促进了软件项目的高层次的范围界定，并将对需求获取的关注引导到了适当的业务领域。

软件项目的成功因素可以追溯到前面提到的机会和要求。软件项目完成后，必须解决机会和要求中描述的问题。在这个例子中，它必须能够将库存量减少到比之前更少，同时也不能失去客户订单。此外，如果这些目标必须在明年内得到满足，那么软件系统必须在明年之前完成，以便有时间对用户进行培训，并由客户实际使用系统，因为客户必须有足够的时间来使用系统进而体验系统带来的好处。需求分析师必须能够将其转换为系统一定要在特定日期启动并运行的进度需求。

通常，高管和付费客户不一定是系统的日常用户，但系统的成功在很大程度上取决于这些用户的受培训程度。因此，必须收集和分析用户个人资料，其中应包括个人的职称和正式职务、工作活动、教育和经验水平以及技术能力。

这些高层次业务相关的需求对于软件项目的整体成功至关重要，可以作为制定高层次项目目标的来源。需求分析师应在以后的分析阶段将这些高层次的需求转化为高层次目标，然后由所有成员进行审查和商定。即使一些详细的需求可能被误解，但如果达到高层次的业务目标，这个项目也往往被认为是成功的。

6.2.2   获取详细的需求

一旦收集了高层次的需求，接下来就要获取详细的需求。在此活动中，应该引入一些更精通技术的需求分析师。虽然需求讨论原则上应该凌驾于实际实现之上，且只讨论所需的是什么，但客户通常会冒昧地讨论如何解决一个特定的问题。如果一个软件系统已经存在，客户通常会根据现有系统的需求进行讨论。通常在这些需求收集活动中，需求分析师和用户会进行有想象力和技术性的对话。

　　同样，像高层次的需求获取一样，需要获取的是预先计划的信息。在详细的需求获取这一层面上，很容易就具体的话题进行长时间的讨论而失去控制。对此，有六大类需要关注的信息，可作为需求的维度，如图 6.3 所示。

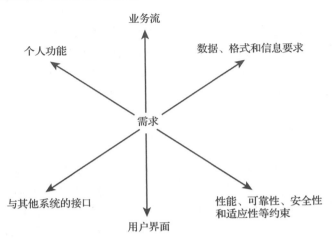

图 6.3　需求的六个维度

　　个人功能是最明显的一组需求，通常也是需求获取一个很自然的起点。需求分析师会询问用户和客户在需要执行什么功能方面，他们的问题是什么。例如，工资单区域的功能需求可能最初被表述为"需要向用户选择的金融机构提供直接的存款工资单"。在这种情况下，直接存款是功能要求。

　　仅表述功能本身并不够，还必须在业务流的上下文中或在用户如何执行其任务的上下文中对功能进行说明。例如，诸如在线购买的功能需要在诸如机票的特定商品的背景下描述。在购买公司股票的业务流背景下实现的同样的在线购买功能可能需要稍微不同的步骤集。因此，业务流是一类在获取详细层次的需求时必须收集的重要信息。这与面向对象方法中开发**用例**的概念类似，其中功能由一些被称为场景的业务上下文中的参与者执行。可以参考 Schneider 与 Winters（2003 年）的工作来了解关于用例的更多细节。

> **用例**　在用户或参与者的业务流上下文中，系统应当执行的一系列动作。

　　另一类必须在详细需求阶段收集的是有关数据和数据格式的信息。至少应该对应用程序的输入和输出数据进行一些讨论。需要输入系统的信息是什么以及用于何种目的？如果输入的数据遵循一些业务流，那么还应描述该流程。如果有数据作为某些处理过程的输入，那么还必须对该过程进行描述。例如，在薪资处理中，联邦和州税法规则可能以文件格式引入。这些税收规则作为购买的输入文件，仍然需要描述。输出数据提供附加信息，并且可以有各种形式。一个是查询的结果，查询响应的格式必须定义。另一个是报告，每个报告格式都需要明确定义。除了这些应用程序数据外，还有应用系统的信息，如错误信息或警告信息。帮助文本作为应用系统信息的最后一类也应包含在内。应该有一个关于需要多少帮助文本的声明。数据的这种描述涉及下一个类别——用户界面。

　　软件系统的输入和输出如何呈现属于用户界面的领域。今天的软件界面大多是图形化的。不过，不同的用户有其独特的偏好。例如，单选按钮和下拉窗口都可以用于逻辑"异或"类型的选择，而用户根据个人或商业偏好可以指定其中任意一个。因此，对于用作接口的图标，需求声明必须清楚。软件应用程序的流程也是一个用户界面，它通常模拟了业务流程。然而，由于软件系统旨在改善当前业务流程，因此有时软件需要与现有业务流程有区别。用户界面需求（外观和流程）通常通过对界面的原型化来捕获。然后要求用户对原型界面进行审查和评论。

除了对用户的接口，也存在其他的接口，例如与已有某系统或网络系统的接口。这些接口必须明确标识。在许多情况下，现有的系统接口已经有很多客户端绑定了。在这种情况下，需求声明不仅要描述接口，还要指出未来变化的可能性。这样的接口有几个维度：

- 控制的转换（界面的唤醒）。
- 数据的转换（直接或通过数据库）。
- 收到回复（成功或失败，错误类型和消息）。
- 重试功能。

关于接口，最常忘记的部分是错误和错误消息的描述以及相应的恢复和重试方法。

最后一组需求关注性能、可靠性、安全性和适应性等问题。该类别是一个集群，并且关注所有对软件项目至关重要的非功能需求。在面向事务的大型应用程序中，必须指定事务速度相关的性能需求。在危及生命的应用中，可靠性和可用性参数必须在需求声明中定义。可用性关注系统的使用，可靠性关注系统能否正常工作、有没有缺陷且是否遵守规格说明这一问题。在大型金融应用或通信应用中，保护数据和保护数据传输是至关重要的。对于这些应用程序，需求声明必须关注安全问题。对软件的这些需求或约束中的每一个都可以深究到一个更深和更具体的层次。例如，需求声明可以指定用户在基于 Web 的零售应用中查询产品选择的可接受响应时间。可能还有其他约束，如运输能力或可维护性，应在此类别中进行描述。此外，可能存在与软件项目而不是与产品相关的需求。客户可以要求以某种编程语言或某种工具编写软件，因为客户可能正在考虑对软件产品本身做的未来修改或支持。

6.3　需求分析

需求即使在被获取与收集后，也仍然是一个无组织的数据集，仍然需要分析。需求分析包括两个主要任务：

- 对需求进行分类或聚类。
- 对需求进行排序。

有很多方法可以对需求进行分类，此时寻找一致性和完整性很重要。我们将讨论几种分析和分类需求的方法。这些方法随着业务和使用流程而演变。

6.3.1　通过业务流分析和聚类需求

需求可以以多种方式进行分类。实际上有一种是按优先级划分，稍后再讨论。一种自然的需求聚类可以遵循图 6.3 中的六个维度。

这些类别并不总是互斥的，有时可能会有一些重叠。例如，在约束的类别下，可能需要通过备份恢复速度来衡量可靠性。在个人功能类别中，可能有描述备份恢复功能的需求。在分析的时候，必须厘清像例子中这样的重叠，以免重复。每个需求都必须标注，以使之可唯一识别和可追溯。一种简单的方案是使用表 6.1 中代表六个维度的前缀及数字来标注需求。

前缀标识了需求的类别或维度。在分析需求时，最好从业务流这一类别开始。先选择业务流，分配第一个数字，如 BF-1，然后关联所有的个人功能需求，并编号 IF-1.x。如果与业务流有关的功能有多个，则可以使用附加的 x。在表 6.1 中，与业务流 BF-1 相关的个人功能需求有三个，编号为 IF-1.1、IF-1.2 和 IF-1.3。与 BF-1 相关的数据及其各自的数据格式以 DF-1.x 编号。表中有两个与 BF-1 相关的数据需求，两个与 BF-1 相关的用户界面需求。有一个系统接口需求和一个其他约束需求与 BF-1 相关。所有类别的编号方案与业务流关联到一起。

表 6.1　需求分类方案

需求维度	前缀	需求声明编号
个人功能	IF	IF-1.1, IF-1.2, IF-1.3, IF-2.1
业务流	BF	BF-1, BF-2
数据、格式和信息要求	DF	DF-1.1, DF-1.2, DF-2.1
用户界面	UI	UI-1.1, UI-1.2, UI-2.1
与其他系统的接口	IS	IS-1
其他约束	FC	FC-1

给定一个业务流 BF-n，其他五个与此业务流相关的类别中可能没有相关的需求。例如，可能没有任何进一步的约束。在这种情况下，不会有 FC-n。某些非业务流类别（如数据需求）中的特定需求可能属于多个业务流类别。也就是说，可能存在与两个业务流（BF-x 和 BF-y）有关的 DF。问题是这个 DF 应该被标记为 DF-x 还是 DF-y。在需求分析期间，我们必须确定两个业务流中哪一个使用数据作为其主要目的。DF 将使用其作为主要目的的 BF 的数字来编号。如果 DF 对于两个业务流同样重要，那么它将使用首先利用它的业务流的数字编号。这里的需求分析方法基于围绕业务流需求的五类需求进行聚类。一个显著的问题是如果有一个需求不太能适配到任何一个业务流，我们应该怎么做？一种方法是指定一个空的业务流，并将所有"不适配"的需求与空业务流分到一类。编号方案只是将五类需求与每个业务流相关联的一种方式。因此，业务流必须包含在需求获取阶段的讨论中。否则，这五个需求类别将按一些人为或推测的业务流分类。这种将业务流作为首要需求的方法与面向对象的用例方法相似。

6.3.2　通过面向对象的用例分析和聚类需求

面向对象（OO）的用例被用于描述系统的需求，它们也被用于需求的分析以及系统的设计与测试。一个用例基本上是对以下需求信息的描述：

- 基本的功能
- 该功能的任何前置条件
- 该功能的被称为场景的事件流
- 该功能的任何后置条件
- 任何错误条件以及备选流

在开发 OO 用例的时候，需求的获取与分析是杂糅在一起的。收集信息后，需求分析部分有几个步骤，首先是系统边界的识别。

这里的术语系统意味着要开发的产品，可包括硬件与软件。系统边界的识别从为系统中包含和排除的内容划定边界开始，但仍可能需要与系统接口交互。

OO 使用词语参与者——指代系统所有的外部接口。图 6.4 展示了两个参与者（一个运输员与一个客户订单系统）的图形化表示，对系统而言两者都是外部的。OO 使用的建模语言是统一建模语言（UML），参与者的人形简笔图只是 UML 标记中的一部分。UML 的详细规格说明副本可以从对象管理组织获得，这是一个非营利性的计算机行业联盟（见 6.9 节）。

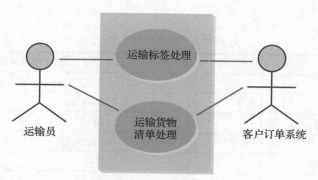

图 6.4   UML 中用例的表示法

参与者的例子包括系统的用户、其他系统、硬件、网络和操作员。每一个参与者在与系统的交互方面都发挥了一定的作用。为了确定系统外部与之交互的这些参与者，需求分析员应该提出以下问题：

- 谁使用该系统？
- 谁操作并维护该系统？
- 哪些其他系统使用该系统？
- 哪些其他系统被该系统使用？

参与者的一些示例可以是订单运输系统的用户，或与其交互的外部系统。对它们的描述如下：

- 运输员：包装客户订购的物品、放置运输目的地址标签、发送订购的物品并跟踪订购物品交付的系统用户。
- 客户订单系统：处理客户订单并向订单运输系统提供客户订单信息的外部系统。

在识别外部系统后，用例分析的下一步是确定与每个参与者相关的所有活动。参与者希望系统执行这些活动并希望其成为用例。因此，每个参与者都与一组用例有关。列出用例就是识别系统内部的过程。也就是说，用例将定义系统必须执行的需求。从高层次描述的订单运输系统用例的一个例子如下：

- 运输标签处理：根据运输部门的要求，从客户订单系统数据库获得出货地址，并在特殊标签上打印送货地址。
- 运输货物清单处理：根据运输员的要求，订购货物清单从客户订单系统数据库获得，并打印重复的副本，一个包含在客户包中，另一个作为记录。

我们可以使用 UML 表示法将订单运输系统的需求与用例和参与者分组，如图 6.4 所示。请注意，两个参与者——运输员和客户订单系统，都是由人形图形描绘的，它们在矩形框之外。之前作为用例描述的两个需求——运输标签处理和运输货物清单处理在矩形内被描绘为椭圆形。矩形表示系统。在本例中，矩形表示运输系统，矩形的边界代表运输系统边界。尽管在图 6.4 中以高层次的形式描绘了用例，但是每个用例的细节可以使用额外的 UML 表示法做单独的进一步描述。在这里我们不会详细介绍 UML 表示法。我们已经展示了如何以用例形式分组并与参与者关联需求。

在需求分析阶段，可能会产生有关系统边界的更多问题。例如，在处理运输标签时，运输员还要担心重量和运输成本吗？如果是这样，称量物品是一个由订单运输系统以外的运输员处理的手动步骤，还是订单运输系统应包括自动的重量计算和成本计算功能？将执行系统边界分析作为需求分析的一部分可以进一步完善和巩固需求的完整性。

在 OO 用例方法中，识别以下因素是一种很好的需求分析方法：

- 参与者。
- 相关的用例。
- 边界条件。

即使之后用例可根据前置条件、后置条件、活动流程、备用路径和错误处理的细节进一步扩展，以改善系统设计，但在需求阶段刻画的用例仅描述系统需要的东西。

6.3.3　通过面向视点的需求定义分析和聚类需求

　　面向视点的需求定义（VORD）是一种需求分析方法，它基于的是需求在不同的利益相关者看来不是一样的。为系统付钱的客户往往和与系统日常交互的用户有不同的需求。对于具有许多子组件的大型复杂系统，不同的用户将以不同的重点和不同的细节来表达需求。例如，对于目前的大型企业资源规划系统，有几

> **面向视点的需求定义**　既是需求获取也是需求分析方法。

个主要的组成部分，包括财务、人力资源、规划和库存。使用该系统的财务人员将提供财务上的需求，并强调财务。人力资源人员将有另一个观点，使用人力资源术语，并强调人力资源。

有时候，同样的需求是以不同的形式和上下文来表示的，它们似乎是不同的需求。有时候，不同的需求重叠得太多，以至于应该以完全不同的方式进行重组和组合。关键是对需求有多种利益相关者的视点。不同的视点往往会导致对相同问题有截然不同的观点，而这些观点将被用于对需求进行分类和结构化。VORD 方法分为四个步骤：

1. 识别利益相关者与视点。
2. 对视点进行结构化和分类，消除重复，并将共同的观点放在一起。
3. 精化识别出的视点。
4. 将视点映射到系统与系统提供的服务。

有关 VORD 的更广泛的描述和细节，请参见 Sommerville（2010 年）、Sommerville 和 Sawyer（1997 年）的工作。

6.3.4　需求分析与排序

　　对需求进行分类只是分析的一部分，它使我们能够识别需求组中的不一致性和需求中可能的不完整性。还有一个问题是，由于以下约束，许多时候并不能开发并交付所有已识别的需求：

- 有限的资源。
- 有限的时间。
- 有限的技术能力。

作为需求分析任务的一部分，我们需要对需求进行优先级排序，以便将优先级高的首先

开发并发布给客户。通过对需求做优先级排序，一个多次发布的软件产品通常能为几个季度甚至几年做好准备。确定需求的优先级可以基于许多标准，包括：

- 当前客户需求。
- 竞争和当前市场状况。
- 未来客户需求。
- 即时销售优势。
- 现有产品中的关键问题。

需求分析师通常在组织中许多其他人的帮助下执行优先级排序任务。有时，客户和行业专家也参与优先级讨论。大多数软件需求优先级是由有经验的人和客户使用非正式方法执行的，其中最具说服力或发言权的人可能会偏袒他们最喜欢的需求的优先级。虽然这种方法并不完美，但远远优于没有优先级考虑和试图包含所有内容的做法。典型的需求优先级列表如图 6.5 所示。

需求编号	简要的需求描述	需求来源	需求优先级[①]	需求状态
1	单页查询必须在 1s 内响应	主要客户营销代表	优先级 1	接受此版本
2	帮助文本必须对字段敏感	大账号用户	优先级 2	推迟到下一个版本

①优先级可能为 1、2、3 或 4，其中 1 为最高。

图 6.5 需求优先级列表

需求优先级列表更像是一张表，并包含多列信息。它以需求编号开始，然后提供对需求本身的简要描述。需求的来源对于规划者很重要。评估过的需求优先级以及该需求的来源有助于确定是否要将一个特定的需求包括在当前版本、下一个版本或将来的版本中。这种非正式的方法经常被使用，但往往产生次优的结果。

一个更有条理的方法是配对需求，并按照 Karlsson 和 Ryan（1997 年）的建议将它们的值成对进行比较。这种称为分析层次过程（AHP）的方法使得优先级排序过程更加严格，并且往往被更面向营销的人员忽略。每个需求以成对的形式，与每一个其他的需求进行比较。每个成对关系将被赋予一个"强度值"。总体强度最高的需求基本上将是拥有最高优先级的需求。具有次高总体相对强度值的需求将是下一个拥有最高优先级的需求，以此类推。下面通过一个 AHP 的例子来阐明这一方法。

考虑有三个需求 R_1、R_2 和 R_3 的情形。用于比较成对需求的级别或强度值设置为 1~9。给定一对需求 (x, y)，如果 x 被认为与 y 同等重要，则强度值是 1。如果 x 比 y 稍微更有价值，则为 2，以此类推直到 9，此时 x 被认为比 y 极度更有价值。对于我们的例子，考虑表 6.2 所示的矩阵作为成对值的表示。

表 6.2 成对比较矩阵

	R_1	R_2	R_3
R_1	1	3	5
R_2	1/3	1	1/2
R_3	1/5	2	1

在这个例子中，R_1 与自身的价值一样，因此 (R_1, R_1) 的强度值为 1。R_1 的价值被认为是 R_2 的 3 倍，因此第 1 行第 2 列中的 (R_1, R_2) 的强度值为 3。如表所示，R_1 的价值为 R_3 的 5 倍。当我们访问 (R_2, R_1) 时，该值只是 (R_1, R_2) 的值对应的倒数，如第 2 行第 1 列所示，其强度值为 1/3，为 3 的倒数。

接下来，我们计算表 6.2 中每列的总和，然后将每列中的每个元素除以所在列的总和。得到的归一化矩阵如表 6.3 所示。

表 6.3 归一化的成对比较矩阵

	R_1	R_2	R_3
R_1	0.65	0.5	0.77
R_2	0.22	0.17	0.08
R_3	0.13	0.33	0.15

我们现在将每一行加起来。在归一化表中表示 R_1 的第 1 行的总和为 1.92，第 2 行的总和为 0.47，第 3 行的总和为 0.61。因为总共有三个需求，每行的总和要除以 3。R_1 的结果为 1.92/3=0.64，R_2 的为 0.46/3=0.15，R_3 的为 0.61/3=0.20。这三个需求的三个值现在表示需求的相对值。也就是说，需求 1 占总需求值的 64%，需求 2 占总需求值的 15%，需求 3 占总需求值的 20%。这为我们提供了具有以下权重的需求的优先级排序方案：

- R_1：64。
- R_3：20。
- R_2：15。

R_1 具有最高优先级和最高权重，其次是 R_3，然后是 R_2。基于 AHP 的成对值优先排序方案迫使我们成对地查看需求的细节，而在处理成千上万个需求时这可能并不实际。然而，这仍是一个合理的优先考虑少量需求的方案。

有时，需求的优先级排序也可以被视为分类方案。它有助于我们去分类或排序哪个需求会被实现以及何时发布。

6.3.5 需求可追踪性

虽然我们提到过需要需求可追踪性，但还没有详细说明原因。确保需求是可追踪的有几个原因。最重要的是在开发之后追踪并验证是否已经开发、测试、打包和交付所有需求。能够说明额外的、无法追踪回需求的各种因素也很重要。不应该有任何无法说明的功能或属性。Kotonya 和 Sommerville（1998 年）确认了四类可追踪性：

- 正向向后可追踪性：将需求链接到文档源或创建它的人。
- 正向向前可追踪性：将需求链接到设计与实现。
- 反向向后可追踪性：将设计与实现反向链接到需求。
- 反向向前可追踪性：将需求之前的文档链接到需求。

此外，可能需要保留链接了相关需求的信息。也就是说，一些需求可能具有核心需求或者前置或后置需求之间的关系。可以开发需求关系矩阵来跟踪需求之间的关系或需求与设计之间的关系等。

之前关于需求的分类和优先级排序的讨论意味着每个需求必须是唯一可识别的。如果需求可追踪，这种独特的需求标识也很重要。

6.4 需求定义、原型化和审查

需求定义、原型化和审查表示为图 6.2 中的三个中心活动。这三个中心活动来自需求分析。在实践中，这些活动实际上与需求分析重叠，应被视为更广泛的分析背景下的一组迭代活动。

需求定义涉及正式写出需求。使用的表示法通常是英文或英文加上其他表示法。就英文而言用于定义需求的最简单的一种表示法是输入 – 处理 – 输出方法，如图 6.6 所示。

需求编号	输入	处理	输出
12：客户订单	·按类型和数量分类物品 ·提交请求	·验收物品和各自的数量	·显示验收信息 ·请求确认信息

图 6.6   输入 – 处理 – 输出图

我们撰写此书时，行业中最受欢迎的表示法是 UML，这是之前介绍过的。图形化描绘系统数据流的另一个表示法是数据流程图（DFD）。这种表示法是由 DeMarco、Gane 和 Sarsen 等软件工程先驱在 20 世纪 70 年代后期引入的结构化系统分析技术的一部分。实体关系图（ERD）是用于显示实体之间关系的另一种流行表示法，它于 1976 年由 Peter Chen 首次引入，作为实体关系模型的一部分。所有这些建模表示法或语言都可用于需求定义和分析以及设计。事实上，首选方法是从需求分析开始，持续到软件设计都使用相同的表示法。

如图 6.7 所示，DFD 由四个要素组成：数据源或目的地、数据流、处理和数据存储。图 6.8 显示了使用 DFD 描绘客户订单系统的一个高层示例。在这个例子中，客户输入和接收数据。运输员只从系统接收数据。订单由订单流程处理，而发货说明将发送到包装过程。有三个数据存储，它们当前可能采用纸质文件形式，之后在设计阶段转换成数据库。数据流由箭头表示，并包含一个正在流动的信息的描述。

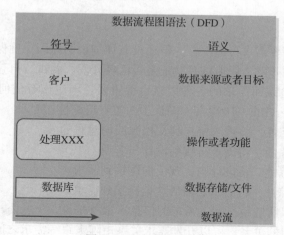

图 6.7   一张数据流图

虽然 ER 图不用于显示信息流，但它用于描述实体之间的关系，还用于显示实体的属性。与 DFD 一样，它最初在需求分析阶段使用，并一直贯穿到设计阶段。图 6.9 给出了一个例子，说明了作者和书的对象或实体之间的关系。关系是作者写书。该关系用连接两个对象的线条以及线条上方显示的单词一起表示。关系可能有两个约束：

- 基数
- 模态

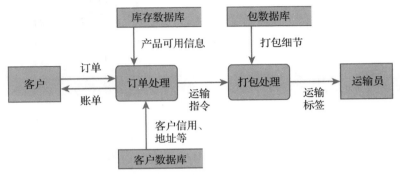

图 6.8　一个用于描述客户订单系统的数据流图的例子

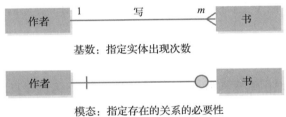

图 6.9　一个 ER 图

　　基数指定参与者人数。请注意，在本图所示的需求中，作者可能会写几本书，但书可能没有多个作者。因此它有些限制。使用定义良好的语言（如 ER 图）的优点在于更精确。作者和书之间的约束关系如图 6.9 所示，应触发某人在审查需求规格说明时询问其是否真的正确。爪形符号代表多次发生。可能有几种形式的基数：

- 一对一。
- 一对多。
- 多对多。

　　一对一关系的一个例子可以是显示坐在椅子上的人的图。每个人只坐一把椅子，每把椅子只能被一个人坐。一对多的例子已经在图 6.9 中显示。可以通过改变图 6.9 的例子来显示多对多的关系，这样它表示一位作者可以写几本书，一本书可能由几位合著者撰写的关系。

　　关系的模态规定了一个实体的存在是否取决于它通过这种关系与另一个实体相关。在图 6.9 中，圆圈表示书是可选的，因为有的作者没有完成任何书。然而，垂直条表示作者是强制性的，因为不存在没有作者的书。因此，图 6.9 所示的需求规定书是可选的，作者在这种关系中是强制性的。

　　关系中显示的每个实体可能有几个属性。在需求阶段，也会定义和分析这些属性。图 6.10 显示了一个实体及其属性的图示。实体、员工及其属性都以图形和表格的形式表示。作为需求的一部分，表格形式可以添加更多的列来记录。随着项目进入设计阶段，表格形式可能被转换成数据字典。

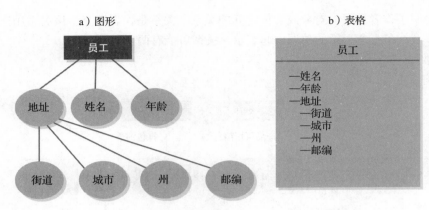

图 6.10　一个实体和它的属性。a）图形。b）表格

　　使用各种建模语言（如 UML、DFD 或 ERD）去定义需求是原型化的一种形式。在这种情况下，我们将对功能流、数据流或数据属性进行原型化。作为需求收集和分析的一部分，用户界面是不可遗忘的关键组件。这里我们对系统内部和算法不感兴趣，而专注于用户及其与系统的交互。我们专注于主要用例及其与用户的接口。用户界面的两个主要方面必须在需求阶段进行分析：

- 视觉外观和显示
- 与人和流的交互

　　在早期，用户界面用纸板和活动挂图进行建模，被称为低保真原型。今天，在需求收集和分析期间，用户界面是用机器可执行代码进行原型制作的。这些原型有时会保留下来，并转化成最终发布的代码。用于快速原型化用户界面的最早的工具之一是 HyperCard，它运行在苹果计算机上。今天，用于快速用户界面原型设计的最流行的工具之一是 Microsoft 的 Visual Basic。此外，随着敏捷方法日益普及，用户界面的需求原型化通常都有用户的很多参与（Ambler，2004 年）。除了可视化界面，目前也有一小部分音频和视频的交互需求，并在不断增加。有关互联网视频的介绍，请参见 Stolarz（2005 年）的工作，有关开发和构建良好用户界面的更多详细信息，请参阅 Hix 和 Hartson（1993 年）的工作，Shneiderman 和 Plaisant（2009 年）的工作。

　　与需求分析和用户界面原型化紧密相关的是对用户和客户的需求的审查。这些审查可能会按照敏捷方法提出的方式非正式且非常频繁地进行，或者它们本可以更为正式。20 世纪 70 年代初 IBM 的 Michael Fagan 首先介绍了正式的审查和检查方法。虽然所有这些早期正式检查的目标是减少设计和编程错误，但是可以使用相同的检查过程来审查需求，以尽可能地减少误差和误解。大多数从业者选择正式检查和非正式审查的混合。无论选择哪种审查技术，重要的是要认识到，用户和客户的需求审查是需求分析和原型设计的重要组成部分。早期发现需求的错误具有极其重要的意义，因为单个需求的错误通常会扩展到多个设计错误中，每个设计错误又可能成为多个编程错误的根源。防止遗漏需求错误绝对是一项在经济上有价值的活动。

　　进行审查后，必须对需求定义进行修改和更正。有时如果修正程度非常大，则需要对修改和更改进行后续审查。虽然最好不要变得过于官僚主义，但这些变化必须被清楚地记录下来，使得如之前所述的那样，需求错误不会在经过设计、编码和测试等下游活动后依然存在，并最终存在于客户发布版中。

6.5　需求规格说明与需求协商

一旦对需求进行了分析和审查，就需要谨慎地将其纳入软件需求规格说明（SRS）文档。必须包括的细节数量和范围取决于几个参数：

- 项目规模和复杂程度。
- 计划好的多个后续发布的版本。
- 估计和预期的客户支持活动的数量。
- 开发人员对目标领域的知识和经验。

需求越复杂，需求数量越多，越需要正式并完整地描述需求。计划的后续版本越多，需求规格说明越需要明确并有序，以支持这样的未来活动。如果估计的客户数量很大，如数百万，那么需求规格说明必须详细和完整，以便有序地进行维护和支持活动。如果测试人员、设计人员和代码开发人员在开发软件的应用领域具有非常少的主题知识或经验，则必须具有详细的 SRS 文档。

对于软件需求的规格说明文档，IEEE 有一个推荐的标准指南 830，它符合 IEEE/EIA 标准 12207.1—1997。本质上，指南规定了以下材料应包含在 SRS 中：

- 简介：通过描述目的、范围、参考和术语的定义来提供概述。
- 高层次描述：提供对软件产品的一般描述，及对其主要功能、用户特征、主要约束和依赖关系的描述。
- 详细需求：（1）通过输入、处理和输出来详细说明每个功能需求；（2）包括用户界面、系统接口、网络接口和硬件接口的接口说明；（3）详细说明性能需求；（4）诸如标准或硬件限制等设计约束的列表；（5）对诸如安全性、可用性和可恢复性等属性的附加说明；（6）任何附加的独特要求。

作为需求工程的最后一步，需求规格说明文件应该加上"落款"。这可以采用正式文件的形式，如合同或非正式的通信，如电子邮件。不管最终的落款形式如何，此活动将结束需求阶段，并为需求规格说明提供正式的基准。任何未来的变化均应受到控制或至少应受到密切监测，以防止未来不受控制的需求增长和变更。如第 3 章所述，不受控制的需求变更是一个主要问题，是许多软件项目失败的关键原因。

6.6　总结

本章涵盖了需求工程的以下主要步骤：

- 获取。
- 文档化与定义。
- 规格说明。
- 原型化。
- 分析。
- 审查与确认。
- 商定与验收。

对于需求获取，高层次和详细的信息收集都已讨论过。更具体地说，以下详细信息的类别被视为获取过程的一部分：

- 个人功能。
- 业务流。
- 数据、格式和信息要求。
- 用户界面。
- 有其他接口的系统。
- 性能、可靠性、安全性和适用性等约束。

收集的需求需要通过分类进行分析。本章介绍了几种方法，包括用于对需求进行分类的优先级排序技术等。此外，需求必须可追踪。

虽然英文仍然是记录需求的主要语言，但是现在有几种建模语言，包括 UML、DFD 和 ERD。作为需求分析周期的一部分，也可使用这些建模语言对需求进行原型化。可执行的原型在今天更受欢迎，特别是用户界面。这些原型和分类的需求的用户和质量评估，对于防止错误转移到以后的软件工程活动和客户版本中至关重要。因此，应该审查尽可能多的需求。

最后，软件需求规格说明文件应由客户制作并落款，作为将来修改的基准。

6.7　复习题

6.1　列出并描述软件需求工程过程在高层涉及的步骤。

6.2　在开展需求工程之前必须要规划的三个主要项目是什么？

6.3　在收集需求时需要考虑的需求的六个主要维度是什么？

6.4　列出高层业务简介描述中包含的四点内容。

6.5　列出并描述在对需求进行优先级排序时需要考虑的三点内容。

6.6　面向视点的需求定义方法的用途是什么？

6.7　考虑你对员工信息系统有以下四个需求的情况：

- 短查询的响应时间必须少于 1s。
- 在定义员工记录时，用户必须能够输入员工姓名，并提示员工记录所需的所有剩余员工属性。
- 可以使用员工编号或员工姓氏来搜索员工信息。
- 只有经过授权的搜索（由员工、相关管理人员或人力资源部门的人员授权）才能显示员工的薪酬、福利和家庭信息。

执行分析层次过程，并根据你的选择进行排序。

6.8　在 ER 图中说明程序员和模块之间的如下关系：一个程序员可以编写几个模块，每个模块也可以由几个程序员编写。

6.9　需求可追踪性的四种类型是什么？

6.8　练习题

6.1　讨论为什么使用文档记录下描述的需求是重要的，并列出三个原因。

6.2　根据对练习题 6.1 的回答，讨论敏捷软件开发人员参与收集和记录需求时，可能会如何误用敏捷方法。

6.3　在分析需求时，我们经常要对它们进行分类，然后对其进行优先级排序。讨论为什么我们需要做这些活动。

6.4　在收集员工信息系统的需求时，员工是主要实体。你认为该实体的什么属性将作为需求的一部分？在实体属性表中列出实体和属性。向表中添加一列，表示每个属性的数据特征。

6.5　参考 6.9 节中介绍 UML 相关书籍中的一本，讨论 UML 中的用例和业务流在需求的六个维度中的相似性。

6.6　需求规格说明文档的最终落款的作用是什么？如果没有落款，可能会出现什么潜在的问题？

6.9　参考文献和建议阅读

Ambler, S. W. 2004. *The Object Primer: Agile Model Driven Development with UML2*, 3rd ed. New York: Cambridge University Press.

Chen, P. 1976. "The Entity-Relationship Model—Towards a Unified View of Data." *ACM Transactions on Database Systems 1* (March): 9–36.

DeMarco, T. 1978. *System Analysis and System Specification*. New York: Yourdan Press.

Fagan, M. 1976. "Design and Code Inspections to Reduce Errors in Program Development." *IBM Systems Journal 15* (3): 182–211.

Fowler, M. 2003. *UML Distilled: A Brief Guide to the Standard Object Modeling Language*, 3rd ed. Reading, MA: Addison-Wesley.

Gane, C., and T. Sarsen. 1979. *Structured Systems Analysis: Tools and Techniques*. Upper Saddle River, NJ: Prentice Hall.

Hix, D., and Hartson, H. R. 1993. *Developing User Interfaces: Ensuring Usability Through Product and Process*. New York: Wiley.

IEEE Computer Society. 1984. *IEEE Guide for Software Requirements Specifications*. http://ieeexplore.ieee.org/ie14/5841/15571/00720574.pdf.

Karlsson, J., and K. Ryan. 1997. "A Cost-Value Approach to Prioritizing Requirements." *IEEE Software* (September/October): 67–74.

Kotonya, G., and I. Sommerville. 1996. "Requirements Engineering with Viewpoints." *BCS/IEE Software Engineering Journal 11* (1): 5–18.

Kotonya, G., and I. Sommerville. 1998. *Requirements Engineering: Processes and Techniques*. New York: Wiley.

Leffingwell, D., and D. Widrig. 2000. *Managing Software Requirements: A Unified Approach*. Reading, MA: Addison-Wesley.

Mannion, M., B. Keepence, and D. Harper 2000. "Using Viewpoints to Determine Domain Requirements." In *Software Engineering Selected Readings*, edited by E. J. Braude, 149–156. Los Alamitos, CA: IEEE.

Object Management Group. n.d. Unified Modeling Language. Accessed June 16, 2021. https://www.omg.org/spec/UML/.

Orr, K. 2004. "Agile Requirements: Opportunity or Oxymoron?" *IEEE Software 21* (3): 71–73.

Ramesh, B., and M. Jake. 2002. "Towards Reference Model for Requirements Traceability." *IEEE Transactions on Software Engineering* (January): 58–93.

Ryan, K., and J. Karlsson. 1997. "Prioritizing Software Requirements in an Industrial Setting." *Proceedings of the 19th International Conference on Software Engineering* (1997): 564–565.

Schneider, G., and J. P. Winters. 2003. *Applying Use Cases: A Practical Guide*, 2nd ed. Reading, MA: Addison-Wesley.

Shneiderman, B., and C. Plaisant. 2009. *Designing the User Interface: Strategies for Effective Human-Computer Interaction*, 5th ed. Reading, MA: Addison-Wesley.

Sommerville, I. 2010. *Software Engineering*, 9th ed. Reading, MA: Addison-Wesley.

Sommerville, I., and P. Sawyer. 1997. *Requirements Engineering: A Good Practice Guide.* New York: Wiley.

Stolarz, D. 2005. *Mastering Internet Video: A Guide to Streaming and On-Demand Video.* Reading, MA: Addison-Wesley.

Tsui, F. 2004. *Managing Software Projects.* Sudbury, MA: Jones and Bartlett.

Wiegers, K. E. 2013. *Software Requirements*, 3rd ed. Redmond, WA: Microsoft Press.

设计：架构与方法论

目标
- 理解架构设计和详细设计之间的区别。
- 掌握常用的软件架构风格、策略和参考架构。
- 掌握详细设计的基本技术，包含功能分解、关系型数据库设计以及面向对象设计。
- 理解用户界面设计中涉及的基本问题。

7.1 设计导论

一旦理解了项目的需求，从需求到设计的转化就开始了。如果说需求解决的是什么（系统应当做什么，约束是什么等），那么设计解决的就是如何（系统如何被分解成组件，这些组件如何连接和交互，以及各个独立组件如何工作等）。这是一个困难的步骤，它涉及将一组无形资产（需求）转化为另一组无形资产（设计）的过程。软件设计首先解决软件是如何被结构化的这一问题。也就是说，它的组件有哪些以及这些组件是如何相互关联的。对于大型系统而言，将设计阶段划分为两个单独的部分通常是非常明智的。

- **架构设计阶段**：这是对系统的一个高层概览，一个"宏观"的视图。它列出了系统的主要组件，以及组件的外部属性和组件间的关系。功能和非功能需求以及技术上的考量提供了设计该架构的主要驱动力。

> **架构设计阶段** 开发系统高层次概览的阶段。
> **详细设计阶段** 将架构组件分解为更详细细节的阶段。

- **详细设计阶段**：组件被分解为更加详细的细节。该阶段由架构以及功能需求驱动。架构提供了常规指导，即一个"宏观"的视图，并且所有的功能需求都必须由详细设计中的最少一个模块解决。

图 7.1 说明了需求、架构和详细设计间的关系。理想情况下功能需求和详细设计中的模块有一一对应的映射关系，需求带给架构的影响由宽箭头表示。需要注意，在这种情况下最有影响力的需求可能是非功能需求，比如性能和可维护性。架构驱动详细设计，并且在理想情况下每个架构组件都被映射到几个详细设计模块。

较小的系统可能没有明确的架构，尽管架构几乎在所有情况下都是有用的。在传统的软件过程中，理想的情况是建立设计并记录它到尽可能低的细节层次，程序员主要将该设计转换为实际的代码。有许多公司应用敏捷方法及其实际过程，尤其是在开发小型系统时，使得程序员在详细设计中扮演着更为重要的角色。在许多敏捷方法中，实际的详细设计最终是由程序员完成的。

> **面向对象（OO）设计** 一种通过类、类之间的关系和交互来建模设计的技术。

目前规格说明设计的方法有很多种。鉴于对大多数人来说信息的图形化展示是极为有用的，因此设计符号也应该图形化。在过去几年中人们提出了许多不同的设计符号，其中统一建模语言（UML）得到了普及，并至少成了**面向对象**

（OO）**设计**的事实标准。本章并不针对 OO 设计，但在 7.3 节中有一个对 OO 和 UML 的简要讨论可供参考。

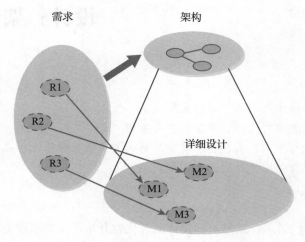

图 7.1　需求、架构和详细设计间的关系

7.2　架构设计

7.2.1　什么是软件架构

系统的**软件架构**规定了其基本结构。从很多方面说，它是在较高的抽象层次建立的设计。Bass、Clements 和 Kazman（2012）定义的软件架构如下：

> **软件架构**　系统的高层结构，包括软件元素、元素属性和它们之间的关系。

一个程序或计算系统的软件架构是指系统的结构或者结构集合，它包含了软件元素、这些元素的外部可视属性以及它们之间的关系。

关于系统的架构有几个重点需要注意：

- 每个系统都有一个架构。无论是否精密设计架构，是否将架构记录下来，每个系统都有一个自己的架构。
- 可能有不止一个结构。对于大型系统，甚至是许多小型系统而言，系统都可能有多种重要的构成方式。我们需要了解所有的这些结构，并通过几种视图将它们记录下来。
- 架构处理每个模块的外部属性。在架构层次，我们应该考虑重要的模块以及它们是如何与其他模块交互的，并且重点关注模块间的接口而非每个模块内部的细节。

7.2.2　视图与视角

架构设计和总体设计中的一个重要概念是，系统具有许多不同的结构（即有许多不同的结构化方式），为了获得系统全貌，你需要查看这些结构。

视图是系统结构的一个展示。尽管在大多数情况下，我们可以互换地使用视图和结构，但请记住，无论是否展示，系统的结构都是存在的，而视图仅描绘了结构。这类似于照片和其内容。

在后来成为 RUP 基础之一的开创性论文中，Kruchten（1995）提出了四个架构视图来表示系统需求并将其统一，还提出了用例（他在论文中称之为场景）。

- 逻辑视图：展示系统的面向对象的分解，即类以及它们之间的关系。在面向对象中，类是从需求中衍生并构造出来的概念元素。它们之间的交互和关系通常也源于需求中表达的业务或工作流程。它基本上使用 UML 类图来表示。
- 进程视图：展示运行时的组件（进程）以及它们之间的通信方式。
- 子系统分解视图：展示模块和子系统，以及导入和导出关系。
- 物理架构视图：展示从软件到硬件的映射，它假定了一个在计算机网络上运行的系统，并描述了哪些进程、任务和对象映射在哪些计算机节点上。

Bass、Clements 和 Kazman（2012）提供了更多视图的样例，并将它们划分成 3 种类别。

- 模块视图：展示静态的软件模块和子系统中的元素。这些类型的视图包括以下内容：
    - 模块分解视图，展示模块和子模块某一部分的层次结构。
    - 使用视图，展示模块如何相互依赖。
    - 类泛化视图，展示类的继承层次结构。由 UML 类图和 Kruchten 的逻辑视图所代表的信息也属于这一类。
- 运行时视图：展示程序的运行结构，也称为组件和连接件视图。通过它，可以看到执行模块或进程如何相互通信。这里的视图可以用不同的符号图来描述，例如进程通信图、客户端 – 服务器图和并发图。
- 分配视图：展示软件模块到其他系统的映射。这种类型的典型视图包括：部署视图，展示模块到硬件结构的映射；实现视图，展示模块到实际源文件的映射；工作分配视图，展示负责每个模块的人员或团队。

有一点需要留意，不同的视图通常适用于不同的涉众。举例来说，实现视图显示模块应在哪些文件上实现更有助于实现者，而类图有助于许多不同类型的涉众。

当你在设计架构时，需要牢记它有很多不同的有用视图。当然，时间有限，所以你需要仔细考虑建立哪些视图。

7.2.3　元架构知识：风格、模式、策略和参考架构

虽然许多系统是采用许多不同的架构来开发的，但是这些架构在许多层次上具有共同的特征。软件工程师在很长的一段时间中一直都在比较各系统架构并描述其相似和差异。这种知识（有时称为元架构）已经以不同的方式得到了整理，便于人们更简单地比较和选择架构，并在建立架构时提供一个起始点。

软件体系结构社区主要以以下三种不同的方式整理了这类知识：

- 架构风格或模式。
- 架构策略。
- 参考架构。

元架构有 2 个重要作用：首先，它可以用作特定系统架构的起始点，省去一定工作，并为最终架构提供指导；其次，它是一种有效的交流机制，可以使人快速了解系统的高层结构。当以类似于设计模式的格式编写架构风格时，架构风格也称为架构模式。

架构风格或模式

软件架构风格或模式类似于物理建筑结构中的风格。正如许多建筑物共用了许多常见的

风格（从哥特式到美国战前南部风格），许多系统架构也具有可识别的风格。

其中，最常见的架构风格如下：

- 管道和过滤器：该风格广泛应用于 Unix 脚本和信号处理应用。它由通过"管道"连通的一系列进程组成。进程的输出又作为下一个进程的输入。进程不需要等到上一个进程完成，只要获得部分输入，就可以开始对其进行处理。大多数情况下，它的拓扑结构是线性的，但偶尔也会有分支。虽然这种风格最常应用于组合 Unix 命令，但它也是许多音频和视频处理应用的概念模型。图 7.2 显示了一个 GitLab 中 CI/CD 流水线的可视化截图，这个例子不显示管道，只显示与过滤器对应的处理动作。一个阶段的输出被用作下一个阶段的输入。

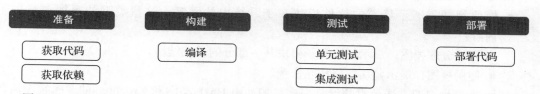

图 7.2 一个 GitLab 中 CI/CD 流水线的截图。这个流水线有四个步骤：准备、构建、测试和部署。每个阶段的活动是并行进行的

- 事件驱动：在该风格中，系统组件响应外部生成的事件并通过事件与其他组件进行通信。现代图形用户界面（GUI）库和使用它们的程序在某种程度上均以这种风格组织。许多分布式系统也使用这种风格，因为它允许组件分离并且使得系统易于重组。

- 客户端 – 服务器：这种风格显示了位于网络中不同节点上的客户端和服务器之间的清晰划分。组件通过基本网络协议或通过远程过程调用进行交互。通常，同一台服务器会被多个客户端访问。图 7.3a 显示了一种客户端 – 服务器架构，其中几个客户端访问同一个服务器。图 7.3b 则显示了更复杂的版本，其中有几个不同的服务器。

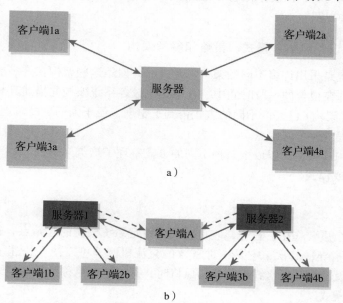

图 7.3 a）单服务器、多客户端的客户端 – 服务器风格。b）若干服务器的客户端 – 服务器风格

客户端－服务器架构受各种硬件变更以及硬件成本的影响较大。最初它使用功能较弱的终端或客户端盒，大部分数据处理都驻留在服务器盒中。随着客户端机器功率的提高和价格的下降，更多的功能被放置在客户端。有趣的一点是，在客户端或个人桌面上放置更多功能的这一发展，创造了支持这些客户端的需求。由于强大的客户端桌面，一个称为 IT 桌面支持的行业出现了。

- 模型－视图－控制器（MVC）：该风格常用于组织那些需要显示多种数据视图的 GUI 应用。其主要思想是将数据与显示分开。在初始版本中，控制器负责将用户输入，如鼠标移动和点击或击键信号，转换为视图的相应消息。当下的 GUI 库通常会执行此操作，因此不需要单独的控制器类。这种模式当下的变体只使用模型和视图类。模型负责存储数据，并在数据更改时通知视图。视图注册模型，可以修改模型，并通过重绘自己来回应模型中的变化。图 7.4 显示了 MVC 架构的简图。MVC 可以使用客户端－服务器架构实现，模型部分驻留在服务器上而视图以及部分控制器驻留在客户端。

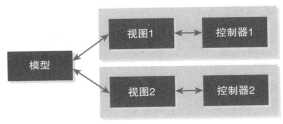

图 7.4　模型－视图－控制器风格

- 分层：在该风格中组件被分组成层，组件只与位于其自身层之上和之下层中的其他组件通信。当分层架构与客户端－服务器架构相结合时，层可能驻留在不同的计算机中，它们通常称为层级（tier），而不是层（layer）。图 7.5 描绘了一种常见的分层系统，通过实现 Java API 来调用操作系统函数，后者又与内核函数进行通信。Java API 通过操作系统 API 调用函数，而非直接通过内核调用。虽然分层架构使组件自身专注于特定任务并有助于问题检测，但根据消息在处理前必须经过的层数，该风格有时会出现性能问题。

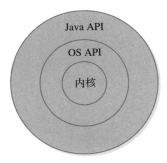

图 7.5　一个典型的分层系统，其中 Java API 能调用操作系统（OS）函数，操作系统函数相应地和内核函数通信

- 以数据库为中心（database-centric）：该风格中有一个中央数据库以及访问该数据库的多个独立程序。各程序只通过数据库进行通信，而不是直接进行通信。这种风格

的一大优点是为数据库引入了一层抽象层，通常称为数据库管理系统（DBMS）。现代 DBMS 可以保证在数据库中输入的任何数据均遵守用户定义的约束，程序可以认为这些约束是一直成立的，这导致连接同一数据库的多个程序形成了一个相对耦合的系统。在大多数情况下，以数据库为中心实际上意味着以关系数据库为中心。在本章的后面，我们会更加深入地讨论关系数据库技术和数据库设计。

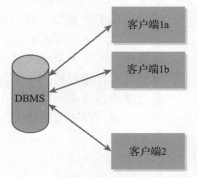

以数据库为中心的风格通常与客户端 – 服务器风格相结合，如图 7.6 所示。在图中，有一个中央数据库服务器，它运行着一个可以通过网络访问的 DBMS。在客户端运行的程序与数据库服务器进行交互。在传统配置中，我们称之为两层级，客户端与数据库直接交互。

- 三层级：该风格是以数据库为中心的风格和客户端 – 服务器风格的一种变体，它在客户端和服务器之间增加了中间层级，实现了大量的业务逻辑。客户端无法直接访问数据库，而必须通过中间层级。这样，业务逻辑在一个地方集中实现，简化了系统。

图 7.6　以数据库为中心的风格。通常，客户端直接与数据库通信

对于许多系统而言，业务逻辑很难用关系 DBMS 支持的种种约束来表示。尽管关系数据库涉及的基本技术已被标准化，但是一些更高级的功能，如存储过程和触发器，仍未被标准化。许多系统所需的大部分业务逻辑均需要这些功能才能实现，但在 DBMS 中实现这些功能意味着我们必须继续使用该特定的 DBMS，或者需要将所有这些触发器和存储过程都移植到新的 DBMS 中。

三层级风格通常用作基于 Web 的应用的模型。客户端机器通过 Web 浏览器访问应用服务器，应用服务器通过与数据库通信实现业务逻辑。这种架构也可以视为 MVC 架构的一个变体，数据库相当于模型，应用服务器实现控制器并生成将由客户端 Web 浏览器显示的视图。

三层级架构可以扩展为具有其他中间层级服务器的 n 层级架构。图 7.7 显示了三层级架构风格。图 7.8 显示了一个特定的四层级架构，即 J2EE 参考架构，这将在本节稍后进行讨论。

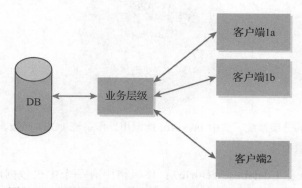

图 7.7　三层级风格，其中客户端不直接与数据库连接

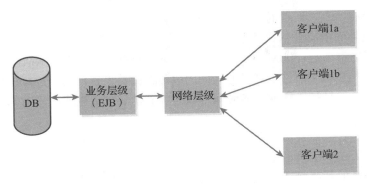

图 7.8　J2EE 参考架构

注意，简单起见，这些图仅显示一个应用。存在多个应用访问同一个数据库的情形，在这种情况下，我们还可以将每个应用视为整个系统的以数据库为中心的架构中的独立组件。

- 面向服务的架构（SOA）：一种架构风格，其中架构被划分为独立的服务，这些服务只能通过网络访问。每个服务通常都封装一个业务活动，并可能依赖于其他服务。服务应该是独立的，并且只通过网络调用而不是通过共享的数据存储与其他服务进行通信。

SOA 的一个常见变体引入了**企业服务总线（ESB）**。所有的通信都通过一个叫作企业服务总线的组件进行而不是让服务直接通过网络相互调用。这允许 ESB 获得每个服务的指标，并在需要时将调用路由到不同版本的服务。

鉴于每个 SOA 服务大概率是独立的，并被其他服务视为一个黑盒子，因此实施这些服务的团队不需要不断沟通，这使得一个组织能够并行地开发服务。

> **面向服务的架构（SOA）** 一种软件架构风格，将功能服务作为具有标准接口和定义明确的通信协议的组件。这使得开发的软件功能服务可以更快地被整合和重用。

> **企业服务总线（ESB）** 一个在面向服务的架构中实现软件组件之间的多向通信系统的工具。由于组件与 ESB 对话，不是直接彼此对话，因此组件可以更加松散地耦合。

- **微服务**：缩小 SOA 中每个服务的规模，就实现了微服务（这种风格可以视为 SOA 的一个变种）。主要区别在于，微服务在范围和团队规模上要小得多。亚马逊公司采用并普及了这种风格，它使用两个比萨饼团队（大约 7～10 个人，你可以用两个大比萨饼养活的人数）作为理想的团队规模。在 SOA 中，一个服务可能是一个网络商店，而在这里，它将被分成许多微服务、一个产品目录、一个用户管理服务、一个支付服务等。

> **微服务** SOA 的一个变体，它将软件应用构建为小型、松散耦合和自包含的功能或服务的集合。

在微服务中，我们谈论的不是企业服务总线，而是服务网格，该组件将调用路由到正确服务。

微服务的小团队和独立性使组织能够减少对通信的需求，每个团队可以独立运作，只在服务相互调用的地方进行少量协调。

架构策略

不同于架构风格和模式，架构策略（architectural tactic）解决较小的问题，不直接影响系统的整体结构。它们旨在解决各种架构风格中非常具体的问题。

例如，假设有一个三层级的分布式系统，我们希望增加其可靠性。具体来说，我们担心某些组件发生故障而没有任何人注意到，直到真地出错了。因此，我们尝试改进故障检测。我们就两种可能的策略进行选择，在这两种情况下，都有一个负责检测故障的组件。

第一种策略是让每个组件以规定的间隔向故障检测器发送消息。故障检测器知道何时应该接收这些消息，并且如果在规定的时间内没有收到消息则会生成故障通知。在分布式系统中，这通常被称为心跳。

第二种策略是让故障检测器向其他组件发送消息并等待响应。如果没有收到响应，它就知道该组件发生了一个错误。这种策略在 Internet 应用程序中被称为 ping/echo。

虽然每个具体的策略只适用于有限的问题，但知晓正确的策略可以为软件架构师节省大量的时间。Bass、Clements 和 Kazman（2012）在其 *Software Architecture in Practice* 一书中提供了一个小型的策略目录。

参考架构

参考架构（reference architecture）即一个完整成熟的架构，它作为一整类系统的模板而存在。Taylor、Medvidovic 和 Dashofy（2009）将参考架构定义为"同时适用于多个相关系统的主要设计决策的集合，它通常有一个应用域，在该应用域中具有明确界定的可变化点"。设计决策包括设计的所有方面，包括结构、功能行为、组件交互、非功能性属性，甚至一些实现决策。

7.2.4 基于网络的 Web 参考架构——REST

Web 分布式系统最近的一个突出的参考架构是表述性状态转移（REST）架构。这种架构风格由 Roy Fielding 在加利福尼亚大学尔湾分校的博士论文中提出。根据 Fielding 的说法，REST 架构是通过将不同的约束识别并应用到基于网络的应用架构风格中来逐步建立的。基于网络的应用架构通过消息传递机制来限制组件之间的通信。下面列出了基于网络架构的主要约束：

- 客户端–服务器设计风格：将用户界面与其余的功能和数据处理部分分离的这一约束提高了应用程序的可移植性和可扩展性。Fielding 强调的一个重要观点是，这种分离允许组件的独立演进。
- 组件之间的通信必须是无状态的：每个客户端对服务器的请求是完全自包含的，包含服务器提供服务所需的所有信息。
- 缓存信息：在响应用户请求时，被标记为可缓存的信息应被客户端重用。缓存具有许多优点，如提高性能和效率。显然并不是所有的信息都是可缓存的，例如，股票在波动型市场中的实时价格可能会频繁变化，缓存这些数据是不明智的。
- 组件之间的统一接口：这一约束简化了架构，但是削弱了其效率和通用性。这些接口被设计用于"大粒度"超媒体数据的传输，并且由四种类型的接口约束来定义：对资源做单独的识别、在资源的表征上附加了足够的信息以便启用资源操作、自描述消息允许对消息进行处理，以及客户端状态转换发生在超媒体的上下文中。与其他的架构风格不同，REST 尤其要求这一重要约束。
- 分层设计风格：每个组件的行为约束只能与其紧邻的层相互作用，从而提高组件独立性并降低复杂度。
- 按需代码：这是唯一可选的约束。它允许客户端下载并执行小程序和脚本代码。这可能会被视为一个扩展特征而非限制性约束，因为它允许下载并执行代码。

将这些约束作为一个整体应用时，为分布式超媒体应用设计提供了一个参考架构。REST 的主要架构元素包括以下内容：

- 数据，又可分为两个部分：
  - 资源（信息的抽象）
  - 资源表征（捕获或描述资源的状态）
- 组件，是具有特定角色的信息服务提供者，如 Web 浏览器。
- 连接件，用于进行无状态通信或组件间交互。

遵循这种架构风格的系统通常称为 RESTful 系统，如图 7.9 所示。想要更多的信息可阅读 Fielding 的论文（2000）。

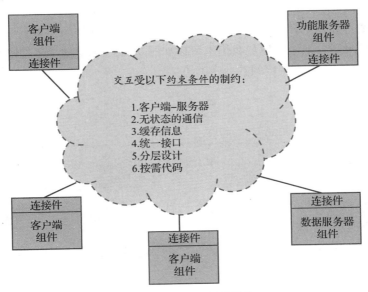

图 7.9　RESTful 架构风格

7.3　详细设计

系统的架构设计以及需求，需要经过提炼才能产生详细设计。开发所使用的过程决定了设计分解的详细程度及其文档的形式化程度。如果设计以最细微的程度进行，那么实现工作就几乎只是将该设计与实现语言进行一对一的映射。但通常情况下设计并没有被指定到最精细的程度，这使得我们需要在实现阶段进行一定的详细设计工作。

7.3.1　功能分解

功能分解主要用于结构化编程，但其中一些思想可以与其他编程范式一起使用。其基本思想在于将功能或模块分解成更小的模块，这些模块之后将会组合在一起形成更大的模块。传统上，模块是被主模块调用的其他系统或过程。

当使用 OO 编程语言时，这种技术可用于将系统初步分解为各功能模块，或者用于分解特别难以实现的方法。虽然如今 OO 系统和语言最为受人关注，但仍然有许多系统是面向过程开发的。事实上，许多小型的基于 Web 的应用都可以用这种方式进行建模，将系统分解成功能模块，每个模块对应一个或几个相关的网页。

　　我们将以一个例子来说明该技术。假设你正在设计一个管理课程注册和报名的系统，按照规定需要完成的四个任务：（1）从数据库中修改和删除学生信息；（2）从数据库中修改和删除课程信息；（3）为给定课程添加、修改和删除章节；（4）往（从）一个章节注册（删除）学生。

　　对这个系统进行功能分解，你需要将主模块分解成四个子模块，用于处理学生、课程、章节和注册。前三个模块将被进一步分解为用于添加、修改和删除的模块，第四个模块将被分解成两个模块。

　　通常的流程是制作模块分解图，其中模块由矩形表示，并且存在某种形式的标准化编号系统，它根据模块的级别将数字分配给每个模块。该编号方案的重要特点是为每个模块都分配一个唯一的编号，使人能够很容易看到模块的级别以及它的父级是谁。

　　模块分解图可如图 7.10 所示，它描绘了基于系统外在功能的简单划分。注意，通常有多种不同的方法来划分系统，比如我们也可以如图 7.11 所示对同一系统进行划分，图中将所有数据库操作抽象为一个特定的数据库模块。

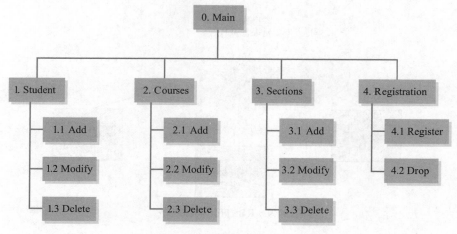

图 7.10　学生注册系统的模块分解图

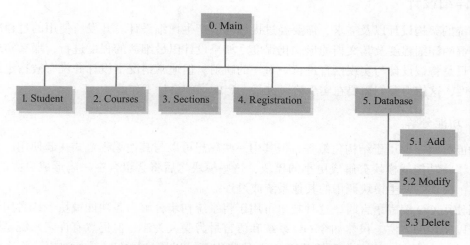

图 7.11　将数据库操作抽象为系统模块的另一种模块分解方式

在图 7.10 中，Add、Modify 和 Delete 函数都与三个实体 Student、Courses 和 Sections 有着关联。在图 7.11 中，侧重于三个函数的潜在重用。Add、Modify 和 Delete 函数被归在数据库公共服务下，以便潜在重用和多用途使用。在设计上，我们不仅要关心实际的结构，还要从可选方案中择优选择。注意，在图 7.10 中，各个实体和它们的函数作用单一，并且各自具有较高的内聚性。而在图 7.11 中，数据库通用服务有多个用途，并提供了一些重用。重用通用服务必然将在各实体间引入一定量的耦合。哪个设计是更好的选择是一个复杂的问题。我们将在第 8 章中展开讨论如何评估"好"的设计这一问题，并更好地界定内聚和耦合的概念。

7.3.2　关系数据库

所有大小合理的应用都必须处理大量的信息。下面我们假设存在一个便利的数据库，它可以纳入任何信息存储与检索系统的设计中。我们将在讨论设计软件系统的过程中引入一个数据库，但不会对数据库技术进行深入的分析。

大多数数据库和业务应用都使用关系数据库技术。关系数据库最早在 20 世纪 60 年代末由 IBM 的 E. F. Codd 提出，它来源于数学概念中的集合和关系，使用和理解都相对简单。此外，关系数据库实现起来也相对简单并且有效，这使它们得到了普及。更多有关关系数据库的信息，可以参阅 7.8 节。

在关系数据库中，信息存储在表中，我们也称之为关系。它们是二维数据集，分为行（也称为元组）和列（也称为属性）。在最简单的情况下，每一行对应于现实世界中的一个对象或实体，每一列对应于这些实体的属性。关系数据库理论要求将一组属性识别为表的主键，但在大多数的数据库实现中并没有此要求。数据库设计仅专注于如何表示程序所需的数据以及如何有效地将其存储在关系数据库中，它可以被分为以下 4 个阶段（我们会在之后做进一步的解释）：

- 数据建模：创建数据的实体关系（ER）模型。
- 逻辑数据库设计：将一个详细的 ER 模型作为输入，生成一个规范化的关系模式。
- 物理数据库设计：在该阶段的主要决策包括要为每个属性使用什么数据类型以及要创建哪些索引。其输出为一组详细的 SQL 语句，用于实现逻辑模式。
- 部署和维护：该阶段解决 DBMS 软件的最终细节。

数据建模阶段

该阶段需要建立一个详细和完整的 ER 模型，ER 模型的文档包括 ER 图以及图中未反映信息的注释。最佳实践建议建立一个包含与每个属性相关的所有信息的数据字典。

有时需求文档可能已经包含一张 ER 图，我们需要对其进行细化，或者如果不包含，那么我们需要从头创建一张 ER 图。ER 图包含三种主要类型的对象：实体（由矩形表示）、属性（由椭圆表示）和关系（由菱形表示）。实体代表现实世界中（或者更准确地说，现实世界的心智模型中）的对象或事物。它们拥有属性，并通过关系与其他实体相联系，关系也可能拥有属性。在 ER 图中，我们通常表示实体和关系类型，而不是实体或关系的特定实例。

实体类型代表我们正在建模的事物的种类。实体拥有属性，并且我们将一个或多个属性标记为标识符，用来区分相同类型的实体。弱实体不具有标识符，它依赖于另一个实体的标识。

属性分为简单属性和复合属性，或单值属性和多值属性。简单属性是指那些不需要进一步细分的属性（即 DBMS 支持的原子属性），而复合属性由多个部分组成。例如，如果我们用一个字符串来代表一个人的全名，我们认为它是一个简单属性。如果我们将其分为名字、中间名和姓氏（美国通常这样做），那么这就是一个复合属性。在这种情况下，每个部分（名字、中间名和姓氏）都由字符串表示，但在其他情况下，它们也可以由几个部分组成。

大多数属性最多只有一个值。例如，一个人只有一个全名（你可以把它分成几部分），一个出生日期等。但是，对于某些其他属性，同一个实体可以同时具有多个值。最好的例子是电子邮件地址和电话号码，同一个人可以有很多电子邮件地址或电话号码。我们将这些属性称为多值属性，并用双椭圆表示它们。

重要的是，不要混淆多值属性与复合属性。复合属性有不同的部分，而多值属性对于一个实体有一组值。同样重要的是，请记住，数据库通常在一段时间保存值的快照，而不是完整的历史信息。本质上，能修改全名并不意味着它是一个多值属性，因为在任何给定的时间，一个人都只有一个正式的全名。

关系指定的是两个或多个实体之间的关联，它按基数（参与关系的实体的数量）和形态进行分类。我们曾在第 6 章中详细地介绍了这些概念。

图 7.12 显示了课程注册数据库某一部分的 ER 图，表示了课程、章节和学生。一个章节是一个弱实体，因为它需要唯一指定的课程号（课程号是课程的属性，而不是章节的）。学生参加章节，并在该学期结束时，获得该章节的成绩。请注意，成绩是关系的属性，而不是任何实体的属性，表示为学生在某一章节获得的分数。

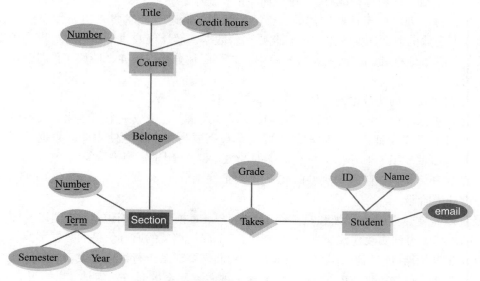

图 7.12　课程注册数据库中课程、章节和学生的实体关系图

逻辑数据库设计阶段

逻辑数据库设计阶段将详细的 ER 图转换成一组表以及外键关系。我们可以将流程形式化为如下：

- 转换实体：为实体创建一个表，包含其所有简单属性和单值属性。对于复合属性，仅使用简单部分，并使用适当的命名规范。弱实体的主键由标识关系的主键和其自身的分辨符组成。例如，课程和章节实体的转换如图 7.13 所示。

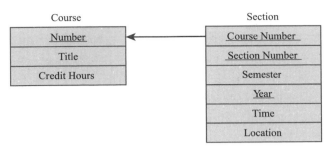

图 7.13　课程和章节的关系模式图

- 创建新表：为每个独立的多值属性创建一个新表，表中包含实体主键和多值属性。如果属性是复合的，那么仅使用简单部分。该关系的主键由其所有属性组成。例如，学生实体具有一个多值属性——电子邮件。因为同一个学生可以有多个电子邮件，所以我们需要为学生创建一张表，为这些电子邮件创建另一张表。其关系模式类似于图 7.14。

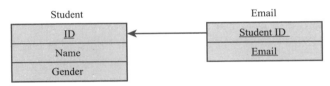

图 7.14　学生和电子邮件的关系模式图

- 转换关系：请注意，一开始我们已经对弱实体的标识关系进行了转换。这里要完成的转换取决于关系的种类：
  - 一对多或多对一关系：这种情况下不需要创建一个新表，除非关系具有属性。只须在"多"方的实体对应的表中添加一个外键引用，即该实体只与一个实体相关联。请注意，这就是我们在图 7.13 中对章节进行的转换，尽管这是一个弱实体。
  - 一对一关系：它与一对多关系具有同样的操作过程，不过现在可以进行选择，即可以把外键引用在任意一方。作为经验法则，应当选择参与关系中能够始终使 null 数量最小的实体或是期望的实例数量最少的实体。
  - 多对多关系：创建一张新的表，表中有引用参与实体的外键，以及关系的所有属性。主键是参与实体的主键中属性的并集。例如，图 7.15 中我们将 Takes 关系映射到一张新的表，图中显示了该映射关系，以及它引用的两个表——Section 和 Student。

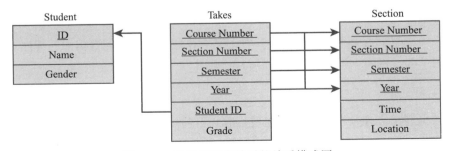

图 7.15　表示多对多关系的关系模式图

- 注意，在图 7.15 中，从 Takes 到 Section 的箭头连了起来，表示外键关系针对的是四个属性而不是单独的每个属性。此外，很多人往往在 Section 表中添加一个新的标识符，以避免使用复合外键引用，在这种情况下，ER 图需要进行更新。

- 三元关系：与多对多关系一样，我们需要创建一张新表，它除了关系可能拥有的所有属性之外，还包含对参与实体的外键引用。

执行该过程，并假设 ER 图是规范化的，那么将总是能够实现规范化。规范化指表中每一行只代表一个简单的事实而不是几个，或者每个表包含仅与一个实体或关系有关的信息。规范化有助于确保信息仅存储一次，从而最大程度减少冗余。关于数据库的规范化有一个数学理论，考虑到篇幅，我们无法在本文中讨论。想要获取有关本主题的更多报告，请参阅7.8 节或查阅你最喜爱的数据库教科书。

物理数据库设计阶段

在该阶段，我们需要做出以下决策：

- 分配给每个属性什么数据类型：根据 DBMS 支持的数据类型，确保可以表示所有可能的数据值，并注意性能。大多数关系型 DBMS 支持固定和变长的字符、固定精度的数字和日期，可能还有其他的例如 IEEE 浮点数和以二进制形式存储的整数。一个常见的问题是如何为某些属性编码，例如可以以许多不同的方式存储学生的性别，它可以是字符串（"male"或"female"）、布尔值或整数。常见的技术是创建诸如"M"或"F"的较小编码，以及将该编码转换为所需标签（例如，male/female）的新表。此外还可能会出现诸如加密或压缩某些属性的其他问题。

- 创建哪些索引：索引消耗空间，但能大大提高搜索性能。默认情况下，对每个表的主键都进行索引以便检查约束，并假定大多数的连接将使用主键。如果你知道实体能通过特定字段搜索，那么可能想要创建其他的索引。

- 逆规范化：有时，出于性能原因，会将表逆规范化，也就是信息将被添加到其他表中，或者可以从其他表中获得，引入了冗余。这应该是最后的手段，因为它可能会混淆开发人员。

在非常罕见的情况下，需要合并两个表中的信息。如果表有一对一的关系，这可能是有道理的。我们建议检查 ER 图，如果实体在概念上不同，则将它们放在不同的表中。

部署和维护阶段

在部署阶段，要做出最后的决策，例如指定数据库所驻留硬件的特性，决定哪些表运行在哪些文件或硬盘驱动器上等。

随着系统的使用，一些决策以及处理物理设计的问题，如索引创建，可能会被修改，以提高性能、减少空间，或者反映硬件或系统的使用变化。使用情况资料可能会更改，或者某些性能瓶颈可能变得明显。在许多情况下，可以通过更改某些属性的数据类型，或者更常见地，通过添加或删除索引来提高性能，并且不影响以任何方式访问数据库的程序。当然，如果更改影响了部分程序，则必须对程序进行维护。

7.3.3 大数据设计

关系数据库是大多数系统的默认选项，但并不适用于所有问题。虽然大多数想法不是新的，但在过去几年中，几种替代技术已经变得较为流行。这些替代技术被称为 NoSQL，这表示完全避免 SQL，或者是 Not Only SQL（不

> **NoSQL** 不遵循关系模型，并允许通过除 SQL 之外的其他方式访问的数据库。

仅仅是 SQL）的首字母缩写。

　　许多系统是围绕一个简单的键值对的存储进行组织的，对于给定键，它只存储一个值。键很简单（可以将它们视为字符串），而值通常被数据库视为一系列字节。早期的例子是 DBM 和 Berkeley DB（现在称为 Oracle Berkeley DB），目前最受欢迎的 NoSQL 实现是 Redis，它提供了一个可用网络访问的键值对存储，并允许存储不同类型的值，如数组或集合。

　　显然，可以做的扩展是使值不是一个字符串，而是一个记录，具有不同的命名字段。这类似于存储一个 JavaScript 对象（只有数据字段，没有方法）。一旦有了这个，很容易添加一些查询这些字段的方式（尽管它们比只按键搜索慢得多）。这种数据库主要流行于云端。这些数据库现已扩展得能够支持复杂对象。例如 Apache 的 Cassandra、Amazon 的 DynamoDB 和 Azure 的 Table Storage。

　　键值对存储的一个优势是允许**分片**，这使得它们具有**水平可扩展性**。我们可以对键进行哈希运算，并根据该哈希结果，将键和值存储在不同的服务器上。当我们想读取时，应用相同的哈希结果，只查询相应的服务器。这允许我们在需要更大容量时，通过添加更多服务器并适当地调整哈希值来进行水平扩展。

> **键值对存储**　为每个键存储一个值，并且只允许通过密码来查询的数据库。
> **分片**　将键值对中的不同键或数据库中的不同行存储在不同的计算机中。
> **水平可扩展性**　通过增加更多计算机而不是令一台计算机更快来扩展系统的能力。

　　在复杂性方面，接下来是要能够存储复杂对象（有时这些被称为文档数据库，因为早期的样例中存储了 XML 文档）。关系数据库需要在几个表上存储相同的信息，并且连接所有这些表来将对象读入内存，而**复杂对象数据库**能够存储整个对象并将此作为一个操作进行读取。但是，我们失去了仅访问对象某个部分的能力，数据库将需要读取整个对象。最流行的对象数据库是 MongoDB，它支持复杂对象，并使用 JavaScript 来查询和操作这些对象。一些键值对数据库，如 Cassandra，正在扩展它们可以存储的对象的种类，变得更加复杂。

> **复杂对象数据库**　直接存储复杂对象的数据库。复杂对象包含了其他对象，或值和其他对象的数组。

　　随着数据量的迅速扩大，我们建立了一类系统，用于直接以文本文件的形式处理大量数据。这些"大数据"系统中最受欢迎的是 Apache 的 Hadoop。Hadoop 可以处理那些曾经需要专门系统处理的数据量，但它不是最易于获得结果的。已有许多系统建立在 Hadoop 之上，以允许类似数据库的访问，如 Impala、HBase 和 Hive。

　　虽然许多这样的系统是为了弥补关系数据库和 SQL 的缺陷而建立的，但大多数系统现在也能支持某些版本的 SQL 或其他类似 SQL 的语言，因此 NoSQL 也是 SQL，但具有更好的可扩展性并可以选择是否存储复杂对象。

　　在设计新系统时，你需要考虑清楚系统规模是否要超出一台机器。如果你可以将所有数据保存在一个关系数据库中，同时具备合理的性能（比如在 2015 年，你的数据库不超过 1 亿行），那么关系数据库可能仍然是最佳选择。如果你的需求超过这个范围，那么你应该考虑一个分布式数据库，如 Cassandra。

　　如果你的应用需要存储复杂对象，而不需要通过所有的字段和子字段进行搜索，那么 MongoDB 这样的复杂对象数据库可能是合适的。对于某些应用，如缓存或会话存储，Redis

可能是合适的选择。

为了不同的目的，许多系统将采用各种类型的数据库。你的主要事务数据库可能驻留在关系数据库中，你还可以保留另一个副本用于正常的报告和分析。你的网络系统可能会将会话存储或购物车信息保留在 Redis 等中，日志可能会存储在 Hadoop 中。随着数据量的增加和数据分析变得越来越复杂，我们需要考虑这些技术在整个系统中的适用之处。

7.3.4 面向对象设计和 UML

许多现代软件系统都是使用 OO 技术开发的，它们的需求通常主要通过用例来表示。同时，初步的类图可能在需求分析步骤中就已经产生了。

OO 项目的大多数文档以 UML 图的形式呈现。UML 是一种图形化设计的表示法，由对象管理组织（OMG）标准化，具有广泛的行业和学术支持。我们将在本节中使用 UML，但是不会详细介绍 UML。有关 UML 的其他信息，请参阅 7.8 节。

在设计步骤中，你需要确定要创建的类，并使用类图记录每个类。你也可能需要优化用例，并生成其他图表来记录各对象的行为。

用例和用例图

用例图在需求阶段生成，它描述了系统的主要用例，正如我们在第 6 章中对用例介绍的那样。每一个用例都在某种程度上被记录在案。

图 7.16 显示了课程注册系统的用例图。它描绘了两个参与者：Student（学生）和 Registrar（教务主任）。 Student 参与两个用例：Register for section（注册章节）和 Choose section（选择章节）。Registrar 参与四个用例：Register for section、Add course（添加课程）、Add section（添加章节）和 Add student（添加学生）。

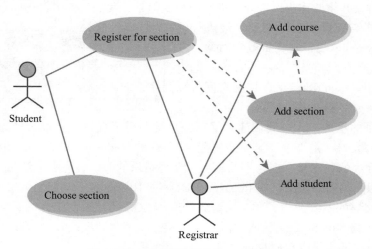

图 7.16　课程注册系统的一个用例图

我们需要对每个用例进行进一步的记录。在需求阶段，我们粗略地开发基本用例；在设计阶段，需要将其细化为系统用例。基本用例提供的细节较少，不提供有关系统的任何细节，主要描述参与者应该做什么以及它想要实现什么。系统用例提炼了基本用例，增加了系统实现这些目标的详细信息。 详细信息可以作为用例图的一部分放在一个单独的框中，框中的内容可能包括接下来介绍的内容。

类设计和类图

设计类以及 UML 类图来展现设计是详细设计中最重要的问题之一。在本节中，我们将介绍类设计的基本概念以及如何使用 UML 来记录它们。以下是几个与面向对象相关的基本概念：

- 对象表示现实世界中的实体，这类似于实体实例的概念。
- 对象被组织成类，它的作用类似于对实体进行"归类"。类用于对具有相似结构的对象进行分组，也可用作创建新对象的模板。因此，类是对一组相似对象的抽象。类是大多数面向对象语言的中心概念。在我们的课程注册示例中，Student 可能是一个类，Joe Smith 则是该类的特定学生实例。
- 与 ER 模型类似，对象与属性（我们也称之为特性）相关联。每个学生对象，如 Joe Smith，都有一组与他或她相关联的特定属性值或数据值。例如，地址、性别或年龄的值都与每个特定对象相关联。
- 与 ER 模型相比，对象包含的不仅是数据。它们也与方法，即可执行代码的模块相关联。Student 这个类可以包括诸如设定出生日期的功能或方法，该功能或方法能够初始化学生的出生日期数据这一属性。

类设计中的一个重要概念是封装。对象包括了数据和方法，表达数据和方法是否可以公开访问是面向对象的一个重要特征。在 UML 中，可公开获取的方法和属性有时标有加号，私有方法只能本类使用，其他类无法使用，并用减号来表示。

在 UML 中，类由矩形表示，它分为三个区域：类的名称、属性、方法。实现类时，通常不要将属性设置为公开的，而要创建访问方法（getX、setX）。通常我们不将这些方法显示在图上，而是约定好会创建哪些方法。

图 7.17 中的 UML 图表示一个具有两个属性和两个方法的 Student 类。

另一个重要的因素是两个对象之间的关联，这类似于 ER 关系的概念，但有两个重要的区别。关联总是二元的，它们不能拥有自己的属性。在 UML 中，关联用类之间的线来表示，并且既可以从两个类都能访问到关联，也可以只能从一个类访问到关联，我们把这个属性称为可导航性。如果关联是双向可导航的，我们称它是双向的。如果不是，我们称它为单向的。

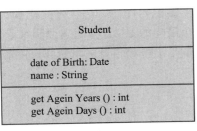

图 7.17　Student 类的 UML 类图

图 7.18 是一个简化的类图，它显示了通过 IsEnrolled 关联的学校与学生，该关联是双向的。我们还显示了允许的基数。一个学生只能在一所学校注册（enroll），例如小学便是这样的情况。而学校可以有零个或更多的学生。

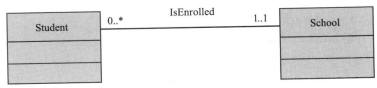

图 7.18　关联关系的 UML 表示

一种特殊的关联是聚合，它与 part-of 关联相对应。请注意，这可能是存在于真实世界中的（例如，引擎是汽车的一部分），也可能只是在计算机中有意义（一个地址是客户的一部分）。一个特别强大的聚合版本是组合，它与 made-of 关联相对应。在组合版本中，从属对象不能参与任何其他关联，它的职责只能由包含它的类负责。基本上，被包含的类就像包含它的类的属性一样。注意学生是如何成为许多课堂、俱乐部等的 part-of（聚合）的。学生、课堂和俱乐部都可以不依赖对方而单独存在。一个人由各种器官（其中也包含了许多其他东西）made-of（组合）而成，没有这些组成部分的人是不会继续存在的。在 UML 中，聚合表示为（空心）菱形的关联，组合则是实心的菱形。

假设我们正在为客户建模，并且我们希望将其地址表示为复杂对象，而不仅是一个字符串。我们可以将地址视为学生对象的一部分。我们不会共享地址对象（换言之，即使两个真实世界的学生生活在同一个地方，在我们的程序中，他们的相应对象也将被分配具有相同属性的不同地址对象而不是相同的地址对象），因此可以将其表示为组合，如图 7.19 所示。

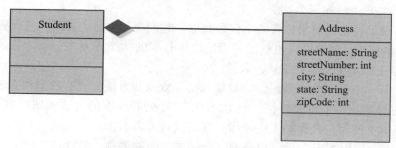

图 7.19　组合关系的 UML 表示

OO 设计的另一个中心概念是类继承。当类继承另一个类时，会自动获取其所有属性和方法。如果类 A 继承类 B，我们将类 A 称为子类，类 B 称为父类。虽然子类可以覆盖从超类继承的任何方法，并改变其行为，但继承的意图主要是添加其他方法。图 7.20 显示了一个简化的 UML 类图来说明继承，其中 Person 类有两个子类：Student 和 Employee。继承关系是子类和超类之间的 is-a 关系。因此，我们希望在继承时保留尽可能多超类的部分。

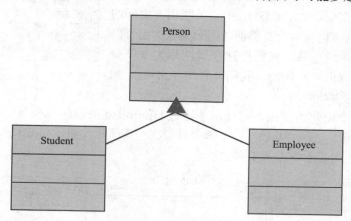

图 7.20　继承关系的 UML 表示

在准备设计时，请注意，在这个例子中，我们可以通过泛化或特化来发现继承关系。在泛化中，我们发现了 Student 和 Employee 类，之后意识到它们有一些相同的特质，并决定创建一个普通的类 Person。在特化时，我们首先发现 Person 类，后来意识到它有两种特殊的子类，即 Student 和 Employee。图中只显示了继承关系，并未显示我们如何发现这种关系。泛化是与抽象密切相关的设计技术，在泛化时我们简化设计，只保留要点并延迟对细节的讨论。

只有需要合并额外的行为或属性时，才应该创建子类。例如，虽然我们可能会为 Student 创建四个额外的子类，即 Freshman、Sophomore、Junior 和 Senior，但这可能是不必要的，因为我们只须添加一个新的属性就可以区分它们，并且两个做法在我们建立的行为或数据模型中并没有差异。

状态建模

在许多情况下，对象可能处于不同的状态，对这些状态进行建模以及展现它们如何进行变化很重要。这些信息一般由**状态转换图**表示。例如，在我们的学生领域，从学生被录取进入大学开始考虑。在注册到第一个班级后，他们成为活跃的学生。如果没有注册满一定数量的学期，他们将变成不活跃的学生。学生可能被开除或毕业成为毕业生。图 7.21 显示了表示这种情况的状态转换图。

> **状态转换图**　展示对象的状态和允许的状态转换信息的图。

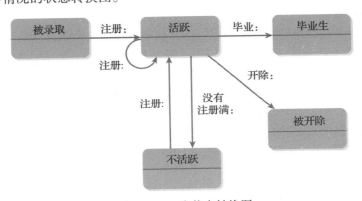

图 7.21　一张状态转换图

前面提到的事件驱动系统可以容易地用状态转换图进行建模。当外部事件发生时，系统对事件和状态变化做出反应。尽管状态转换图是 UML 的一部分，但多年来，它一直被早期的计算机科学家、自动机理论家和软件工程师用来为系统状态建模。

类间交互

对于类及其关系的设计只提供了静态结构。我们还需要设计类与类为共同完成某些任务而进行的交互。在 UML 中，这些交互通常通过 **UML 序列图**或通信图来呈现。通信图在 UML 1 中被称为协作图，并且目前仍有许多作者这么称呼。图 7.22 中的箭头说明了从顶部开始并从左到右流动的消息流，返回的消息则用虚线表示。

> **UML 序列图**　展示从一个对象到另一个对象的消息流和处理这些消息的序列的图。

7.3.5　用户界面设计

用户界面（UI）是用户最容易看到的软件部分，也是必须弄清楚的最重要部分之一。在许多情况下，如第 6 章所述，我们需要将用户界面的原型作为需求分析的一部分进行开发，该原型可用作验收测试。客户或用户将确认原型为正确的系统，或是指出其中的缺陷。对此活动还能够及早进行测试。然而 UI 设计的一个大问题是它与编程非常不同，对于许多软件工程师来说是非常困难的。UI 设计是基于心理学、认知科学、美学和艺术的，而大多数软件工程师在这些领域都没有受过良好的培训。此外，大多数软件工程师并不是软件的典型用户。许多软件工程师往往对计算机系统非常熟悉，并倾向于支持某些特定类型的思想，而这些想法并没有向广大用户普及。正如普遍的刻板印象所假设的，许多软件工程师是以不同的方式使用计算机的"极客"而不是"普通"人。这使得为普通人群设计好的用户界面成为一项艰巨的任务。

在大多数情况下，最好将 UI 设计留给具有更适合于此任务的培训和技能的专家。但是，软件工程师对这些问题有一个基本的了解仍然很重要。在许多情况下，不可能让一个人单独做 UI 设计，而会由软件开发人员或系统分析人员来完成。UI 设计有两个主要议题：

- 程序的交互流。
- 界面的观感。

观感并没有交互流重要，我们可以很容易地设计不好的用户界面，并使它们看起来很漂亮。交互设计用于处理程序的交互流。

界面中的交互流

系统的用户有要在系统中实现的特定目标，这些目标与为系统设计的用例和序列图直接相关。图 7.16 显示了课程注册系统的用例图。考虑参与者 Student 需要选择并注册课程章节，这些是参与者 Student 使用系统时的目标。图 7.22 显示了注册系统详细设计的 UML 序列图。我们可以看到实现 register（aStudent: Student）的解决方案的内部设计。第 6 章介绍了需要处理运输物品清单的运输员，并在图 6.4 中使用 UML 中的用例符号创建运输标签。

> **低保真原型** 目标产品的简单模拟草图。
>
> **高保真原型** 类似于并在行为上接近于最终产品的详细模拟草图。

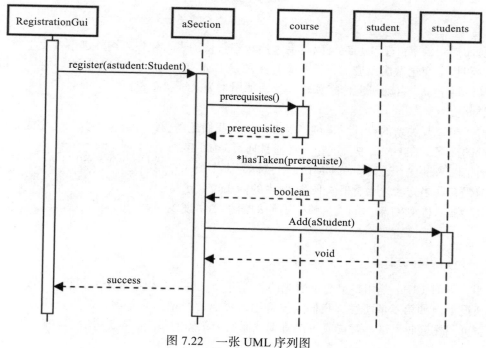

图 7.22 一张 UML 序列图

可能的注册屏幕是以**低保真**（手绘）或**高保真**（通过 Visual Basic 等各种屏幕设计软件完成）方式进行原型设计的。图 7.23 显示了课程注册系统的低保真原型示例，该界面的观感通过这些手绘屏幕来获得。

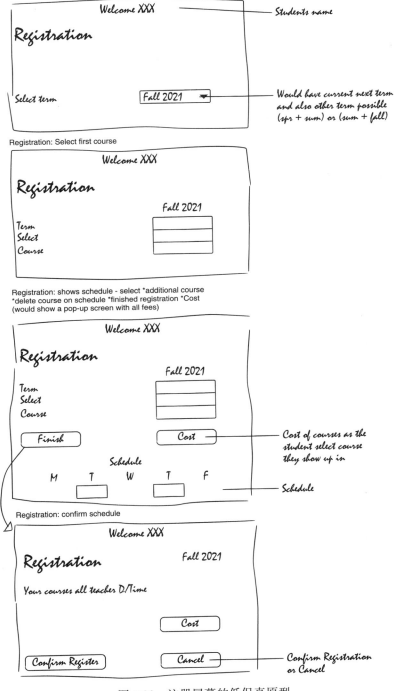

图 7.23　注册屏幕的低保真原型

低保真原型活动建议建立以下四个屏幕：

1. 注册：初始—选择学期。

2. 注册：学期—选择第一节课程。

3. 注册：想要的日程表—选择额外的课程 / 删除日程表中的课程 / 结束注册 / 费用（显示所有费用的弹出式屏幕）。

4. 注册：确认日程表。

图 7.24～图 7.26 则是用 Visual Basic 开发的高保真原型，并且界面的观感将会持续提升。

图 7.24　注册的高保真原型：初始屏幕

图 7.25　注册的高保真原型：学期—选择第一门课程

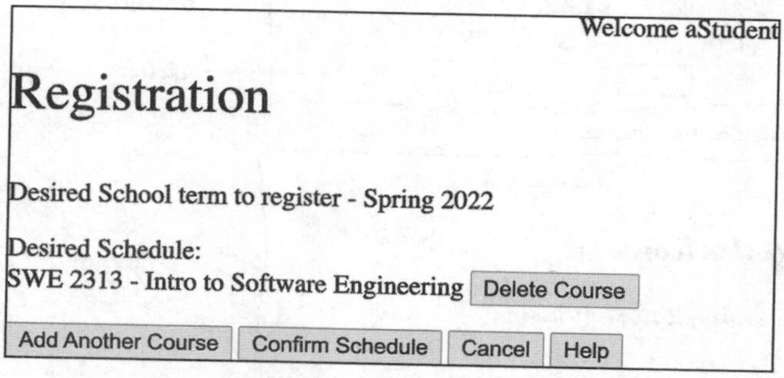

图 7.26　注册的高保真原型：期望的日程表

开发可能的注册屏幕需要结合考虑系统的每个用例。界面中的交互流需要展示给客户或用户以获批准。图 7.27 显示了学生用户选择其初始课程的可能屏幕的导航，然后学生继续选择添加更多课程，确认日程表等。注意图 7.27 中的三部分：左侧的用户（Student），中心的屏幕输出和用户输入，以及右侧的内部系统过程（此用例的顺序图）。

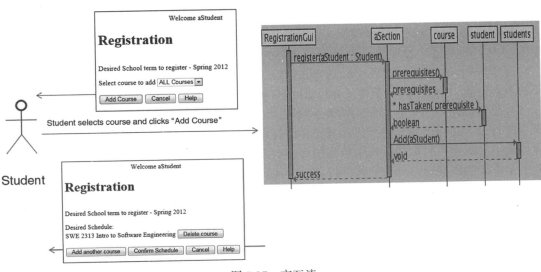

图 7.27　交互流

　　我们需要考虑并添加所有可能的交互流，其中包括用户输入、屏幕输出和过程，如图 7.28 所示。在开发 UI 设计时，我们需要将所有可能的用户期望纳入考虑，包括说明、指导、反馈、确认和帮助。

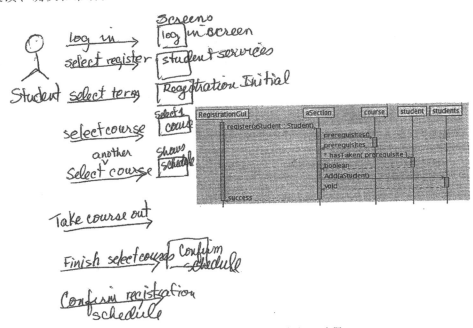

图 7.28　用户输入，屏幕输出，过程

认知模型

　　人类的思考有特定的阶段。Norman（1988 年）研究了日常行为的心理学，并开发了含七个不同阶段的模型。用户（1）形成目标；（2）形成意图；（3）指定操作；（4）执行操作。在用户执行操作之后，系统的反馈对他们理解系统至关重要。用户将（5）感知系统状态（反馈）；（6）理解反馈；（7）进行评估。如果在最后阶段用户将模型评估为"符合直觉的"，他们将继续下一个周期来向目标迈进。

目标、操作、方法和选择规则（GOMS）模型是用户交互的经典模型。它包含为特定类型的用户识别目标、程序提供的基本操作、方法（用户可以用来实现其目标的操作序列），以及选择规则（指定了在有几个可选方法时应采用哪一个来实现特定目标）。有关 GOMS 模型的更多信息，请参阅 7.8 节中 Card、Moran 和 Newell（1993 年）的相关工作。

在设计以用户为中心的面向任务系统时，你需要了解用户的目标，研究他们为达成目标所做的行为，并提供适当的操作和方法，确保选择规则清晰。这些目标应该大致映射到用例或场景中。对用户目标中的每个行为的反馈对于系统的成功使用至关重要。例如某一个系统有一个不会提供任何可见性变化的按钮，当用户按下这个按钮时，会在用户与按钮的交互中产生犹豫。用户期望系统对"按下"这一动作有可见的变化反馈。

在界面中，每个按钮和菜单选项都是一个操作，方法大致对应于粗粒度的 UI 元素，如对话框或向导。设计人员需要提供所有必需的操作和方法，因为创建新的操作和方法更加困难，并且即使有宏和类似的工具，普通用户也无法以有意义的方式将它们组合起来。

其他主题

- 不同种类的用户：通常，吸引一种用户的界面往往不适用于其他用户。在界面中提供替代方案是一个很好的做法，例如大多数 GUI 程序也提供了键盘快捷键。很多时候，使接口更容易学习或者为临时用户使用的功能将会阻碍专家用户的使用。

- 优秀 UI 设计的启发式方法：UI 设计有很多好的启发式方法。主要的启发式方法是在你的程序和你的平台以及类似程序中保持一致性。其他的启发式方法包括将用户置于控制中，减少用户的记忆负载，并使系统状态可见。

- 复杂度指南：人类用户的输入能力遵循米勒定律（7±2 法则）。本指南针对展现给用户的复杂度。我们应该努力限制或"卡紧"每个级别的选项数量，否则界面可能会被视为"太复杂"。成块或将项目组合在一起的策略可帮助用户更好地处理，理解和记忆。

- UI 指南：几乎所有的 GUI 平台，如苹果的操作系统、微软的 Windows、GNOME 和 KDE，都提供了 UI 指南。这些都比启发式方法要详细得多，并提供了关于要使用哪些控件、必须存在哪些菜单项以及许多其他详细问题的信息。遵循该平台的 UI 指南将使所有程序彼此之间更加一致。

- 多元文化问题：创建一个可用于许多不同国家和文化人群的程序是一个非常大的挑战。我们将为使用不同语言或来自不同国家的用户创建特定程序版本的行为称为本地化。颜色和图标对于不同的文化有不同的含义，将邮件从一种语言翻译到另一种语言也是一项艰巨的任务。在许多情况下，我们不仅需要针对每种语言创建本地化版本，还需要为使用该语言的每个国家创建一个本地化版本，因为不同国家使用的单词和表达方式会不同。有许多程序库可用于处理一些国际化问题。随着世界全球化的不断发展，国际化和本地化问题将变得更加相关。设计一个可由来自许多文化和国家的人使用的程序将会打开许多市场，并且为一些系统所需要。

- 隐喻：许多用户界面基于对已知对象的表示。大多数文件管理和操作系统的 GUI 都是基于桌面进行隐喻的，大多数文字处理程序试图利用纸质文件进行隐喻。适当的隐喻可以促进程序学习和现实世界中技能的迁移。然而，在某些情况下，现实世界中的系统与隐喻不同，用户需要了解这些差异。

- 多平台软件：软件工程师使用不同的软件平台。大多数用户非常依赖于他们的平台，不会只为了运行其他程序而改变。在很多情况下，新开发的软件需要在几个不同的平台上运行，并且必须与每个平台完美集成。多平台软件的主要问题是一致性，我们必须决定软件是否必须在所有平台上保持一致，或者说，它是否必须与每个平台完全集成，并遵循特定平台的指南。
- 辅助功能：为了使尽可能多的人使用，软件应尽可能地提供便利。有些人看不到或无法区分某些颜色，有些人则无法操作普通的键盘或鼠标。
- 多媒体界面：图形和文字不是提供信息的唯一方式。目前我们可以使用声音，在某些情况下可以使用触觉反馈来传达信息。甚至还有一种产生气味的装置（可供交互使用）。如何利用这些输出设备来形成更好的用户界面将是今后的一个挑战。

7.3.6 一些进一步的设计问题

大多数商业应用程序有三个主要组件：用户界面、应用程序逻辑和数据。在 Web 应用程序中，用户界面通过浏览器显示，数据通常存储在关系数据库中，应用程序逻辑以编程或脚本语言编写，这是 MVC 的架构风格。之前我们提到设计决策甚至可能包括实现方面的问题。当选择 OO 设计时，GUI 中的实体必须映射到 OO 编程语言中定义的对象。类似地，OO 编程语言中的对象需要映射到关系数据库表。用户界面、编程对象和关系数据库表中的构造还是存在不同的，并不一定匹配。

这里我们简要讨论一个称为对象关系阻抗失配的映射问题。当按 OO 编程风格设计关系数据库系统时，会出现一些问题。当把类映射到关系数据库表并且把类属性映射到表列时我们将遇到困难。

一个问题是，对象有一个标识，而关系数据库中的行只被看作数值。这问题很重要，并且有时很难解决。然而，我们可以通过向关系数据库中的每一行添加一个特定字段——对象 id 来解决这一问题。我们仍然需要跟踪内存中是否存在多个相同数据库对象的副本。

另一个问题是对数据类型支持的不同。关系模型禁止副引用或指针类型，但 OO 语言支持副引用类型。字符串数据类型和归类的支持方式在关系数据库系统和 OO 编程语言之间也有所不同。

其他问题源于这样一个事实：关系数据库处理的是行的集合，而对象在复杂结构中互相引用。将数据库中的对象载入内存时，我们还不清楚是否需要将其他相关对象也存入内存。在极端情况下，在概念上可能需要将整个数据库载入内存。

虽然有人可能认为这些是实现问题，但确实需要在详细设计时考虑它们。有关数据库应用和阻抗失配的进一步讨论，请参见 7.8 节中 Heinckiens（1998 年）的相关部分。

在下一章中，我们将讨论一些用于评估不同设计的方法，用于评估的参数和指标，以及进行优秀设计的一些指导。

7.4 HTML-Script-SQL 设计示例

在本节中，我们将使用 HTML、PHP 和 SQL 的简单示例深入了解设计 Web 应用程序的一些细节。请注意，这种具体的工具组合可能会发生改变，并且你需要确保所选择的工具将共同交互。

一个遵循 MVC 体系结构风格的软件项目（见图 7.4）可以用三个主要部分进行详细

设计：

1. HTML 界面设计，用于描述应用程序的视图（view）和信息流。
2. 作为系统引擎的脚本语言（我们将使用 PHP），充当应用程序的控制器（controller）。
3. SQL 数据库，用于存储信息并充当应用程序的模型（model）。

基于 Web 的数据库应用程序开始于由 HTML 页面组成的交互式界面。对 HTML 文档的结构的研究表明，它确实有很多部分。格式化标签、超链接、列表、表格、框架和级联样式表（CSS）是创建交互式界面所需的基本素材。HTML 表单允许网页具有各种各样的输入字段，供用户输入信息、选择等。使用 HTML 与 PHP 方法的简单示例如图 7.29 所示。显示可视化结果使用了苹果 Mac Pro 笔记本上的 Firefox 浏览器。

示例HTML	可视化结果（可能）
`<form method="GET" action="something.php"> <p>   Username: <input type="text" name="username"> </p> <p>   Password: <input type="password" name="password"> </p> <input type="submit" value="Login"> </form>`	**Username:** [＿＿＿＿] **Password:** [＿＿＿＿] [Login]

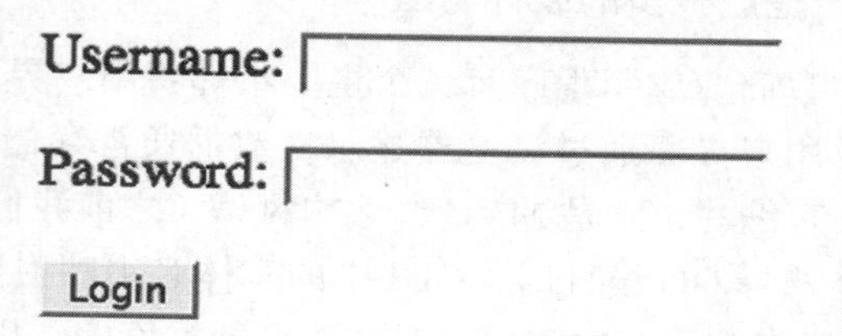

图 7.29　HTML 示例，以及在一个苹果 Mac Pro 机上使用 Firefox 浏览器显示的可视化结果

在使用 PHP 的 GET 方法时，HTML 表单中的数据将附加到 URL 中的操作字段。因此，提交的数据是可见的。我们会注意到这是一个安全风险，但它又允许用户将该页面连同提交的数据一起夹入书签，甚至能写一个它的外部链接。通过复制语法，你可以对链接中要发送到服务器页面的数据进行编码，数据可来自数据库或其他程序。

除了 URL 之外，通过 GET 请求发送的数据具有一定的大小限制，因此在发送大量数据时需要使用 PHP 的 POST 方法。

HTML 页面是静态文档，因此我们需要一种可以生成 HTML 页面的编程语言。在该例中，我们使用 PHP 作为编程语言。PHP 是用于 Web 开发的脚本和动态类型语言。有关 PHP 的信息的一个很好的来源是 www.php.net。首先要学的是变量、输出、字符串、数组、控制结构、循环和函数。PHP 代码可以嵌入 HTML 文件中，并以一个 .php 的扩展名保存，而不是 .html 扩展名。Web 服务器执行 PHP 代码并将其输出嵌入 HTML 文件和发送到浏览器。

在应用程序设计中下一步要考虑的是数据库模型和数据库访问。在该例中，要对数据库进行设计和创建。PHP 用于将 SQL 命令发送到 DBMS，特别是 PostgreSQL。PHP 提供了一个抽象层，用于通过相同的接口（称为 PEAR DB）访问许多 DBMS，但简单起见，我们将仅涵盖 PostgreSQL 专属的函数（如果要切换到另一个 DBMS，你可能需要更改每个函数名称的前几个字符）。请注意，如果使用 PEAR DB 等针对常规界面的东西，可能会导致性能损失。

表 7.1 给出了我们将用于访问数据库的 PHP-DB 函数。

表 7.1　示例 PHP-DB 的访问函数

函数	目的
pg_connect	建立到数据库的一个连接，返回连接的句柄
pg_query, pg_query_params	执行一次查询并返回结果集的句柄。注意查询除了用 SELECT，也可以用 INSERT、UPDATE 或者 DELETE。pg_query_params 用于参数化查询，即用于插入字符串或加入变量到查询字符串中，以得到最终的查询形式
pg_numrows	返回结果集的行数
pg_fetch object	返回代表结果集中一行的对象

在名为 ok 的数据库中从名为 student 的关系表中检索所有行的 PHP 代码示例如下：

```
$conn = pg_connect("host=localhost user=namedbname=ok password=abc");
```

上述的这一行建立连接并在 $conn 变量中存储该连接（一个句柄）。

```
$query_str="Select * FROM student";
```

这行则只是初始化一个名为 $query_str 的字符串变量。请注意，该字符串变量的值是一条 SQL 语句，它将会被传递给 PostgreSQL 数据库。

```
$res=pg_query($conn, $query_str);
```

这行实际上是将查询请求发送到 DBMS（在这种情况下为 PostgreSQL）。它使用已建立的连接（$conn）和存储在 $query_str 中的查询请求，并将 DBMS 返回的作为 $str 中查询结果的行（一个句柄）存储在 $res 中。

应用程序一般在概念上组织成页面，作为应用程序的屏幕显示。将每个页面保存在自己的文件中是一个好做法。要实现一个功能，通常需要两个组件：

1. 1 个 HTML 表单

2. 被该表单调用并使用该表单提供的输入的 PHP 页面。该输入用于通过一条或多条 SQL 语句进行查询、获取、保存或传递。

这些单独的页面可能通过链接的使用来相互关联。许多页面可以包含彼此之间的链接，这些链接甚至可以使用 PHP 生成。链接的数量可能取决于数据库中的信息。回想一下，我们实际上可以通过在末尾添加一个问号（？），然后在 name = value 这样的对中来编码链接中的信息。如果我们在一个框中定义菜单，该菜单就可以链接到多个页面，以便当某些功能被访问并显示在另一个框中时用户也能找到此功能。

请注意，每个 PHP 页面都是一个单独的页面，每个请求作为一个完全独立的请求而存在。然而，很多时候，我们想给用户一个错觉，即他们正在访问一个应用程序，并且这些页面知道特定用户最近访问过哪些其他页面。在 Web 应用程序中，我们将用户与网站所有的最近互动称为会话。PHP 支持跟踪用户会话。在 PHP 中使用会话变量非常简单。对于每个页面，我们需要调用函数 session_start()，并注意这个调用应发生在任何输出之前。

我们可以使用此模型创建先请求账户、登录表单，然后处理订单的常见 Web 应用程序。MVC 架构中各部分的详细设计需要软件工程团队具备各方面的能力。数据库专家设计 SQL 数据库，编程专家处理 PHP 代码，团队中的可用性专家专注于用户与 HTML 页面的交互。

7.5   总结

在本章中，我们讨论了大部分的设计问题。我们讨论了高层的架构设计，然后讨论了基于功能分解的详细设计和技术、关系数据库设计、面向对象设计和 UI 设计。

软件设计是开发中最重要的问题之一，无论你做的是正式的、完整的设计还是非正式的设计，在进行大量编程之前考虑如何实现目标都是非常有益的。

在下一章中，我们将讨论一些评估不同设计的方法，用于评估的参数和指标，以及良好设计的一些指导。

7.6   复习题

7.1 解释需求在架构设计中扮演的角色。说明需求在详细设计中的作用。

7.2 OO 中的聚合是什么含义？请给出示例。

7.3 当在设计中采用泛化技术时，我们应该做什么？ OO 设计的哪一部分与这个概念密切相关？

7.4 列出状态转换图和序列图之间的两个区别。

7.5 描述架构设计中使用的三种不同的观点。

7.6 数据建模与逻辑数据库设计有什么区别？

7.7 描述界面设计中的低保真和高保真原型之间的区别。选择其中一个，并给出你向客户展示此原型的原因。

7.8 说明图 7.27 中用户、屏幕输出和用户输入、过程这三部分的设计策略。

7.9 选择一种认知模型，并解释该模型如何影响用户界面的设计。

7.10 访问来自不同国家或地区的网站。举一个你在网站上发现的多元文化问题的例子，说明你应如何提出重新设计，同时仔细思考其中发现的问题。

7.11 描述一个参考架构。

7.12 列出基于网络的架构实现 REST 时的六个约束中的三个。

7.13 在 MVC 风格中，模型真正建立的是什么模型？

7.7   练习题

7.1 你的编程团队被分配了一个项目，要求编写一个命令行程序来转换不同的度量单位。与其他同学讨论你的 UI，创建（画出）项目的初始屏幕。

7.2 你的编程团队被分配了一个项目，要求编写一个图形界面程序来转换不同的度量单位。与其他同学讨论你的 UI，创建（画出）项目的初始屏幕。

7.3 找一个和你说相同语言但来自不同国家或地区的人，讨论你们使用的词汇和表达方式有哪些不同。在哪些话 / 词上你觉得最为不同？

7.4 对于本章中提到的每一种架构风格，请找到一个使用它的软件系统的例子（本章中未提到的）。

7.5 考虑一个软件系统的案例，旨在跟踪一个体育联盟的团队名单和预定的比赛。创建表示所有域类的 UML 类图和描述这些类之间的某个主要交互的序列图。

7.6 考虑一个软件系统的案例，旨在跟踪一个体育联盟的团队名单和预定的比赛。为这种情况创建 ER 图，并将图转换为关系模式。

7.7 考虑一个软件系统的案例，旨在跟踪一个体育联盟的团队名单和预定的比赛。定义系统的主要功能，并为其创建模块分解图。

7.8　参考文献和建议阅读

Ambler, S. W. 2001. *The Object Primer: The Application Developer's Guide to Object-Orientation*, 2nd ed. New York: Cambridge University Press.

Bass, L., P. Clements, and R. Kazman. 2012. *Software Architecture in Practice*, 3rd ed. Reading, MA: Addison-Wesley.

Booch, G. 2007. *Object-Oriented Analysis and Design with Applications*, 3rd ed. Reading, MA: Addison-Wesley.

Card, S. K., T. P. Moran, and A. Newell. 1983. *The Psychology of Human-Computer Interaction*. Mahwah, NJ: Lawrence Erlbaum.

Chen, P. 1976. "The Entity-Relationship Model—Towards a Unified View of Data." *ACM Transactions on Database Systems 1* (March): 9–36.

Codd, E. F. 1970. "A Relational Model of Data for Large Shared Data Banks." *Communications of ACM 13* (6) : 377–387.

Date, C. J. 2003. *An Introduction to Database Systems*, 8th ed. Reading, MA: Addison-Wesley.

Fielding, R. T. 2000. "Architectural Styles and the Design of Network-based Software Architectures." PhD diss., University of California, Irvine.

Fowler, M., and K. Scott. 2003. *UML Distilled*, 3rd ed. Reading, MA: Addison-Wesley.

Gamma, E., R. Helm, R. Johnson, and J. Vlissides. 1995. *Design Patterns: Elements of Reusable Object-Oriented Software*. Reading, MA: Addison-Wesley.

Heinckiens, P. M. 1998. *Building Scalable Database Applications: Object Oriented Design, Architecture, and Implementation*. Reading, MA: Addison-Wesley.

Hix, D., and H. R. Hartson. 1993. *Developing User Interfaces: Ensuring Usability Through Product and Process*. New York: Wiley.

Kruchten, P. 1995. "Architectural Blueprints—The 4+1 View Model of Software Architecture." *IEEE Software 12*: 42–50.

Malveau, R., and T. Mowbray. 2003. *Software Architecture Bootcamp*, 2nd ed. Upper Saddle River, NJ: Prentice Hall.

Norman, D. A. 1988. *The Design of Everyday Things*. New York: Doubleday.

Shaw, M., and D. Garlan. 1996. *Software Architecture: Perspectives on an Emerging Discipline*. Upper Saddle River, NJ: Prentice Hall.

Shneiderman, B., and C. Plaisant. 2009. *Designing the User Interface: Strategies for Effective Human-Computer Interaction*, 5th ed. Reading, MA: Addison-Wesley.

Silberschatz, A., H. F. Korth, and S. Sudarshan. 2010. *Database System Concepts*, 6th ed. New York: McGraw-Hill.

Szyperski, C., D. Gruntz, and S. Murer. 2002. *Component Software—Beyond Object-Oriented Programming*, 2nd ed. New York: Addison-Wesley/ACM Press.

Taylor, R. N., N. Medvidovic, and E. M. Dashofy. 2009. Software Architecture: Foundations, *Theory and Practice*. Hoboken, NJ: John Wiley & Sons.

设计的特征与度量

目标

- 描述一个好的设计的特征。
- 理解为度量设计复杂度而设计的遗留指标：
  - Halstead 指标。
  - McCabe 圈数。
  - Henry-Kafura 信息流。
  - Card and Glass 复杂度度量。
- 讨论内聚属性和程序切片。
- 描述耦合属性。
- 理解面向对象设计的 Chidamber-Kemerer 度量。
- 分析用户界面设计问题。

8.1 设计描述

直观地说，我们可以谈论好的设计和坏的设计。我们经常会使用"易于理解""易于改变""复杂度低"或"易于编码"等短语来形容一个设计。然而，我们常常会发现很难明确定义什么是一个好的设计，更不用说去度量一个设计的好坏。在本章中，我们将提炼一些想法并讨论度量不同设计的方法。好的设计没有绝对的定义。就像产品的质量一样，一个好的设计会由若干个属性构成。

有两种经常被提到的普遍特征很自然地从需求中延续下来：

- 一致性。
- 完整性。

一致性对于设计来说是一个重要特征。它确保设计在系统的界面、报告、数据库元素和处理逻辑中使用共同的术语。类似地，一致的设计应确保拥有共同的帮助系统以及处理所有显示的错误、警告和消息的通用方法。错误检测和诊断处理的等级应在整个功能中保持一致，导航流程和逻辑深度也需要以一致的方式进行设计。

设计的完整性至少从两个角度来说是至关重要的。第一个是所有的需求都需要设计，不能有遗漏。这可以通过详细地了解要求来进行交叉检查。第二个是设计必须被执行完成。设计被执行到不同的层次，这也是一致性问题，一些必需的设计可能不存在。不幸的是，当某些所需的设计不可用时，实施者在填补空白时往往会变得非常有创造力，这通常会导致设计错误。因此，一致性和完整性是设计审查或检查必须关注的主要特征。

8.2 设计属性的遗留特征

在软件工程初期，设计属性的特征更多地涉及详细设计和编码层面，而不是架构设计层面的属性。这并不奇怪，因为长期以来编程和程序模块都被视为最重要的制品。因此，相应的度量目标也是详细设计和编码元素。我们将描述一些早期领先的对程序模块和模块间结构的复杂度度量方法。

8.2.1　Halstead 复杂度度量

Halstead 度量是最早的软件度量之一，在 20 世纪 70 年代由 Maurice Halstead 提出，它主要用于分析程序源代码。这里介绍 Halstead 度量是因为它建立了历史基准。

当分析源程序时，Halstead 度量使用四个基本度量单位：

- n_1 = 不同运算符的个数。
- n_2 = 不同操作数的个数。
- N_1 = n_1 的出现次数。
- N_2 = n_2 的出现次数。

在一个程序中，同一个运算符可能多次出现，如多次出现 + 运算符或 IF 运算符。同样，操作数也可能出现多次，可能是变量或常量。基于运算符和操作数的计数，Halstead 又定义了两个度量：

- 程序词汇或特殊令牌，$n = n_1 + n_2$。
- 程序长度，$N = N_1 + N_2$。

源程序中的所有特殊令牌构成该程序的基本词汇。因此，特殊令牌的总和 $n = n_1 + n_2$ 是对程序词汇量的度量。程序的长度 $N = N_1 + N_2$，是程序词汇出现次数的总和。程序长度和比之更常见的度量如代码行数有很大不同。从这些基本单位延伸出四个度量值：

- 体积，$V = N \log_2 n$。
- 潜在体积，$V^@ = (2 + n_2{}^@) \log_2(2 + n_2{}^@)$。
- 程序实现等级，$L = V^@/V$。
- 代价，$E = V/L$。

体积是对先前计数的 n 和 N 的简单计算。潜在体积基于"最简洁"程序这个概念，其中有函数名称和分组运算符两个运算符，例如 $f(x_1, x_2, \cdots, x_t)$。函数名称为 f，分组运算符是圆括号包围的变量 $x_1 \sim x_t$。$n_2{}^@$ 是函数 f 使用的操作数的数量。在这种情况下，$n_2{}^@ = t$，因为有 t 个变量。程序实现等级用来衡量目前实现情况与理想实现情况的接近程度。代价的估计值是 V/L，代价的单位是精神辨别的数量。这种数量可能是实现该程序所付出的代价或了解其他人的计划所付出的代价。

Halstead 度量因为许多原因受到批评。其中一个原因是它仅衡量源程序的词法复杂度而不是结构或逻辑。因此，在分析程序复杂性方面价值有限，更不用说设计特征方面。

8.2.2　McCabe 圈复杂度

虽然圈数源自图论，但软件的圈复杂度度量来自 T. J. McCabe 的观察结果——程序质量与控制流程的复杂度，或者与详细设计或源代码中的分支数量直接相关。这与 Halstead 通过源代码程序中的运算符和操作数来观测复杂度的方法不同。一个程序或详细设计的圈复杂度是从该程序或设计的控制流图表示中计算出来的。该计算方法如下所示：

$$圈复杂度 = E - N + 2p$$

其中 E = 图的边数，N = 图的节点数，p = 连接的组件数量（通常为 $p = 1$）。

McCabe 的圈复杂度也可以通过其他两种方式计算：

- 圈复杂度 = 二进制决策数量 + 1。
- 圈复杂度 = 封闭区域数量 + 1。

我们来看一个简单的流程图，如图 8.1 所示。这个图有 7 条边（$e_1 \sim e_7$）和 6 个节点（$n_1 \sim n_6$）。因此 McCabe 圈复杂度等于 7 − 6 + 2 = 3。利用封闭区域方法，有两个区域（区域 1 和区域 2），那么圈复杂度等于 2 + 1 = 3。最简单的方法是计算二进制决策或分支的数量，有两个二进制决策（n_2 和 n_4），圈复杂度等于 2 + 1 = 3。

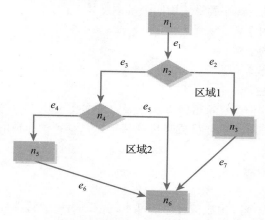

图 8.1   一个计算圈复杂度用的简单流程图

圈复杂度度量了程序中的结构设计复杂度。它已被应用于开发过程中的设计和编码风险分析，以及测试计划以评估测试设计或程序中每个决策点所需的测试用例数量。随着大量数据的积累，现在我们知道圈复杂度越高，存在的风险就越多，需要越多的测试。可以从软件工程研究所（SEI）网站获得比较圈复杂度与一组相对风险阈值的例子。根据 SEI 可知，1 ~ 10 范围内的圈复杂度是低风险和简易的，大于 50 的圈数都是风险极高的。因此，在程序设计层面，我们应该时刻控制流程使得圈复杂度远小于 50。

圈数也是通过流程图的线性独立路径的最大数量。控制流图中的路径线性独立于其他路径，仅当它包含一些尚未被覆盖的边或路径时。因此，圈复杂度也经常用于确定系统中覆盖线性独立路径所需的测试用例数。

8.2.3 Henry-Kafura 信息流

Henry-Kafura 度量是另一个结构性度量，但它衡量了模块间的信息流动。它基于进出模块的信息流，每个模块的所有进出信息都将被计数。一个信息流包括以下内容：

- 参数传递。
- 全局变量访问。
- 输入。
- 输出。

因此，信息流是对模块之间或模块与其环境之间交互的度量。基于信息流，Henry 和 Kafura 提出了一个指标，其扇入和扇出如下：

- 扇入：流入程序模块的信息流数量。
- 扇出：从程序模块流出的信息流数量。

程序模块 mod-A 的扇入通常被视为调用 mod-A 的模块数量。扇入还包括由 mod-A 访问的全局数据变量的数量。程序模块 mod-A 的扇出是 mod-A 调用的程序模块数量和 mod-A 访问的全局数据变量的数量。基于上述扇入和扇出的定义，程序模块 p 的 Henry-Kafura 结构复杂度 C_p 为扇入和扇出乘积的平方：

$$C_p = (扇入 \times 扇出)^2$$

考虑这样一个例子，有四个程序模块，它们的扇入和扇出如表 8.1 所示。

表 8.1　按程序模块划分的扇入和扇出

模块	Mod-A	Mod-B	Mod-C	Mod-D
扇入	3	4	2	2
扇出	1	2	3	2

对于从 mod-A 到 mod-D 这四个模块，每个模块的 C_p 的计算公式如下：

Mod-A 的 $C_p = (3 \times 1)^2 = 9$

Mod-B 的 $C_p = (4 \times 2)^2 = 64$

Mod-C 的 $C_p = (2 \times 3)^2 = 36$

Mod-D 的 $C_p = (2 \times 2)^2 = 16$

四个程序模块的总 Henry-Kafura 结构复杂度为这些 C_p 的总和，也就是 125。

为了包括程序模块的内部复杂度，设计结构的 Henry-Kafura 复杂度度量后来被 Henry 和 Selig 做了如下修改：

$$HC_p = C_{ip} \times (扇入 \times 扇出)^2$$

C_{ip} 是程序模块 p 的内部复杂度，可以通过代码度量方法得到，例如圈复杂度或 Halstead 度量。显然，我们认为一个很高的 Henry-Kafura 数值意味着一个复杂的设计结构，但不能断定这必然会导致一个不那么易于理解的设计和低质量的软件。

8.2.4　高层次复杂度度量

Card and Glass 同样使用扇入和扇出的概念来描述设计的复杂度，同时考虑了传递的数据。这是一个更高层次的度量，因为它是覆盖程序级别和程序间级别交互的一种指标。它们定义了三种设计复杂度度量：

- 结构复杂度。
- 数据复杂度。
- 系统复杂度。

模块 x 的结构复杂度 S_x 定义如下：

$$S_x = (扇出_x)^2$$

扇出是模块 x 直接调用的模块数量。数据复杂度 D_x 也是根据扇出来定义：

$$D_x = P_x / (扇出_x + 1)$$

P_x 是传入或传出模块 x 的变量数，系统复杂度 C_x 是一个更高层次的度量，它是结构复杂度和数据复杂度的总和：

$$C_x = S_x + D_x$$

值得注意的是，这种称为系统复杂度的设计度量主要基于扇出。除了流入模块的数据，没有真正包含扇入。

8.3 "好"的设计属性

设计十分重要,只有投入足够的时间和关注,才能够开发出一个好的设计。但什么是一个好的设计?我们可以脱口而出以下这些流行词语:

- 易于理解。
- 易于变更。
- 易于重用。
- 易于测试。
- 易于整合。
- 易于编码。

在本章前面的讨论中,我们介绍了 Halstead、McCabe、Henry-Kafura 以及 Card and Glass 度量,不难看出模块内和模式间复杂度是与软件质量有关的因素。除了列出不同的"易于_____"之外,还有更基本的方式来判断一个好的设计吗?上述这些可能并不是一个好的设计的特点,实际上它们只是一个好的设计所取得的理想结果。所有这些"易于"属性的共同点都是简单。一个大而复杂的问题可以分解成更小的部分,这样便于循序渐进地解决问题(如第 2 章所述)。很多设计技术也遵循简单的原则(见第 7 章)。根据 Yourdon 和 Constantine(1979 年)的观点,简单这个概念可以通过内聚和耦合两个特征来衡量。G. J. Myers(1978 年)和 Lethbridge 还有 Laganiere(2004 年)也在他们的书中界定了这些概念。这两个概念与前面提到的复杂度度量有些相似。内聚解决了与 Halstead 和 McCabe 度量有些相似的模块间特征,而耦合解决了类似于 Henry-Kafura 扇入和扇出信息流度量以及 Card and Glass 系统复杂度度量的模块间特征。一般来说,我们致力于在设计中提高内聚并降低耦合。下面两节将对这两个概念进行更详细的说明。

8.3.1 内聚

为了让设计拥有之前提到的多个易于属性,我们需要让设计尽可能保持简单,其中最重要的就是确保每一个设计单元都专注于单个目的,无论它是模块还是组件。诸如模块间功能相关性或模块化强度的术语已经用在**内聚**的设计中。这个概念将在后面应用到 8.4 节的面向对象范例中。

> **内聚** 一个高级或细节级设计单元的属性,用于识别该单元内的元素互相属于或相关的程度。

从我们对内聚概念的定义可以看出,对于不同的范例,基本元素可能是不同的。例如,在结构化范例中,基本元素可能是 I/O 逻辑、控制逻辑或数据库访问逻辑。在面向对象范例中,基本元素可能是方法和属性。无论什么样的范例,在一个高度内聚的设计单元中,这个设计单元的各个部分都只与单一用途或单一功能有关。术语"程度"用于定义内聚。这表明内聚这个属性是可以衡量的。

一般来说,一共有以下七种类型的内聚,排列顺序是从坏到好:

- 偶然内聚。
- 逻辑内聚。
- 时间内聚。
- 过程内聚。
- 通信内聚。
- 顺序内聚。

- 功能内聚。

值得注意的是，没有用精确的数值来进行内聚的衡量。这只是内聚类别的相对排序。

最低层次的是偶然内聚。在这个级别，设计单元或代码执行多个不相关的任务。初始的设计通常不会存在这种低层次的内聚。然而，当设计经历多次修改时，无论是修复错误还是变更需求，特别是处于进度压力之下时，原始设计可能变得容易混乱。例如，我们可能会面临一种情况，不是重新设计，而是围绕一些现在不需要或只是部分需要的设计片段设置分支，并为了方便而插入新元素。这将很容易导致设计单元中出现多个不相关的元素。

下一个层次是逻辑内聚。此级别的设计执行一系列类似的任务。乍一看，逻辑内聚似乎是很有道理的，因为这样的元素必定是相关的。但是，这种关系真地很弱。举一个例子，一个 I/O 单元，用于对不同的设备执行不同的读写操作。尽管这确实存在着逻辑关系因为它们都执行读写操作，但读写设计对于每种设备类型都是不同的。因此，在逻辑内聚层次中，放在一个单元中的元素虽然是相关的，但彼此还是相对独立的。

时间内聚的设计汇集了一系列与时间有关的元素。一个例子是将所有数据初始化组合成一个单元并且同时执行所有初始化的设计，即使可以在其他设计单元中定义和使用这些数据。

过程内聚涉及一些在程序上相关的行为，这意味着它们与某些控制顺序有关。比起前一个，这个设计显然展现了更紧密的关系。

在通信内聚层次中，设计与活动顺序相关，很像过程内聚，活动针对相同的数据或数据集。因此，通信内聚的设计表现出比过程内聚更强的内部紧密性。

最后两个层次——顺序内聚和功能内聚，是设计单元只执行一个主要活动或实现一个目标的最高层次。不同之处在于，顺序内聚层次对"单个"活动的描述不如功能内聚那么清楚。设计单元并不总是可以实现功能内聚。显然，如果需要一个设计来实现同样的目标，在这种单目标层次的设计中，只需要很少的修改便可以进行重用。顺序内聚可能仍然包括一些非单目标导向的元素，并且需要一些修改才能重用。

这些内聚的层次并不总是很明确。在设计过程中，设计师应该尽可能达到更高的内聚层次。这种观察内聚的方法是一个很好的指导，下面我们会介绍一个更具体的度量内聚的例子。

基于程序切片和数据切片的内聚度量

Bieman 和 Ott（1994 年）引入了几种基于程序切片和数据切片定量度量程序级内聚的方法。接下来我们将简要总结他们度量内聚的方法。首先给出几个定义，紧接着会给出一个例子。设想一个包含变量声明和可执行逻辑语句的源程序，以下概念需要牢记：

- **数据令牌**是任何变量或常量。
- **程序或过程**的**切片**是可能影响特定变量值的所有语句。
- **数据切片**是一个将影响特定变量值的切片中的所有数据令牌。
- **胶水令牌**是程序或过程中位于多个数据切片中的数据令牌。
- **强力胶令牌**是程序或过程中位于每个数据切片中的数据令牌。

从这些基本定义可以看出，胶水令牌和强力胶令

> **数据令牌**　任何变量或常量。
> **程序或过程切片**　所有可能影响特定变量值的语句。
> **数据切片**　一个将影响特定变量值的切片中的所有数据令牌。
> **胶水令牌**　程序或过程中位于多个数据切片中的数据令牌。
> **强力胶令牌**　程序或过程中位于每个数据切片中的数据令牌。

牌是贯穿切片并提供内聚约束力或强度的令牌。因此，当定量评估程序内聚强度时，我们会计算这些胶水令牌和强力胶令牌的数量。更具体一点，Bieman 和 Ott（1994 年）定义了度量功能内聚的以下两个公式：

$$弱功能内聚值 = 胶水令牌数 / 数据令牌总数$$

$$强功能内聚值 = 强力胶令牌数 / 数据令牌总数$$

弱和强功能内聚都使用数据令牌总数作为归一化度量值的因子。下面这个例子将阐明其中的一些概念。

图 8.2 展示了一个计算整数数组 z 中最大值 max 和最小值 min 的伪代码示例。这里需要稍加解释数据令牌的标记。过程中变量 n 第一次出现时被标记为 n1。第二次出现时被标记为 n2。在此过程中总共有 33 个数据令牌。在图 8.2 中分别用 Slice max 和 Slice min 表示围绕 max 变量和 min 变量的代码片段的数据切片，它们具有相同的数据令牌个数——22 个，因为除了把最小值和最大值赋值给 z [0] 以及 if 语句之外，其余所有计算最值的代码都是相同的。所以 Glue Tokens 和 Superglue 数也是相同的。弱内聚和强内聚的度量值也相同，弱功能内聚值 = 11/33，强功能内聚值 = 11/33。

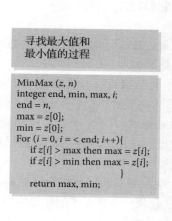

寻找最大值和最小值的过程

```
MinMax (z, n)
integer end, min, max, i;
end = n,
max = z[0];
min = z[0];
For (i = 0, i = < end; i++){
    if z[i] > max then max = z[i];
    if z[i] > min then max = z[i];
                   }
    return max, min;
```

Data Tokens:	Slice max:	Slice min:	Glue Tokens:	Superglue:
z1	z1	z1	z1	z1
n1	n1	n1	n1	n1
end1	end1	end1	end1	end1
min1	max1	min1	I1	I1
max1	I1	I1	end2	end2
I1	end2	end2	n2	n2
end2	n2	n2	I2	I2
n2	max2	min2	I3	I3
max2	z2	z3	end3	end3
z2	01	02	I4 (11)	I4 (11)
01	I2	I2		
min2	03	03		
z3	I3	I3		
02	end3	end3		
I2	I4	I4		
03	z4	z6		
I3	I5	I7		
I4	max3	min3		
end3	max4	min4		
z4	z5	z7		
I5	I6	I8		
max3	max5	min5		
max4	(22)	(22)		
z5				
I6				
z6				
I7				
min3				
min4				
z7				
I8				
max5				
min5 (33)				

图 8.2 一个关于功能内聚度量的伪代码例子

此程序计算数组 z 中的最大值和最小值。现在，撇开计算最小值的指令，仅关注最大值的计算。那么具有 22 个数据令牌的数据切片 max 就是整套数据令牌。它也将是一组胶水令牌和强力胶令牌。功能内聚的度量值变为如下：

弱功能内聚值 = 22/22

强功能内聚值 = 22/22

通过专注于计算最大值这一个功能，内聚强度从 11/33 提高到 22/22。虽然这个例子使用了实际的代码，但很好地强调了强内聚概念。

8.3.2 耦合

在上一节中，我们专注于软件单元的内聚。同样，软件单元可以是一个模块或是一个类。假设我们在系统中成功设计了高度内聚的软件单元，那么这些单元很可能仍然需要通过**耦合**来进行交互。如果交互很复杂，我们就不太可能实现8.3 节开头提到的那些"易于"特征。Gamma 等人（1995年）提供了一个很好的例子，解释了为什么耦合分析很重要的。他们指出高耦合的类很难单独重用。也就是说，高度依赖于其他模块或类的模块或类本身将很难被理解。因

> **耦合**　一个用于度量两个软件单元之间交互程度和相互依赖程度的属性。

此，在不了解它们的所有依赖模块和类的情况下很难重用、修改或修复它们。另外，如果一个高度相互依赖并且与其他模块或类紧密连接的模块或类中存在错误，那么它影响其他模块或类从而导致其出错的概率非常大。因此，我们可以看到高耦合不是一个理想的设计属性。几项研究表明，耦合属性与软件的出错率、可维护性和可测试性等因素密切相关。有关它们之间关系的更多信息，请参见 Basili、Briand 和 Melo（1996 年）以及 Wilkie 和 Kitchenham（2000 年）的著作。

耦合被定义为两个软件单元之间的相互依赖性。耦合的程度通常分为以下五个不同的级别，从坏到好依次为：

- 内容耦合。
- 公共耦合。
- 控制耦合。
- 印记耦合。
- 数据耦合。

内容耦合被视为最差的耦合，数据耦合被视为最佳的耦合。没有耦合的理想情况并未在上面列出来。当然，很少有问题是不需要耦合的。用于描述重度相互依赖和轻度相互依赖的常用术语分别是紧耦合和松耦合。

两个软件单元之间的内容耦合是最差的耦合，可以说是最紧密的耦合。因为在这个层次上，两个单元可以访问彼此的内部数据或程序信息。在这种情况下，其中一个单元发生任何变化，都需要非常仔细地检查另一个单元。这意味着一个单元在另一个单元中造成错误的几率非常高。对于任何类型的软件组件重用，都几乎必须将这两个单元视为一对。

如果两个软件单元指向相同的全局变量，则认为两个软件单元处于公共耦合的级别。这样的变量可以用于各种信息交换，包括控制另一个单元的逻辑。公共耦合在大型商业应用中是很常见的，其数据库中的记录就可以当作全局变量。公共耦合比内容耦合要好得多。由于改变全局变量或共享数据库记录对共享该变量或记录的单元的影响，公共耦合仍然表现出相当紧密的耦合关系。在大型应用开发中，会在系统构建周期中生成 where-used 矩阵，以跟踪由不同软件单元交叉引用的所有模块、全局变量和数据记录。集成团队和测试团队广泛使用这种 where-used 矩阵。

控制耦合是下一等级的耦合，软件单元通过传递控制信息显式影响另一个软件单元的逻辑。已经传递的数据包含影响接收软件单元行为的内部控制信息。发送模块和接收模块之间传递的信息中的隐含语义迫使我们将两个模块视为一组。这种耦合绑定了两个软件单元，使得没有了其中一个软件单元，另一个软件单元很难得到重用。由于内部控制信息被深度编码，所以跨软件单元依赖性的测试用例的数量可能会急剧增加，测试也会变得更加复杂。

在印记耦合中，软件单元将一组数据传递给另一个软件单元，但两个软件单元之间传递的数据存在着多余的数据，因此可将印记耦合视为数据耦合低配版。比如软件单元之间传递

整个记录或整个数据结构，而不仅是需要的单个数据。传递的信息越多，两个软件单元之间的相互依赖关系理解起来就越难。

耦合的最佳水平是数据耦合，软件单元之间只传递所需要的数据。在数据耦合级别，软件单元之间的相互依赖性很低，被视为松散耦合。

这些耦合等级没有包括所有可能的依赖情况。例如，没有提及对仅传递控制信息却不需要返回控制信息的软件单元的简单调用。从一个软件单元传递到另一个软件单元的数据之间也没有什么区别，这可能包括返回的数据，其中返回的信息将处于不同的耦合级别。我们应该像看待内聚等级一样看待耦合等级，将它作为良好设计的指南。也就是说，我们应该通过在设计和编码中提高内聚、松散耦合来实现简单化。

Fenton 和 Melton（1990 年）提供了一个比较简单的例子来度量两个软件单元 x 和 y 之间的耦合，如下所示：

1. 给每个级别的耦合（从数据耦合到内容耦合）分配从 1 到 5 的整数。

2. 通过判断软件单元 x, y 对之间的最高级别或最紧密的耦合关系来评估 x 和 y，将分配给该级别耦合的数字赋为 i。

3. 确定 x, y 对之间所有耦合关系的数量，赋为 n。

4. 定义 x, y 对之间的耦合度为 $C(x, y) = i + [n/(n + 1)]$。

例如，x 把特定的信息传递给 y，信息包含了影响 y 逻辑的内部控制信息。同时，x 和 y 共享一个全局变量。在这种情况下，x 和 y 之间有两个耦合关系，所以 $n = 2$。在两种关系中，公共耦合比控制耦合更差或更紧密。因此，x 和 y 之间的最高级别耦合为公共耦合，等级是 4，有 $i = 4$，这意味着 $C(x, y) = 4 + [2/(2 + 1)]$。有了这个定义，$i$ 和 n 的值越小，耦合越松散。如果对一个系统中的所有软件单元都像这样成对分析，就可以得到整个软件系统的耦合度。事实上，Fenton 和 Melton（1990 年）将系统的总体全局耦合度定义为了所有软件单元对的耦合度的中值。因此，如果软件系统 S 包含 $x_1, \cdots, x_j$ 单元，则 $C(S) =$ 集合 $\{C(x_n, x_m), n, m$ 为从 1 到 j 的值 $\}$ 的中值。因此，我们希望在设计软件系统时尽可能地降低 $C(S)$ 的值。

8.4　面向对象设计度量

在本节中，我们将使用面向对象设计和编程范例来探讨如何通过分解、高内聚和低耦合的方式来保持设计的简单性。在面向对象中有几个关键概念，包括类、继承、封装和多态，一个核心主题就是这些类如何关联，以及它们之间如何交互。一个类就是一个实体，显然，我们也希望通过高内聚来使之保持简单。同时，我们还要通过松散耦合来使这些类之间的关系与交互变得简单。因此，高内聚和低耦合这样良好和理想的设计属性依然是不变的。在面向对象中，我们将会进一步对这些属性进行度量。

一个良好的面向对象设计可以通过 Chidamber 和 Kemerer（1994）确定的六个 C-K 值来度量：

- 各个类的方法加权和（WMC）。
- 继承树的深度（DIT）。
- 子节点数（NOC）。
- 对象类之间的耦合（CBO）。
- 类的响应（RFC）。
- 方法中内聚的缺乏（LCOM）。

Basili、Briand 和 Melo（1996 年），Li、Henry（1993 年）和 Briand 等人（2000 年）的研究表明，这些（C-K）值与出错率和可维护性等指标相关。

WMC 是一个类中所有方法的加权和。因此，如果在一个类中有 n 个方法，记为 m_1 到 m_n，则 WMC = SUM(w_i)，$i = 1, \cdots, n$。SUM 是算术求和函数，w_i 是分配给方法 m_i 的权重。一个最简单的情况是把 1 作为所有方法的权重，这样通过计算方法的数量就可以得到 WMC。因此，具有 n 个方法的类，它的 WMC 就等于 n。该度量方法类似于代码行统计。我们发现，模块的规模越大，出错的可能性越大。所以，越大的类，特别是 WMC 值越高的类，其出错的概率就越大。

DIT 是从一个类到其根类的最大继承长度。错误率似乎是随着继承和多重继承的增加而增加的。有趣的是，在面向对象设计的早期，许多组织忽视了继承这个功能，设计了自己的类，却从来没有通过重用或继承来提高生产力。他们认为自己设计类比较简单，这样不必完全理解其他预定义类。深层次的继承类是很难找到的，更别说充分理解了。然而，各种经验尝试表明了不同的结果。有些研究显示，很高的 DIT 值与软件的高缺陷率有关，也有些研究则发现结果并不绝对。

一个类的 NOC 值是其子节点或直接子类的数量。这个面向对象度量也有不同的实证结果。当所有类的 NOC 值加在一起时，一个很高的 NOC 值可能会影响软件系统的复杂度。在撰写本书时，我们仍不确定 NOC 是如何影响软件质量的。

CBO 表示耦合的对象类的数量，这与传统的耦合概念相同。在共享某些常见服务或是有继承关系的类之间，耦合越是紧密，它们的复杂度错误率和维护难度就越高。

RFC 是一组涉及对此类对象的消息响应的方法。它也涉及耦合的概念。我们已经知道，面向对象设计的度量与 CBO 和 WMC 高度相关。又因为较高的 CBO 和 WMC 值会影响软件系统的缺陷值和复杂度，因此 RFC 值较高也会引起软件的高缺陷。

LCOM 计算的是给定类中相似方法对和不相似方法对之间的差。这个度量描述了一个类对内聚的缺乏。我们需要通过一个例子来做进一步解释，考虑一个拥有以下特性的类：

- 拥有从 m_1 到 m_n 这 n 个方法。
- 每个方法中的实例变量或属性表示为 $I_1, \cdots, I_n$。

令 P 是没有公共实例变量的所有方法对的集合，令 Q 是具有公共实例变量的所有方法对的集合。那么 LCOM = #P - #Q，其中 # 表示集合的基数。我们可以推断，一个类具有较高的 LCOM 值意味着它存在大量互相独立的方法。因此，具有高 LCOM 值的类内聚值相对较低，可能更加复杂且难以理解。高 LCOM 值等同于弱内聚。要准确完成此度量的定义，必须注意，如果 #P 不大于 #Q，则 LCOM = 0。

例如，一个类 C 可以包含三个方法（m_1, m_2, m_3），其各自的实例变量集合是 $I_1 = \{a, b, c, s\}$，$I_2 = \{a, b, z\}$，$I_3 = \{f, h, w\}$。I_1 和 I_2 具有共同的 $\{a, b\}$，I_1 和 I_3 没有共同变量，I_2 和 I_3 也没有共同变量。在这种情况下，#P 是 2，#Q 是 1。因此，C 类的 LCOM = 2 - 1 = 1。

所有这六个 C-K 设计度量都直接或间接地与内聚和耦合概念相关。这些度量可以帮助软件设计人员更好地了解其设计的复杂度，并帮助他们简化工作。如图 8.3 所示，设计师应该尽可能

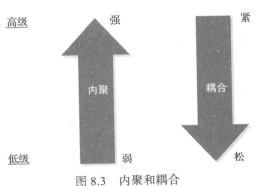

图 8.3　内聚和耦合

地达到高内聚和低耦合。

8.4.1 面向切面编程

面向切面编程（AOP）是系统的关注点分离或切面分离概念的新演变。这种方法旨在为系统设计提供更多的模块化、内聚和定义明确的接口或耦合。AOP 的中心概念是交叉切片，这意味着与关注点相关的方法是相交的。相信在面向对象编程中，这些横向的关注点是遍布整个系统的。AOP 将这些交叉的方法模块化为一个内聚的单元。Kiczales 等人（1997 年），Elrad、Filman 和 Bader（2001 年），Colyer 和 Clement（2005 年）提供了有关 AOP 的更多信息。

8.4.2 迪米特法则

另一个不错的面向对象设计指南是由 Lieberherr 和 Holland（1989 年）提出的迪米特法则，它通过约束类中方法的消息发送结构来限制对象的控制范围。消息约束将降低对象的耦合并提高对象的内聚。这不是一套度量准，而是来自于设计和实施德米特系统时的经验指南，该系统是东帝汶大学在 20 世纪 80 年代开发的一个 AOP 项目。

迪米特法则如下所述。一个对象应该发送消息到以下类型的对象：

- 当前对象本身。
- 当前对象的属性（实例变量）。
- 对象方法的参数。
- 当前对象方法创建的对象。
- 调用当前对象方法返回的对象。
- 属于上述类别的任何集合中的任何对象。

该法则本质上确保了对象只将消息发送给它们熟悉的对象，也被叫作"只与邻居说话"或"不跟陌生人说话"。举一个简单的控制管理的例子可能会帮助理解。假设一个软件开发副总裁希望在整个开发组织中执行统一的设计原则。他不是向他的直系下属发出命令，而是将信息转发给他们的下属，与组织中的每一个人直接对话。显然，这种方法增加了耦合并降低了内聚。这位副总裁违反了迪米特法则。

8.5 用户界面设计

到目前为止，我们专注于软件单元以及它们之间的交互。在本节中，我们将专注于 UI 设计，也就是用户与软件之间的交互。以往专注于减少软件的缺陷，而现在专注于减少人为错误。尽管一些设计师可能认为，使用指导性的用户界面（guided UI，GUI）可以缓解用户使用计算机时的许多焦虑，但是了解怎样使界面更易于理解、导航和使用依旧是十分重要的。什么是用户友好？什么是一个好的 UI 设计？很重要的一点是界面要更多地关注用户而不是软件系统。

8.5.1 好的 UI 的特征

在 8.1 节中，我们将一致性和完整性列为两个总体的设计特征。在 UI 设计中，一致性尤其重要，因为有助于满足用户所需的许多理想特征。想象一个 UI，其中的标题不一致、帮助文字不一致、消息不一致、响应时间不一致、图标使用方式不一致或导航机制不一致。更糟糕的是，其中的一些不一致将导致用户被迫解决系统冲突。有关 UI 一致性的更多讨论，请参阅 Nielsen 的著作（2002 年）。

　　UI 设计的主要目标之一是确保所有界面都有一致的模式。Mandel（1997 年）提出了 UI 设计的三个"黄金规则"：

- 给用户控制权。
- 减少用户的记忆负担。
- 设计一致的用户界面。

这些规则衍生了 UI 设计的另外两个原则：（1）用户操作应可中断，并允许重新操作；（2）用户默认值应该是有意义的。这些规则和原则都是 UI 设计的良好指南。

　　Shneiderman 和 Plaisant（2009 年）确定了以下八个界面设计的原则：

- 保持一致。
- 允许高频用户使用快捷方式。
- 提供信息反馈。
- 关闭时提示对话框。
- 提供错误预防和简单的错误处理。
- 允许简单的操作回滚。
- 支持内部控制轨迹。
- 减少用户的短期记忆。

　　值得注意的是，我们已经讨论过的一致性属性就是列出的第一个原则。第二个原则涉及快捷方式，这说明新手用户和专业用户需要不同级别的 UI 设计。系统发送给用户的反馈应该是丰富和易于理解的，以便用户提前知道后续的执行行动（如果有的话）。用户活动是从开始到结束的过程，用户在一系列活动结束时应该得到成就感。第五和第六个原则主要处理用户的人为错误。首先，系统应努力预防用户犯错。如果错误真发生了，则需要允许用户撤销操作或是有处理该错误的机制。第七个满足了人类对控制的需要。也就是说，用户不需要对软件系统做出回应，而系统必须响应用户的启动操作。第八个原则认识到人类记忆的局限性，所以信息应该保持足够简单。如果有可能，系统应通过默认值或以列表选择的形式向用户提供信息。这种关于较短记忆的理论也得到了 Miller（1956 年）的支持，他基于人类处理信息的能力，提出了"7±2"的限制。

　　除了上述规则之外，还有许多 UI 指南。诸如 IBM、Microsoft 和 Apple 等大型公司都有自己的 UI 指南。ISO 也有与用户界面相关的多项标准，包括 ISO 9241，该标准可以从 ISO 网站 www.iso.org 获取。

8.5.2　易用性的评估与测试

　　20 世纪 80 年代，随着个人计算机和图形界面的出现，UI 设计受到不断的关注，易用性测试成为软件开发中的一项新课题。在早期，由于界面受到纸板和图表的限制，UI 设计的保真度很低。随着技术和工具的改进，UI 设计变得高度保真，因为真正的界面作为设计原型被开发出来了。这些原型中，有一些是在需求阶段就引入的。随着高保真 UI 设计的出现，深度评估也随之而来。在具有单向反射镜和记录设备的易用性"实验室"建造后，可以对用户的操作进行统计分析。用户行为将受到剖析并用于易用性测试。

　　分析应用程序界面的关键因素包括以下几点：

- 在没有任何帮助的情况下完成任务需要的用户数。

- 完成每个任务的平均时间。
- 触发帮助功能的平均次数。
- 在规定时间间隔内完成的任务数。
- 用户重复执行一个任务所在的地方以及重复执行的次数。
- 快捷方式的使用次数。

对以上信息以及其他类型的信息会进行记录和分析。有时候还对使用者进行问卷调查，进一步得到他们对系统界面、流程的意见和建议。

在易用性测试的初期，这项测试被归为系统后测试，总在开发周期的后期进行。这样一来，只有最严重的问题才会被发现并得到修复。除此之外，一些较小的问题都会遗留到下一个版本。如今，UI 评估提前到了需求和设计阶段，我们可以在早期解决许多问题，并将解决方案及时应用到当前产品发布中。

8.6　总结

在本章中，我们首先介绍了一个好的设计的两大基本特征：

- 一致性
- 完整性

然后列出了一些早期关于设计复杂度度量的概念：

- Halstead 复杂度度量
- McCabe 圈复杂度
- Henry-Kafura 信息流复杂度度量
- Card and Glass 结构复杂度度量

接下来详细讨论了帮助我们的设计实现各种"易于"属性的两个主要标准：

- 高内聚
- 低耦合

我们使用了 Bieman 和 Ott（1994 年）提出的技术的一个具体实例来解释内聚的概念。

同时，面向对象设计的六个 C-K 指标也与内聚和耦合的概念密切相关：WMC、DIT、NOC、CBO、RFC 和 LCOM。

最后，随着图形界面和互联网的出现，我们讨论了优秀的 UI 设计的特点。UI 设计应该侧重于用户而不是系统。在如今的系统中，大部分的易用性测试提前到早期需求阶段的 UI 原型设计中进行。

8.7　复习题

8.1　一个好的设计的两个基本特征是什么？

8.2　图 8.4 所示的设计流程的圈复杂度是多少？其中菱形代表决策判断，矩形代表语句。

8.3　什么是胶水令牌和强力胶令牌？哪个更有助于提高内聚？为什么？

8.4　内聚的各个级别是什么？

8.5　耦合的各个级别是什么？

8.6　面向对象设计的六种 C-K 指标是什么？

8.7　C-K 指标中的深度继承树是什么？为什么较高的 DIT 值对于设计来说是不好的？

8.8　与普通设计相比，UI 设计最注重的是什么？

8.9 列出由 Shneiderman 和 Plaisant 提出的八个界面设计原则中的四个。

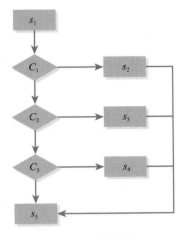

图 8.4   案例结构

8.8   练习题

8.1 讨论一个好的设计与如何达到好的设计的区别。

8.2 在度量设计时，有一个概念涉及了扇入和扇出。

a）讨论设计中的扇入和扇出概念。

b）在 Henry-Kafura 度量种，复杂度为 C_p，$C_p=$（扇入 × 扇出）^{2}，如果把乘号换成加号，讨论一下带来的影响，尤其是当扇入和扇出增加时。

8.3 为什么 Card and Glass 度量更多地关注扇出而不是扇入？

8.4 用自己的语言定义内聚。

8.5 用自己的语言定义耦合。

8.6 如第 7 章所述，ER 图的概念演变为数据库设计。如果多个组件使用相同的数据库表来更新和查询记录，则系统涉及了什么类型的耦合？请说明理由。

8.7 高内聚和低耦合之间存在冲突吗？请讨论。

8.8 圈复杂度与内聚或耦合的概念有关吗？并解释。

8.9 根据 Shneiderman 和 Plaisant 的一些 UI 黄金规则，总结 Mandel 的一条 UI 黄金规则——给用户控制权，并讨论为何选择这些规则。

8.10 把 UI 黄金规则中"减少用户的记忆负担"这条与其他设计特性如设计简单性、高内聚、低耦合关联起来。

8.9   参考文献和建议阅读

Arisholm, E., L. C. Briand, and A. Foyen. 2004. "Dynamic Coupling Measurement for Object-Oriented Software." *IEEE Transactions on Software Engineering* 30 (8): 491–506.

Basili, V. R., L. C. Briand, and W. L. Melo. 1996. "A Validation of Object-Oriented Design Metrics as Quality Indicators." *IEEE Transactions on Software Engineering* 22 (10): 751–761.

Bieman, J. M., and L. M. Ott. 1994. "Measuring Functional Cohesion." *IEEE Transactions on Software Engineering* 20 (8): 644–657.

Briand, L. C., J. W. Daly, and J. Wüst. 1997. "A Unified Framework for Cohesion Measurement in Object-Oriented Systems." *Proceedings of the Fourth International Software Metrics Symposium* (November): 43–53.

Briand, L. C., J. Wüst, J. W. Daly, and D. V. Porter. 2000. "Exploring the Relationship Between Design Measures and Software Quality in Object-Oriented Systems." *Journal of Systems and Software* 51 (3): 245–273.

Card, D. N., and R. L. Glass. 1990. *Measuring Software Design Quality*. Upper Saddle River, NJ: Prentice Hall.

Chidamber, S., D. P. Darcy, and C. Kemerer. 1998. "Managerial Use of Metrics for Object-Oriented Software: An Exploratory Analysis." *IEEE Transactions on Software Engineering* 24 (8): 629–639.

Chidamber, S., and C. Kemerer. 1994. "A Metrics Suite for Object-Oriented Design." *IEEE Transactions on Software Engineering* 20 (6): 476–493.

Colyer, A., and A. Clement. 2005. "Aspect-Oriented Programming with AspectJ." *IBM Systems Journal* 44 (2): 302–308.

El Emam, K., S. Benlarbi, N. Goel, W. Melo, H. Lounis, and S. N. Rai. 2002. "The Optimal Class Size for Object-Oriented Software." *IEEE Transactions on Software Engineering* 28 (5): 494–509.

Elrad, T., R. E. Filman, and A. Bader. 2001. "Aspect-Oriented Programming." *Communications of the ACM* (October): 29–32.

Fenton, N., and A. Melton. 1990. "Deriving Structurally Based Software Measure." *Journal of Systems and Software* 12 (3): 177–187.

Gamma, E., R. Helm, R. Johnson, and J. Vlissides. 1995. *Design Patterns: Elements of Reusable Object-Oriented Software*. Reading, MA: Addison-Wesley.

Halstead, M. H. 1977. *Elements of Software Science*. New York: Elsevier.

Henry, S. M., and D. Kafura. 1981. "Software Structure Metrics Based on Information Flow." *IEEE Transactions on Software Engineering* 7 (5): 510–518.

Henry, S., and C. Selig. 1990. "Predicting Source-Code Complexity at Design Stage." *IEEE Software* (March): 36–44.

Hix, D., and H. R. Hartson. 1993. *Developing User Interface: Ensuring Usability Through Product and Process*. New York: Wiley.

Kiczales, G., J. Lamping, A. Mendhekar, C. Maeda, C. Lopes, J.-M. Loingtier, and J. Irwin. 1997. "Aspect Oriented Programming." In *Proceedings of the 11th European Conference on Object Oriented Computing*, edited by M. Akşit and S. Matsuoka, 220–242. Berlin: Springer-Verlag.

Lauesen, S. 2004. *User Interface Design: A Software Engineering Perspective*. Reading, MA: Addison-Wesley.

Lethbridge, T., and R. Laganiere. 2004. *Object-Oriented Software Engineering: Practical Software Development Using UML and Java*, 2nd ed. New York: McGraw-Hill.

Li, W., and S. Henry. 1993. "Object-Oriented Metrics That Predict Maintainability." *Journal of Systems and Software* 23: 111–122.

Lieberherr, K. J., and I. Holland. 1989. "Assuring Good Styles for Object-Oriented Programs." *IEEE Software* (September): 38–48.

Lorenz, M., and J. Kidd. 1994. *Object-Oriented Software Metrics: A Practical Guide*. Upper Saddle River, NJ: Prentice Hall.

Mandel, T. 1997. *The Elements of User Interface Design*. New York: Wiley.

McCabe, T. J. 1976. "A Complexity Measure." *IEEE Transactions on Software Engineering* 2 (4): 308–320.

McCabe, T. J., and B. W. Charles. 1989. "Design Complexity Measurement and Testing." *Communications of the ACM* 32 (12): 1415–1425.

Miller, G. 1956. "The Magical Number Seven, Plus or Minus Two: Some Limits on Our Capacity for Processing Information." *Psychology Review* 63: 81–97.

Myers, G. J. 1975. *Reliable Software Through Composite Design.* New York: Petrocelli/Charter.

Myers, G. J. 1978. *Composite/Structured Design.* New York: Nostrand Reinhold.

Nielsen, J. 1989. *Coordinating User Interfaces for Consistency.* New York, NY: Academic Press, 1989; reprint by Morgan Kaufmann Publishers. Burlington, MA: 2002.

Nielsen, J. 2000. *Designing Web Usability: The Practice of Simplicity.* Thousand Oaks, CA: New Riders Publishing.

Nielsen Norman Group. Accessed June 19, 2021. https://www.nngroup.com/.

Offutt, A. J., M. J. Harrold, and P. Kolte. 1993. "A Software Metric System for Module Coupling." *Journal of Systems and Software* 20 (3): 295–308.

Shneiderman, B., and C. Plaisant. 2009. *Designing the User Interface: Strategies for Effective Human-Computer Interaction*, 5th ed. Reading, MA: Addison-Wesley.

Subramanyam, R., and M. S. Krishnan. 2003. "Empirical Analysis of CK Metrics for Object-Oriented Design Complexity: Implications for Software Defects." *IEEE Transactions on Software Engineering* 29 (4): 297–310.

Tsui, F., O. Karam, S. Duggins, and C. Bonja. 2009. "On Inter-Method and Intra-Method Object-Oriented Class Cohesion." *International Journal of Information Technologies and Systems Approach* 2 (1): 15–32.

Wilkie. F. W., and B. A. Kitchenham. 2000. "Coupling Measures and Change Ripples in C++ Application Software." *Journal of Systems and Software* 52: 157–164.

Yourdon, E., and L. Constantine. 1979. *Structured Design: Fundamentals of a Discipline of Computer Program and Systems Design.* Upper Saddle River, NJ: Prentice Hall.

实　　现

目标

- 描述好的实现的特征以及有助于完成良好实现的最佳实践。
- 了解注释在好软件开发中扮演的角色以及什么是好的注释。
- 了解一些有效调试程序的技巧。
- 分析重构的概念和一些重构技术。
- 使用云进行开发时的问题。

9.1　实现简介

大多数软件工程项目的最终目标都是生成一个工作程序。将详细设计转化为使用某种程序语言和具有支持活动的有效程序的行为称为实现。为了简化本章的内容，我们假设一个传统的软件工程生命周期，它正在制定一个明确的详细设计。在许多情况下，详细设计是不会明确完成的，但会被保留为实现的一部分。第 7 章讨论了软件设计的技术，第 8 章则介绍了如何评估好的设计。

把详细设计当作实现的一部分进行通常会更快，但是可能导致较低的内聚和较差的组织性，因为每个模块的详细设计通常由不同的人来完成。在小型项目中，详细设计通常被保留为实现的一部分。而在较大的项目中，或者当程序员都没有经验的时候，详细设计将由一个人单独完成。当然，不一定所有模块都要这样。最重要的模块可能由最有经验的人员设计，其他次要的模块可由其他程序员设计。

实现阶段不仅是编写代码。代码也需要进行测试和调试，然后编译并内置到完整的可执行产品中。我们通常需要使用配置管理来跟踪不同版本的代码。

在本章中，我们介绍实现的除了测试、构建和配置管理以外的所有方面。测试将会留到第 10 章讲解，构建和配置管理将会在第 11 章介绍。

9.2　一个好的实现的特征

以下是一个好的实现必须具备的特征，需要时刻记在心里：

- 可读性：代码可以被其他程序员轻松地阅读和理解。
- 可维护性：代码可以被轻松地修改和维护。请注意，这与可读性有一定关系，但不完全相同。例如，可维护性涉及匈牙利命名法的使用，该命名法由微软的 Charles Simonyi 提出，其中变量名称包括变量类型的缩写。
- 性能：和许多事情是一样的，实现需要使生成的代码的运行速度尽可能快。
- 可追溯性：所有代码元素都应与设计元素相对应。这样从代码可以追溯回设计（从设计也可以追溯回需求）。
- 正确性：实现需要按照需求和详细设计进行。
- 完整性：要满足所有的系统需求。

许多程序员的第一本能会把关注点放在正确性和性能上，而忽略了可读性和可维护性。对于许多从事大型、多版本的软件项目开发的软件工程师来说，可维护性与正确性同等重要（甚至更重要），而在大多数情况下，性能反而不那么重要。

重要的是，实现这些特征需要付出一定的代价，同时不同特征之间存在相互影响，需要进行权衡。可读性通常有助于可维护性，这两者通常有助于实现正确性。性能优化通常会降低可读性和可维护性，有时甚至会降低性能。优化师更改代码可能会增加程序的大小，从而导致代码运行速度变慢。还有一个例子，消除函数调用可以提升运行速度，但是其导致的内存交换反而会降低运行速度。消除函数调用也会影响程序的可读性和可维护性。

9.2.1　编程风格和代码规范

几乎所有的软件开发组织都有特定的代码规范。这些规范通常会指定命名、缩进和注释风格等，以免在多个编程团队中引起争议。值得注意的是，如今有许多工具会自动缩进和格式化代码，因此不像以前那样有争议了。

最重要的是要认识到这些问题，尤其是那些偏语法的问题（如大小写和缩进规范）并不是特别重要，基本上只是一个习惯。但是，我们强烈建议你在代码中保持风格一致，这样其他人后期调试和维护代码时才不会产生混淆。在大型软件项目中，通常会有一些编程约定。这些约定看似没有什么价值，但是在构建和集成周期中可能会变得非常有用，例如，前缀为a001的所有部分需要一起编译，其中a001前缀表示某个组件。

类似的方案可用于发出错误消息。例如，向用户发送清晰明确的消息时，可以在消息前加上一些标识符，帮助程序员识别出错位置以便调试。

编码规范中通常会有一点是建议禁用某些对组织而言容易引起错误的语言特性和实践。例如，许多组织在编程语言层面禁止使用指针或多重继承，当然，几乎所有组织都要求代码编译时不出现任何警告，并且不使用任何不推荐的语言特性。

保持良好编码风格最重要的是保持一致性，并突出代码的意义。以下建议与影响编码风格的问题相关：

- 命名：这是指为类、方法、变量和其他编程实体选择名称。命名涉及的主要是语义问题，也是提高可读性和可维护性的最重要的问题之一。一个可以传达模块意图的名称能使代码被快速理解，而不合适的名称将需要注释来进行说明，甚至会误导读者。我们注意到命名和对代码的理解度有很大的关系。在许多情况下，如果不能想到一个好的模块名称，那么说明对模块的理解不够透彻。我们建议为全局实体选择长名称，为小段代码中的本地实体选择更短的名称。

  命名的另一个关键问题是一致性。对于相同的概念，应始终使用相同的单词（或缩写），并避免为两个不同的概念使用相同的单词，即使是在不同的上下文中。在为一个概念选择单词时，我们建议按照特定编程语言或平台的习惯选择符合外部标准的单词。

  对于多元文化和多语言团队，命名可能会变得更为复杂。在这种情况下，提前决定从一种特定的人类语言中取名字是一个好方法。

- 分词和大小写：很多时候，一个名称由多个单词组成。在人类语言中，我们使用空格来分开单词，但大多数编程语言并不允许我们这样做。不同的编程语言使用不同的约定来将多个单词组合成一个标识符。我们强烈建议使用编程语言的标准约定，并确保在每种情况下都遵循这些惯例。

举个例子，C 语言使用全小写标识符，并用下划线分隔单词，如 do_something，而 Java 不使用分隔符，并将第二个单词的首字母大写，如 doSomething。Java 还有一些关于首字母大小写的名称规则。有关这一主题的更多资源，请参阅 9.9 节。

- 缩进和间距：缩进是指在一些行之前添加空格以更好地反映代码的结构。间距是指代码中插入的空格和空行。初学者常犯的一个错误就是不会正确地缩进。下面的代码就是没有缩进的示例：

```java
public static int largest(int arr[]){
assert(arr.length>0);
int curLargest=arr[0];
for(int i=1; i<arr.length; ++i) {
if(arr[i]>curLargest)
curLargest=arr[i];
}
return curLargest;
}
```

再看一个没有正确缩进的代码示例：

```java
public static int largest(int arr[]){
assert(arr.length>0);
int curLargest=arr[0];
    for(int i=1; i<arr.length; ++i){
    if(arr[i]>curLargest)
    curLargest=arr[i];
}
    return curLargest;
}
```

你能指出错误吗？最后看看下面有正确缩进的代码示例：

```java
public static int largest(int arr[]){
    assert(arr.length>0);
    int curLargest=arr[0];
    for(int i=1; i<arr.length; ++i) {
        if(arr[i]>curLargest)
            curLargest=arr[i];
}
return curLargest;
}
```

我们认为缩进是影响可读性和可维护性的重要因素。所有程序员都应该遵循一定的缩进风格。这里最重要的问题是一致性，因为程序员都能快速习惯给定的缩进风格。很多时候，每种语言都存在既定的标准缩进风格，通常是语言参考中使用的标准风格。我们强烈建议遵循这种标准风格，因为大多数程序员都会熟悉这样的缩进风格。

- 函数 / 方法大小：许多研究表明，大型的函数或方法在统计学上比小型的更容易发生错误。［直到某一零界点，非常小的方法平均下来会有更多的错误；参见 Hatton 的文献（1997 年）了解更多细节。］自 20 世纪 60 年代和提出结构化编程以来，大小问题已经得到了 Harlan Mills 和 Edsgar Dijkstra 的广泛研究（参见 9.9 节 Dijkstra 的两篇文章）。实际的考量也会影响方法的大小，出现在字符串或打印页面中的代码行应受到限制。同时，可以查看整个方法在可读性和可维护性方面也是重要的。我们建议将每个方法的代码行限制在 50 行内，这样可以使得一个方法在屏幕和页面中完整呈现。

- 文件命名问题：拥有一个标准来指定如何命名文件、为每个模块生成哪些文件以及如何从模块中定位某个文件是非常有优势的。可以通过一个单独的文档指定哪些模块放在哪些文件中，但形成文件命名约定会使文件命名更加方便。
- 特定编程结构：不同的编程语言支持不同的功能，虽然它们通常会因某些理由来囊括某些功能，但是有许多功能可能会被误用，因此需要一定的预防措施。GOTO 关键字和多重继承被视为很危险的功能。一个极端的例子是，C 语言提供了 setjmp 和 longjmp 函数，它们允许全局 GOTO，参见 Dijkstra 在 1968 年写给 *Communications of ACM* 编辑的一封信。

大多数这些结构由于某种原因而被包含在语言中，并且具有应用示例。我们建议默认情况下禁用这些危险的结构，程序员可以通过获得针对特定用途的授权来使用，前提是他们可以证明使用这些结构的好处胜过危险。

9.2.2 注释

注释非常重要，它可以显著地提升或降低可读性和可维护性。注释有两个主要问题：（1）注释可能会切割代码，使程序更难阅读；（2）注释可能是错误的，它们可能会随着代码的变化而过时，或者由于它们不可执行而无法被测试，因此一开始就可能是错误的。

我们将注释分为六种不同的类型，其中前五项对应于 McConnell（2004 年）定义的五项：

- 对代码的重复：新手通常会写出这些类型的注释，应该避免。错误的编码指南也会要求程序员编写这种注释，通过强制为每个函数添加注释块，为每个参数添加一行注释。在大多数情况下，这些注释只会浪费精力，分散读者的注意力。一个极端的例子是以下注释：

```
// increment i by one
++i;
```

- 对代码的解释：有时，当代码很复杂时，程序员很想通过人类语言解释代码的作用。我们坚信，几乎在任何情况下，如果代码复杂到需要通过人类语言解释，那么这些代码应该被重写。
- 代码中的标记：将标记放在代码中以表示项目未完成、等待改进或其他信息是很常见的做法。我们建议对这些标记使用一致的符号，并在代码投入生产之前消除所有标记。有时程序员将标记放在代码中以跟踪变化以及造成变化的人。我们相信使用版本管理软件可以更好地跟踪信息，并建议这样做。
- 对代码的总结：总结代码所完成的任务而不是重复代码的注释对于理解代码是非常有帮助的，但是这种注释需要时刻保持更新。重要的是确保这些注释是真正总结了代码，而不仅是重复代码或解释代码。在许多情况下，如果正在总结的代码可以被抽象为自己的函数，那么只要命名准确，就可以不注释。
- 对代码意图的描述：这些是最有用的注释类型，描述了代码应该做什么而不是做了什么。这些是唯一覆写代码的注释类型。如果代码不符合意图，那么代码就是错误的。

- **外部引用**：这些是将代码链接到外部实体（通常是书籍或其他程序）的注释。很多时候，这些可以被看作一种意图陈述，如"在这个函数中实现 XYZ 算法，如下所述"，但是我们认为需要特别注意这些注释。代码还可能存在外部先决条件和必要条件，例如数据库表中初始化数据的存在。

我们应该明确代码注释带来的利弊。注释可以帮助理解代码并将代码与其他来源联系起来，但它们在一定程度上也是代码的重复。它们的创建，尤其是维护，都需要精力的投入。一个不对应实际代码的注释可能会引起错误并且很难定位和纠正。

注释的另一种缺点是它体现了程序员编码的坏习惯。很多时候，程序员会编写过于复杂或不易维护的代码，并添加注释，而不是将代码重构。事实上，许多专家建议完全避免注释，并产生所谓的"自带文档的代码"，也就是说编写的代码不需要任何文档。我们认为这是程序员应该努力的方向，但注释有其特殊的地位，特别是在描述程序员意图方面。

我们强烈鼓励程序员遵从良好的命名和编程规范，主要把注释用于外部引用和意图描述。如果代码不能抽象，并且它仍然很复杂，那么可能需要适当的总结性注释。代码说明和标记只能临时使用，同时应始终避免重复代码。

注释的一个问题是，大多数编程书籍和教程因为面向初学者（或至少是不了解特定技术或库的人们），往往会提供很多的注释，导致重复代码或解释代码。许多程序员模仿了这种风格，或者走向另一个极端，完全避免注释。McConnell（2004 年），Kernighan 和 Pike（1999 年）提供了良好注释风格的例子。

9.3 实现的实践

本节探讨如何完成有效和成功的系统实现。我们将从代码调试和四个调试阶段开始讨论对所需编程的创建。接下来会探索使用断言来进行防御性编程，以及计划、构建、实施、跟踪、审查和更新代码等实现活动。这些活动使系统得以实现。本节中选择的实现实践涵盖了这一重要阶段中很重要的任务，并提供了对支持实现的流程的必要理解。

9.3.1 调试

调试是在代码中定位和修复错误的行为，这些错误通常是在测试中发现的。也可以通过其他方式来查找错误，代码检查和程序正常使用过程中都可以发现错误。我们可以在调试过程中定义四个阶段（除了发现错误，我们不把它当作调试的一部分），几乎每一种调试都会经历这些阶段。请记住，调试是一个高度迭代的过程，其中将假设导致错误的原因，编写测试用例以证明或反驳假设，并更改代码以尝试解决问题。如果这个假设是错的，将需要回溯并提出一个新的假设。调试过程中的四个阶段总结如下：

- **稳定**（有时也叫复现）：这个阶段的目的就是在特定配置（大多数情况是开发者的机器）下再现错误，并且通过构建最小的测试用例来找出导致错误的条件。在这个阶段我们完全不需要看代码。我们只需要确定输入条件，结合程序的状态复现错误。

  稳定阶段的输出是能产生错误的一系列测试用例，可能有些用例可以正确执行。这个阶段还涉及最小化导致错误的条件。在写出复现错误的测试用例后，尝试编写一个也会失败的更简单的测试用例。虽然在许多情况下，复现错误是一项微不足道的任务，但有时候这是非常困难的。许多错误似乎随机发生，并且使用相同的输入测试程序两次有时会产生不同的结果，具体取决于程序的状态。未初始化的变量、悬挂指针和多个线程的交互往往会产生随机的错误。

- 错误定位：错误定位过程需要找到导致错误的代码。这通常是最难的部分，但如果稳定阶段产生了非常简单的测试用例，则可能会使问题变得简单。
- 错误修正：修正过程需要更改代码。如果了解错误的原因，就很有可能可以解决问题。一个常见的误区是在没有真正稳定错误或在源代码中找到错误的情况下试图纠正错误，这会导致随机更改代码，而不是修复代码，同时可能引入新的错误。
- 验证：验证过程包括确定错误已经修复，并且代码中的更改不会引入其他错误。很多时候，修改代码可能没有修复错误，甚至可能引入新的错误。

程序中的错误可以大致分为语法错误和逻辑错误。编译代码时的语法错误往往很容易找到，因为编译器会检测到它们，并且可以提供有关信息。尽管编译器错误消息通常不是清晰的示例，但程序员很快就能学会使用它们来查找和解决问题。

虽然调试是一项非常复杂的任务，但有几条经验法则可以用来确定如何找到错误。值得注意的是，由于复杂、不良的设计或创建者自身引发的问题，许多例程会产生大量的错误。有些错误迹象可能来自设计或代码检查。具有多个错误的例程往往会有更多潜在的错误。新创建的代码往往具有更多的错误，因为它不像旧代码一样执行过（并经过测试）。最好能拥有自己的启发式方法，可以关于程序、语法或特定程序的哪些部分容易以哪种方式出错。

以下工具可以帮助调试：

- 源代码比较器可以帮助快速找到代码中的更改。
- 扩展检查器可以发现语法、逻辑或代码风格的问题。它们可以突出显示错误的代码，并且在执行程序前检测到错误。这种工具的典型例子是 lint，用于检查 C 程序。
- 交互式调试器可以越过代码中的某些点检查变量，并在特定的地方添加断点和中断程序。交互调试器对于调试很有用，但它们通常被错误地使用，特别是初学者往往试图用交互调试器来代替代码理解。
- 一些专门构建的库重新实现了标准库，但具有额外的保护措施，以检测和防止错误。
- 描述前置条件和后置条件（在第 9.6 节中讨论）的分析工具，以及主要用于其他目的但可以帮助测试的覆盖工具。

9.3.2　断言和防御性编程

预防程序错误的一个非常有用的技术是使用断言，这与前置条件和后置条件的概念有关。前置条件是模块产生正确结果的必需条件。后置条件是程序在满足前置条件时执行代码之后应该成立的条件。使用断言来突显前置条件是一个很好的做法。断言是一些语句，会检查条件是否满足，如果发现不满足，则会产生错误。大多数现代编程语言都有特定的断言语句。通过执行断言，可以捕获许多错误。前置条件和后置条件也可以与形式化方法一起使用来证明代码实际上在正确执行。

9.3.3　性能优化

性能对于几乎任何程序都是很重要的方面，但我们必须了解其中存在着权衡。通常（但也不总是）优化性能会影响可维护性和可读性。请记住，正确性显然比性能更重要，可维护性也是，因为它有助于将来的正确性。这个规则唯一可能的例外是实时系统，其中在一定时间内执行动作也属于正确性的一部分。

程序员最常犯的一个错误就是过早地担心性能问题。程序员的首要目标是保证程序正确，易于维护。程序完成后，如果性能不能令人满意，那再考虑性能。在许多情况下，性能不会是一个问题，这可以节省大量的精力。另一个常见的错误是为了性能优化所有的代码，而不是首先进行度量。大部分程序片段只执行几次，不会显著影响性能。只有少数程序片段会影响性能，需要进行优化。

分析器是一种运行程序并计算每个部分花费时间的工具。它能帮助找到性能瓶颈并定位需要优化的模块。通过该工具，可以查看和优化仅对性能有重大影响的模块。进行更改后，进行测量并再次进行配置，以确保更改确实提高了性能。

在一些情况下，性能不佳是设计不良或代码不佳导致的，简化代码可以在一定程度上提高性能。在大多数情况下，应该进行代码模块化，这样可以在非常隐蔽的地方得到性能的优化，同时大部分代码都是清晰的。一个好的优化编译器也会关注性能优化，而不需要程序员牺牲任何代码的可读性。

与大多数其他活动一样，在进行性能优化之前，应该进行成本效益分析。由于程序员的时间比机器时间宝贵得多，所以保持程序原样并购买更有能力的硬件可能成本更低。除了程序员的成本外，还需要权衡可维护性的降低和引入错误的可能性。

这些关于性能优化的忠告不代表推荐生成臃肿的代码。良好的编程实践和明智的设计选择可以生成正确、可维护和高效的代码。最佳做法之一是尽可能多地重用现有的高质量代码。大多数可以显著提高应用程序性能的标准数据结构和算法已经实现，并且在许多情况下可用作语言编译器附带的标准库的一部分。应该了解库和其他可用的高质量代码并使用这些代码，而不是重新实现新的代码。

9.3.4　重构

在使用最佳实践并有意识地产出高质量软件的基础上，依然可以对程序不停地进行改进。下面将更多地介绍关于编程、软件工程实践以及正在处理的特定问题的知识。

编程在许多方面与自然语言的写作相似。毕竟，一个程序将一个进程传达给计算机，更重要的是传达给其他程序员。相似地，对书面文件可以在写好后进行改进和润色，对程序也可以。一个重要的区别是，在编程中，我们通常不想改变程序或模块的界面或可观察的行为，因为这将影响其他模块。

Martin Fowler（1999 年）推广了重构这个术语，使它旨在改进代码风格，而不是代码行为。他也使用这个术语来描述为改善代码结构而进行的每个改动，还定义了一系列表明代码需要重构的“症状”，他称之为“难闻的气味”，并提供了有效重构。

重构的概念也是 Beck 极限编程方法的一部分，是生成优良代码最强大的技术之一。我们强烈建议你使用良好的编程实践，并尝试第一次就生成高质量的代码。但是，你也应该尝试进行重构并提高代码质量。

福勒提供的难闻的气味包括：

- 重复的代码（显然是浪费的）。
- 过长的方法（过长的方法应该被细分为更高内聚的方法）。
- 过大的类（和过长的方法属于一类问题）。

- switch 语句（在面向对象的代码中，switch 语句在大多数情况下可以用多态代替，这样可以使代码更清晰）。
- 特征忌妒，方法倾向于使用更多和它来自不同类的对象。
- 不适当的亲密关系，其中一个类引用其他类太多的私有部分。

任何这些症状，以及 Fowler 引用的和你将要开发的其他症状，都表明你的代码需要改善。你可以使用**重构**来处理这些问题。

根据 Fowler（1999 年）的说法，重构是对软件内部结构的改变，使在不改变它的可观察行为的情况下，它变得更易于理解和修改成本更低。以下是 Fowler 讨论的几种重构：

> **重构**　对软件内部结构的改变，使在不改变它的可观察行为的情况下，它变得更易于理解和修改成本更低。

- 提取方法：一个将代码片段转换成拥有合适名称的方法并调用该方法的过程。
- 替代算法：使用更加清晰的新算法替代方法体并返回相同结果的过程。
- 移动方法：将算法从一个类移动到另一个类的过程，前提是这样做是有意义的。
- 提取类：一个执行了两份工作的过程，因此需要分为两个单独的过程。

9.3.5　代码重用

自开始编程以来，我们逐渐认识到代码重用的价值。代码重用节省了时间和资源。通过重用技术提高生产率和质量是通过早期过程化的高级语言中科学和符号操作"子程序"库，以及汇编语言代码中的"宏"来促进的。如今，对象继承和各种设计模式在设计中被广泛使用，程序员正在利用商业开发平台提供的代码库，更复杂的组织正在开发从设计模式到代码模板的可重用组件。

代码重用和代码库的目的与设计模式和模板的目的相同，但在以下地方有所不同：

- 提供编程语言库中的代码作为预打包的解决方案，以便重用。
- 设计模式是一种解决方案的模板，仍然需要针对每种特定情况进行定制。

因为代码重用是非常具体的，所以从代码库中查找和检索确切的代码以满足需求并不简单。缺乏有效的代码搜索和检索系统可能是进行代码重用的关键障碍。代码搜索机制已经从简单的 grep 类型的工具改进到更复杂的代码检索系统（参见 9.9 节中 Sadowski、Stoles 和 Elbaum（2015）的文献，了解有关软件开发中的代码搜索活动的更多信息）。然而，有经验的程序员一直保留自己过去的代码，然后进行修改和重用。在某种意义上，这些有经验的程序员一直保持着重用，并保留了一个可重用代码模式的个人库，非常类似于设计模式。

9.4　虚拟化和容器

服务器负载往往随时间而变化，可能在一天中的某个时间、一年中的某个时间变化，也可能只是意外的负载。如果希望服务器能够应对最大负载，那么它将长时间处于空闲状态。此外，如果发现需要一个更大的服务器，则需要购买服务器，然后将应用程序移动到这个更大的服务器上。

先尽可能地获取最大的服务器，然后在其上运行多个应用程序，这是可行的。如果应用程序没有同时达到最大负载，则可以安装更多的应用程序，并以此提高服务器利用率。然而问题是，如果应用程序间没有隔离，那么一个应用程序中的错误可能会导致其他应用程序瘫痪。

　　虚拟化解决了这个问题。虚拟化的服务器就和几台完全独立的计算机一样。虚拟化主机对计算机进行分区，并为每个**虚拟机（VM）**分配不同的硬件资源。每个虚拟机可以运行不同的操作系统，并且通常会运行不同的应用程序。现代服务器处理器（自 20 世纪 90 年代末以来）为虚拟化提供了硬件支持，因此性能损失是极小的。

> **虚拟化**　模拟计算系统实例的运行，通常多个模拟系统可以同时运作。

　　虚拟化提供了几乎完全的隔离，并允许在每个虚拟机上运行不同的操作系统，但是分配给每个虚拟机的内存容量通常是固定的。一种稍有不同的虚拟化技术——容器，已经在类 Unix 系统中流行起来。容器提供了一个隔离的文件系统，容器中的应用程序就像在隔离的机器上运行一样，但是对于主机来说，它们看起来就像一个进程。这样就允许动态分区，而且由于所有容器都共享相同的操作系统内核，因此只须加载一个内核，从而节省了一些内存。在 Linux 社区中，Docker 是第一个流行的容器技术，而且现在几乎被用作容器的同义词。

> **虚拟机**　在现有系统中对另外一个计算系统的模拟，以便模拟系统可以在同一硬件机器上作为完全运转的独立系统运行。

> **容器**　虚拟的或模拟的运行时环境，它允许多个应用程序在相同的操作系统环境中运行，不像虚拟机那样提供完全不同的操作系统。

　　请注意，通过将虚拟机作为容器的宿主，虚拟机和容器可以嵌套。虚拟机目前已成为云计算的支柱之一，云服务提供商允许在其硬件上创建虚拟机。

9.5　开发云计算

　　大多数现代应用程序需要服务器组件来实现共享数据。Web 应用程序（通过浏览器运行的程序。事实上，大多数用户会把它们视为网站）大多是服务器组件，而本地移动应用程序（在智能手机上运行的应用程序）需要后端服务器进行通信和共享数据存储。不久之前，我们已经开始通过为应用程序规划物理服务器来开发应用程序。本小节将要解决以下问题：我们需要什么样的服务器？服务器将放置在哪？是把它们放在办公室还是进行托管？如何访问服务器？

　　如今，大多数公司更愿意使用云来进行开发，虽然在某些情况下仍然需要管理一些物理服务器。“云”并不是什么神奇的东西，数据中心和物理服务器仍然存在。不同之处在于，我们不管理这些物理服务器，而且由于专业化和规模经济，其他实体可以高效进行。

　　作为软件工程师，我们可以通过以下方式使用云：

- **基础设施即服务**：获得虚拟服务器，并获得完全的控制权。就像我们在某个地方得到一个 Windows 或 Linux 的盒子，然后需要管理它。我们远程访问这个服务器，不在乎它是物理的还是虚拟的。云提供商提供机器和网络访问，我们无须关注硬件问题。许多时候，这些虚拟机构成了其他层的基础。
- **平台即服务**：云服务提供了一个托管应用程序的完整平台。我们不需要管理服务器或安装应用服务器，而只须提供代码，提供商会在其平台上运行它

> **基础设施即服务**　云提供商主要提供硬件和网络资源的服务。

> **平台即服务**　云服务提供了一个托管应用程序的完整平台。

> **云应用服务**　在云中提供对应用程序有用的服务（如数据库或电子邮件）。

（并且很多时候还会提供其他服务，如数据库）。

- **云应用服务**：大多数应用需要连接数据库，有些应用还需要其他服务，如文件存储和电子邮件或通知发送等。我们通常可以在云服务中获得这些打包的服务。由于许多公司专门需要从事一个或几个服务，与自己运营这些服务相比，云服务可以提供更高的可靠性和可扩展性。

- **面向开发者的云服务**：开发人员也需要许多服务，小到代码存储、代码审查，大到项目管理和通信。大多数这些服务都可以从云服务中获得，这可以最大限度地减少投资和管理工作。

9.5.1　基础设施即服务

计算机是非常快的，许多服务器大部分时间都是闲置的。我们现在拥有将这些计算机虚拟化的技术，并在一台物理计算机上运行多台虚拟机。对于大多数实际目的而言，每个虚拟实例与其他虚拟实例是隔离的，就像在不同的实际物理机上运行一样。虽然这不是一项新技术，但它当时只存在于大型计算机和其他昂贵的计算机上。自 20 世纪 90 年代后期以来，这种技术已经使用在个人计算机中（随着这些计算机变得更快，功能也在不断扩展）。

几年前，创建服务器昂贵而且耗时，包括购买物理计算机或在托管服务器中租用服务器。请求一个服务器通常需要几天甚至几个月。最便宜的服务器每月花费约 100 美元，而且必须租用一整个月。现在我们可以在几秒钟内启动一台新的服务器，每小时只支付几分钱。我们可以通过代码自动启动和停止服务器，且根据需要扩展自己的服务。大多数提供商还提供简单的机制来根据负载或特定的时间表自动部署服务。

在某些情况下可能会发生垂直扩展（使用更大的机器），但相对来说水平扩展服务（使用许多机器）更有用。例如，在网站中，每个请求都是独立提供的。如果需要，可以有很多不同的 Web 服务器为同一个站点提供请求。如果创建服务器很容易，那么可以在负载很高时创建更多的服务器，并在负载低时停止它们，以响应最多的需求。

亚马逊（也称为 AWS，即亚马逊网络服务，用于与在线商城区分开）创建了这一类别并将其普及。AWS 意识到它的服务器大部分时间都处于空闲状态，所以具有空闲的容量，同时已经在管理数千台服务器。其他领先供应商有微软的 Azure、Google Compute 和 DigitalOcean，以及传统的服务器托管提供商，如 Rackspace。

9.5.2　平台即服务

虽然可以在云端拥有虚拟机，但仍然需要管理所有这些服务器。许多应用需要多台服务器；例如，对于 Web 应用程序，可能需要一个或多个应用程序服务器、静态文件的 Web 服务器、数据库服务器以及可能存储文件或发送电子邮件的其他服务器。一个公司可能有几个应用程序，并且可能希望在服务器上实现冗余，因此即使是简单的应用程序，服务器的数量也可以达到数十个。

许多提供商会提供整个平台，运行 Web 应用程序的应用程序服务、数据库服务、静态文件托管服务和访问其他服务，如电子邮件服务等。Heroku 是该领域的先驱，它允许用不同的编程语言编写程序，并适配不同的平台。Azure 对 .NET 应用程序有很好的支持（尽管它也支持其他类型的应用程序）。Google 创建了自己的平台 Google App Engine，还有其他提供商（如 Red Hat 和 IBM）提供了其他的云平台。

9.5.3　云应用服务

有时可能不想完全依靠一个平台或提供商，或者平台可能不完全适合自身需要。许多云提供商允许用户访问各个服务，这使得开发者在应用程序中有更大的灵活性。同时，考虑到公司的经验和规模，这些服务往往具有非常高的可扩展性和可靠性。

我们需要一本书才能列出所有的服务，下面是其中一些最有用的：

- 存储服务：存储文件并允许通过互联网进行身份验证后访问该文件。这是最早提供的服务之一，亚马逊的 S3 是最受欢迎的之一。亚马逊和其他提供商还提供存储冗余，以及允许从任何地方快速获取文件的内容传送网络。
- SQL 数据库服务：传统数据库一般基于 SQL。大多数云提供商将运行和管理 SQL 服务器，并通过互联网提供访问。不幸的是，这种服务通常还需要用户了解不同的 SQL 服务器，并且不按分钟收费。
- NoSQL 数据库服务：键值存储，它是一种非关系型数据库，可以水平扩展，对应不同键的值被分配给不同的服务器。这使得它们非常适合云提供商。许多领先的供应商提供了不同的选择，具有不同的定价和性能特征。AWS 提供 DynamoDB，Azure 和 Google 也有类似的产品。
- 电子邮件发送服务：许多应用程序最需要发送电子邮件，用于监视和警报或与客户进行通信。虽然电子邮件发送似乎很简单，但很多情况下可能发生出错，提供可靠和可扩展的服务并不容易。一些提供商提供这种服务，包括 Mailgun 和 AWS。
- 移动通知服务：许多在智能手机上运行的应用程序需要向手机发送可靠的通知，但是它们可能暂时没有连接网络，因此通知需要存储在服务器上一段时间。许多云提供商（以及手机平台，比如苹果）都提供这种服务。

9.5.4　面向开发者的云服务

除了托管应用程序的服务器之外，开发人员还需要许多其他服务，其中大多数都可以在云端使用（尽管并非所有这些都是开发人员独有的）。其中一些服务包括：

- 代码仓库：我们需要存储代码和其他制品，并且能跟踪不同版本，还需要关于谁做了哪部分的历史记录。自 20 世纪 70 年代以来，我们已经有了版本控制系统，它们通常涉及服务器，所以云提供这样的服务并不奇怪。虽然有许多不同的代码仓库系统，但现在最受欢迎的是 git，有几个免费的云服务提供商，包括 GitHub、Bitbucket 和 Visual Studio online。
- 项目管理：尽管管理软件项目有许多不同的方法（如本文其他部分所述），但大多数情况下，我们需要一些项目管理软件。我们可以在云中使用许多这样的软件，包括 Trello 和 Jira。
- 电子邮件：开发者仍然需要沟通，电子邮件是最常用的沟通方式之一。有许多基于网络的电子邮件系统，包括 Gmail 和 Outlook.com。
- 聊天：除电子邮件外，许多团队使用某种聊天应用程序。除了诸如互联网中继聊天（IRC）之类的旧软件，许多用于开发人员的云聊天系统都是可用的，它们提供了额外的功能，如搜索、历史记录以及包含文档和代码制品链接的功能。供开发者使用的聊天系统的主要提供商是 Slack 和 HipChat。

9.5.5　基础设施即代码和 DevOps

- 云带来的一个重大变化体现在系统管理员或运维人员的任务上。传统上，他们工作中很大一部分是提供基础设施。他们购买服务器，维护这些硬件，安装和维护它们的操作系统，以及安装应用程序。在云中，它们通过调用应用程序接口（API）来提供基础设施，并在实例化新机器时安装应用程序运行脚本，这一切看起来都像是编程，而不是传统的运维任务。
- 这导致了开发和运维角色的几种组合。不同的公司或同一公司内部的不同团队对 DevOps 的定义不同。
- 一种可能的方法是扩展运维角色，并让它使用软件开发技术。于是我们有一个 DevOps 团队，他们创建或组织用于监控和部署应用程序的工具，包括 CI/CD 管道、日志记录、度量和监控。
- 另一种常见的做法是将运维角色集成到服务或内部应用程序的开发团队中，直接由一个团队负责创建和部署新功能，并保持服务运行。运维角色现在与应用程序的开发集成在一起。这在微服务架构中非常有效，每个团队都可以完全拥有一个服务。

9.5.6　云的优点和不足

云开发有许多优点，但也有一些不足。最大的优点是提高了灵活性和可扩展性，我们可以在几分钟或几个小时内创建服务器，而开发云服务的公司通常可以使其扩展到几乎任何规模。

我们不需要像管理自己的服务器一样管理云服务，但是我们仍然需要管理这些服务，如果我们失去对服务器的控制，可能会引起一些问题。

由于我们不控制云服务器，因此可能会有信任或法律方面的问题。服务器可能位于不同的国家，因此会受到不同法律的约束，这可能成为一个问题。我们可能会有隐私、安全或法律方面的要求，这使得使用其他公司的服务器变得更加困难。

云服务的成本或多或少取决于我们的项目细节。通常，云服务的初始资本投入很少，但运营成本可能高于各个服务器的成本。即使基础运营成本可能较高，总体的成本仍可能不算高，因为管理成本变得更低了。我们很难对成本情况做一个概括性的说明。

虽然可能会有更多的服务被移动到云端，但许多公司最终会使用混合的应用程序，其同时使用公司本身的服务器和云端的服务器。一些应用程序会由公司直接管理，一些则被放在服务平台上并使用云提供的服务。正如我们关于购买与构建的标准决策一样，在考虑创建新项目时，我们需要了解当前的云提供哪些服务，同时考虑项目的哪些部分应该放在云端。

9.6　总结

在本小节中，我们回顾了良好实现的以下特性：

- 可读性。
- 可维护性。
- 性能。
- 可追溯性。
- 正确性。

- 完整性。

然后，我们讨论了编写指南、命名规范、注释和其他有助于实现良好特性的项目。接着，作为实现的一部分，我们讨论了调试、性能权衡和重构等附加活动。最后，我们描述了使用云进行开发的一些问题。

9.7   复习题

9.1   列出良好软件实现的三个特性并用自己的语言解释。

9.2   简要讨论程序变量与函数命名的注意事项。

9.3   列出调试的四个阶段。

9.4   判断并说出原因：你应该为了性能而不断地优化代码吗？为什么？

9.5   列出表明你的代码可能需要被重构的三个难闻的气味。

9.6   列出本章提到的三种重构并简要说明。

9.7   设计模式和代码库中的代码有什么区别？

9.8   列出我们使用云的四种方式。

9.9   简要说明云的基础设施即服务。

9.10   简要说明云的平台即服务。

9.11   列出云中提供的至少两种应用服务。

9.12   列出云中可用的至少两种非应用服务。

9.8   练习题

9.1   阅读一个你在很久以前写的程序（越老越好）和一个最近写的程序。你能看懂旧的程序吗？你的编程风格有什么变化吗？

9.2   考虑一下你最喜欢的（或者你的教授指定的）编程语言。它最危险的特征是什么？如果你正在为你的编程团队编写编码指南，你是否会完全禁用该特征？为什么或者为什么不？

9.3   找一个你写过的（或者你的教授指定的）程序，分析它的风格。它的缩进是否正确？名字是否选择良好？它可以从重构中获益吗？与同学或其他软件开发人员讨论这些问题。

9.9   参考文献和建议阅读

Bohl, M., and M. Rynn. 2008. *Tools for Structured Design: An Introduction to Programming Logic*, 7th ed. Upper Saddle River, NJ: Prentice Hall.

Dijkstra, E. W. 1968. "GOTO Statement Considered Harmful," letter to the editor, *Communications of ACM* (March): 147–148.

Dijkstra, E. W. 2003. "Structured Programming," transcribed by Ham Richards. Last revised July 2003. http://www.cs.utexas.edu/users/EWD/transcritions/EWD02xx/EWD268.html.

Fowler, M. 1999. *Refactoring: Improving the Design of Existing Code*. Reading, MA: Addison-Wesley.

Green, R. 2015. "How to Write Unmaintainable Code." https://github.com/Droogans/unmaintainable-code.

Hatton, L. 1997. "Reexamining the Fault Density-Component Size Connection." *IEEE Software* 14 (2): 89–97.

"Hungarian Notation—The Good, the Bad and the Ugly." 1998. http://www.ootips.org/hungarian-notation.html.

Hunt, A., and D. Thomas. 1999. *The Pragmatic Programmer: From Journeyman to Master*. Reading, MA: Addison-Wesley.

Kernighan, B. W., and R. Pike. 1999. *The Practice of Programming*. Reading, MA: Addison-Wesley.

McConnell, S. 2004. *Code Complete*, 2nd ed. Redmond, WA: Microsoft Press.

Sadowski, C., K. T. Stoles, and S. Elbaum. 2015. "How Developers Search for Code: A Case Study." In *Proceedings of the 10th Joint Meeting of European Software Engineering Conference and ACM/SIGSOFT Symposium on the Foundations of Software Engineering, Bergamo, Italy*. New York: Association for Computing Machinery.

Simonyi, C. 1976. "Meta-Programming: A Software Production Method." PhD diss., Stanford University.

Stallman, R., et al. 2020. "GNU Coding Standards." http://www.gnu.org/prep/standards/standards.html.

Sun Microsystems. 1999. "Code Conventions for the Java Programming Language." http://www.oracle.com/technetwork/java/javase/documentation/codeconventions-139411.html.

测试和质量保证

目标

- 理解软件验证与软件确认的基本技术以及何时应用它们。
- 分析软件测试的基础知识以及各种软件测试技术。
- 讨论软件检查的基本知识以及如何执行软件检查。

10.1 测试和质量保证简介

软件开发的主要目标之一是生产高质量的软件，而质量通常被定义为满足规格说明且适合使用。为了实现这一目标，就需要进行测试——使用一组技术来检测和纠正软件产品中的错误。

请注意，获得高产品质量的最佳途径是将质量放在首位。如果团队遵循一个适合公司和项目的良好定义的过程，并且所有团队成员都对自己的工作感到自豪并使用适当的技术，那么最终的产品很可能是高质量的。如果过程方法不合适或工作粗心，那么这个产品很可能质量很差。不幸的是，过程、人员、工具、方法和条件都得到满足的理想情况并不常见。因此，对制品的测试是一个贯穿了开发全程的持续过程。

质量保证是指旨在衡量和提高产品质量的所有活动，包括团队的整个培训和准备过程。质量控制活动通常旨在验证产品质量，检测故障或缺陷，并确保在发布前修复缺陷。

每个软件程序都有静态结构（源代码的结构）和动态行为。中间软件产品（如需求、分析和设计文档）则只有静态结构。有以下几种技术可以检测软件程序和中间文档中的错误：

- 测试：在这个过程中我们设计测试用例，并在受控环境中执行程序，然后验证输出是否正确。测试通常是质量控制中最重要的活动之一。10.2 节提供了关于测试的更多信息。

- 检查和审查：这个技术可以应用于程序或中间软件制品。该过程除了产品的原始创建者之外，还需要其他人的参与。它通常是劳动密集型的，但已被证实是发现错误的一种极其有效的方法。在应用于需求规格说明书时，该技术被发现是最符合成本效益的。10.5 节提供了关于该技术的更多细节。

- 形式化方法：这个技术用数学技巧来"证明"程序是正确的。该技术很少用于商业软件。10.6 节提供了关于该技术的更多信息。

- 静态分析：这是一个分析程序或中间软件产品静态结构的过程。这种分析通常是自动化的，可以检测错误或容易出错的情况。10.7 节提供了有关静态分析的更多信息。

所有质量控制活动都需要对质量进行定义。那么到底什么是一个好的程序、好的设计文档或好的用户界面？任何产品的质量都可以通过以下两种略微不同的方式定义：

- 符合规格说明。
- 达到其目的。

请注意，尽管它们定义了相似的概念，但这两个定义是不等价的。产品可能完全符合其规格说明，但没有任何用处。在不那么极端的情况下，程序可能符合其规格说明，但由于环境的改变而不能像原计划那样有用，当然也可能是由于规格说明没有考虑到所有方面。

软件质量领域的一些先驱者也定义过质量这个概念。Juran 和 De Feo 将质量定义为适用性（Juran，2010）。Crosby 将质量定义为与需求的一致性，并提出了错误预防和零缺陷的概念（Crosby，1979）。

与这两个质量概念相对应，有以下两项活动：

- 验证（verification），即检查软件产品是否符合其需求和规格说明。对软件产品需求的跟踪贯穿开发阶段，软件从一个阶段到另一个阶段的转换是"经过验证的"。
- 确认（validation），即检查最终完成的软件产品是否符合用户的需求和规格说明。通常在项目刚开始就可以通过让最终用户或客户确认可演示的原型来进行该过程，作为对系统的最初确认。最终确认和验收发生在项目结束并具有完整的软件系统时。

这里展示的关于**故障/缺陷**（fault/defect）、**失效**（failure）和**错误**（error）的定义从问题的根源来描述用户所发现问题之间的不同。我们通常认为缺陷是系统失效的原因，但并不总是能将某一特定缺陷确定为失效的原因。很多时候，缺陷可能存在而不以失效的形式被检测到或被观察到。在测试期间，观察到的失效显示了缺陷的存在。

请注意，这种区别对于所有软件文档而言都是很重要的，而不仅是运行程序。例如，一个难以理解的需求就是一个缺陷。只有当它引起对需求的误解，从而导致设计文

> **缺陷** 可能导致系统失效的情况。这是由软件工程师犯的错误引起的。缺陷也被称为 bug。
> **失效** 系统不能按其规格说明执行某项功能。这是由系统中的缺陷导致的。
> **错误** 软件工程师或程序员的过失。

档和代码中出现错误，并通过软件失效的方式表现出来时，它才会成为一个失效。人为错误会产生缺陷，而缺陷可能会导致失效。并不是所有的缺陷都会变成失效，尤其是那些因为特定代码逻辑从未被执行到而保持休眠状态的缺陷。

在决定程序的行为方式时，你需要了解所有显式和隐式的需求及规格说明。显式的需求要在需求文件中明确，而显式的规格说明被视为软件团队中的权威。请注意，并非所有项目都有规格说明，但它们可以是通用，或者通过引用包含进来。例如，可能会有需求"符合平台的人机界面指南"，这个需求使得这些指南成为了一个显式的规格说明。

在许多情况下，也存在隐式的规格说明。这些规格说明不是权威性的，但它们是很好的参考，并应尽可能地遵循它们。在检查和审查软件产品或规划测试用例时，即使只是作为指导原则，这些隐式规格说明也需要被明确。

你还必须区分缺陷的严重程度（对用户或组织可能产生的影响或后果）以及优先级（在开发组织眼中的重要性度量）。软件故障可能具有高严重性和低优先级，反之亦然。例如，在罕见的条件下导致程序崩溃的 bug 通常比大多数情况下发生的不那么严重的 bug 优先级低。当然，在大多数情况下，高严重性的 bug 也被赋予了高优先级。

10.2 测试

在《软件工程知识体系指南》（Bourque 和 Fairley，2004）中，测试被定义为：测试是通过识别缺陷和问题来评估产品质量并进行改进的一项活动。在第三版的修订（Bourque 和 Fairley，2014）中，这个定义被稍加修改为：软件测试是在有限的测试用例集（通常会从无限的执行域中适当选择）上，动态地验证程序是否做出预期行为的活动。

所有测试都需要定义测试准则，这些测试准则用于确定什么是一组合适的测试用例集。一旦选定的测试用例集被执行完，测试就可以停止。因此，测试准则也可以看作一种确定何时可以停止测试的手段。当所有选定的测试用例运行结束，而没有观察到软件产品失效时，就可以停止测试。关于测试停止标准的更多信息，请参见 10.4 节。

测试是一项复杂的活动，涉及许多活动，因此必须进行规划。必须确定测试目标或具体项目的质量目标，必须制定用于实现目标的测试方法和技术，必须分配资源，必须引入工具，并且必须商定进度计划。必须制定一个阐明所有这些细节的测试计划。对于大型复杂软件来说，建立测试计划本身就是一项非常重要的工作。

10.2.1 测试的目的

测试通常有两个主要目的：

- 找到软件中的缺陷，以便修正或缓解。
- 提供对质量的总体评估，其中包括为产品在所能想到的大多数情况下正常运行提供一些保证，以及对可能仍然存在的缺陷进行估计。

作为第一个观点的强力支持者，Myers 确立了他的立场（Myers、Badgett 和 Sanders，2011），即测试的主要目的是在把软件产品发布给用户之前发现缺陷，并且越多越好。这种看法有点消极，经常让测试人员感到不适。它与对测试的另一个更为积极的观点形成对比，即说明软件产品能正常工作。测试人员在自己进行了长期的文化更迭之后，才意识到报告缺陷是好的。测试人员对软件质量的贡献是发现这些缺陷，并帮助在产品发布之前对这些缺陷进行修正。

除了非常简单的程序，测试不能证明一个产品能正常工作，意识到这一点非常重要。测试只能发现缺陷，并表明产品在该测试用例上运行良好，而不保证在其他未被测试用例上的效果。如果测试正确完成，则可以提供一些保证，即软件在与该测试用例类似的情况下可正常工作，但通常无法证明该软件将适用于所有情况。

在大多数情况下，测试人员的主要目的是发现缺陷。然而，测试人员需要牢记，他们也是在提供质量评估，并为产品的成功和质量做出贡献。测试结果由测试人员进行分析，以确定是否达到了指定的质量和测试目标。在完成分析后，根据分析的结果，可能会建议进行更多的测试。

10.3 测试技术

对于不同的情况，有各种各样适合的测试技术。测试技术及其呈现方式众多，以至于任何对这些技术进行分类的尝试都将是不全面的。

下面的问题有助于梳理测试活动。它们可用于对不同的测试概念、测试用例设计技术、测试执行技术和测试组织进行分类。

- 由谁来进行测试？基本上，我们有三种选择：
  - 程序员：程序员通常在编写代码时创建并运行测试用例，以确保程序运行正常。这种与测试相关的程序员活动通常被视为单元测试。
  - 测试员：测试员是一名技术人员，他对于特定被测试项的作用在于编写测试用例并确保其执行。虽然程序设计知识对测试员非常有用，但测试是一项有不同知识需求的活动。不是所有优秀的程序员都能成为优秀的测试员。一些专业测试人员也对测试结果进行统计分析，并评估产品的质量水平。他们经常被要求协助制定产品发布决策。

- 用户：让用户参与测试是一个好主意，这样可以检测可用性问题，并将软件暴露在真实场景下范围广泛的输入中。用户有时参与制定软件产品验收决策。组织通常会要求一些用户使用新的软件执行正常的非关键性活动。传统上，如果用户属于开发组织，我们称之为 Alpha 测试，否则我们称之为 Beta 测试。许多组织公开表示，他们将使用自己产品的初步版本作为其正常操作的一部分。这通常有个有趣的名字，如"吃自己的狗粮"（寓意为尽量多使用自己开发的软件）。

- 测试什么？主要有三个层次：
  - 单元测试：测试单个功能单元，如单个过程、单个方法，或单个类。
  - 功能测试：确定多个独立单元组合在一起时，能否和一个功能单元一样正常工作。
  - 集成和系统测试：测试完整系统的集成功能。当处理非常大的软件系统时，可以将功能集成到组件中，然后将许多组件组合在一起形成系统。在这种情况下，还有一个测试级别，称为组件测试。请注意，虽然这些区别在实践中是重要而有用的，但我们并不总是能够制定一个精确的规则来区分这些级别。例如，当测试一个依赖于许多其他模块的单元时，我们就混淆了单元测试和集成测试。当我们开发组件供其他人使用时，整个系统可能就对应于一个传统意义下的单元。

- 为什么要测试？我们要检测哪些特定类型的缺陷？我们要降低哪些风险？有以下几种针对不同目的的测试类型：
  - 验收测试：这是在客户正式接受软件产品并付款之前进行的明确、正式的测试。验收测试标准通常是在之前需求分析时设定的。客户验收的标准可以包括一些特定的测试用例和必须通过的测试用例数量。这也被称为验证测试。
  - 一致性测试：根据一套标准或策略对软件产品进行测试。测试用例通常根据产品必须符合的标准和策略生成。
  - 配置测试：有些软件产品可能允许多种不同的配置。例如，软件产品可以在多个数据库或不同的网络上运行。数据库和网络的每一个不同组合（或配置）都必须经过测试。第 11 章将进一步讨论与配置管理有关的复杂性和问题。
  - 性能测试：验证程序是否满足其性能规格说明，例如每秒事务数或并发用户数。
  - 压力测试：这样可以确保程序在诸如高负荷或低可用性的资源等压力条件下性能下降平稳、运行正确。压力测试将在超出其性能规格说明的条件下对软件进行测试，以查看系统崩溃的临界点在哪里。
  - 用户界面测试：这个测试仅关注用户界面。

- 我们如何生成及选择测试用例？我们可以根据以下方式选择测试用例：
  - 直觉：使用这种方式时，我们不提供任何关于如何生成案例的指导，仅依靠直觉。大多数时候，Alpha 和 Beta 测试完全依赖于用户的直觉。有些直觉是建立在过去经验之上的，这些经验给人留下了不可磨灭的印象。经验丰富的用户和长期从事产品支持的人员通常需要根据直觉生成测试用例。
  - 规格说明：完全基于规格说明而不看代码的测试通常称为**黑盒测试**。最常见的基于规格说明

> **黑盒测试**　一种测试方法，其中测试用例主要来自需求描述，而不考虑实际的代码内容。

的技术是等价类划分。等价类划分技术中，软件系统的输入被分为几个等价类，在同一个等价类中软件表现得类似，我们为每个等价类生成一个测试用例。边界值分析技术是等价类划分的扩展，它在等价类的边界生成测试用例。稍后将对这两种技术做进一步讨论。

- 代码：基于实际代码的测试技术通常称为**白盒测试**。该技术的基础是定义代码的覆盖率指标，然后设计测试用例来实现覆盖。路径分析是白盒测试技术的一个例子，它将在 10.3.3 节中讨论。

> **白盒测试**　一种测试方法，其中测试用例主要来自于检查代码和详细设计。

- 现有的测试用例：这是指一种回归测试的技术，它在新版本系统上执行先前版本系统可用的部分（或全部）测试用例。新版本包含了新代码，这些新代码仍然需要通过之前管理的测试用例。测试结果中的任何差异都表明新系统或测试用例存在问题。具体情况需要由测试人员进行评估。

- 缺陷：根据缺陷创建测试用例的技术主要分两种。第一种是错误猜测，在这种情况下，设计出来的测试用例旨在找出最有可能的缺陷，通常基于在类似项目中发现缺陷的历史。第二种技术是易错分析，通过审查和检查来识别似乎持续存在缺陷的需求和设计领域，这些容易出错的区域往往是编程错误的根源。

在测试过程中考虑的另一个方面是检查测试活动的流程和数量。对于小型项目，测试通常包括单元测试和功能测试，不需要与系统测试相关的巨大工作量。然而，在大多数大型系统中，测试的过程可以包括四个级别。单个模块通常由其编写者（程序员）进行测试。某几个模块可能用于特定的功能，因此这几个必需的模块都应完整、可用，以便进行功能测试。功能测试用例通常来自需求规格说明。这种类型的测试有时被称为黑盒测试。如前所述，单元测试通常使用白盒技术来实现。

当对软件系统的不同功能完成功能测试后，将与这些功能相关的模块收集并锁定在一个库中，以便为组件测试做准备。已通过组件测试的组件也将被收集并锁定到存储库中。最终，所有组件都必须完成系统 / 回归测试。在系统测试后，对软件的任何修改都需要重新测试所有组件，以确保系统不会退化。这些测试阶段的过程如图 10.1 所示。

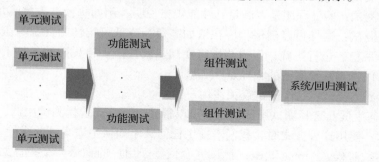

图 10.1　测试过程

以薪资管理系统为例，单元测试阶段我们将对支票打印模块进行测试。支票打印是支票计算、存款和打印功能的一部分。在功能测试阶段，我们对支票计算、存款和打印功能进行测试，这三个功能是一个更大组件的一部分，该组件为全职员工生成月工资。在组件测试阶段，我们对生成全职员工月工资的组件进行测试。最终，将所有组件合并到一个系统中，并在系统测试阶段测试完整的薪资管理系统。

10.3.1　等价类划分

等价类划分是基于规格说明的黑盒技术。它将输入划分为几个类，同一类中的输入对于发现错误来说是等价的。也就是说，如果程序在接收等价类中的一个输入后运行失败，则我们预计它对该类中的所有其他输入都会失败；如果程序在接收等价类中的一个输入后运行正确，则我们预计它对该类中的所有其他输入都会正确。

等价类是通过需求规格说明和测试人员的直觉来确定的，不考虑实现。等价类将覆盖完整的输入域，任何两个类都不会重叠。

例如，考虑一个为用户处理记录的营销应用。一个重要因素是年龄，用户需要根据年龄分为四组：儿童（0～12岁），少年（13～19岁），青年（20～35岁）和成年人（>35岁）。任何小于0或大于120的数据都被视为错误的。

根据需求，将有效数据分成四个等价类是一个合理的假设，这四个类对应四个将产生输出的区间。然后我们为每个等价类选择一个测试用例。此外，还有两种无效数据，即负数和非常大的数字，对应两个等价类。因此，总共有六个等价类。表10.1显示了六个等价类及可能的测试用例。

表 10.1　等价类示例

等价类	代表值
low	−5
0～12	6
13～19	15
20～35	30
36～120	60
high	160

注意，等价类划分技术没有指定选择哪个元素作为一个类的代表，它只是要求我们从类中选择一个。对于一个区间，通常选择中间的用例，或者选择最常见的用例。

此外，选择什么样的等价类并不总是明确的，并且大家可能有不同意见。类分析的大部分是相似的，只是实际细节可能有微小的变化。

例如，考虑一个名为Largest的函数，它以两个整数作为参数，并返回其中较大的那个。如表10.2所示，我们可以定义三个等价类。表中的第三类可以看作前两类之间的边界，可能只在边界值分析中使用，也可以被合并到其他两个类的任一个中，从而产生诸如"第一个数 >= 第二个数"这样的类。

表 10.2　Largest 函数的等价类

等价类
第一个数 > 第二个数
第二个数 > 第一个数
第一个数 = 第二个数

当需求被表示为一系列条件时，等价类划分是最有用的。当需求需要循环时，它就不那么

有用了。例如，如果我们测试一个函数，该函数将数组或向量中的所有元素相加，那么很难确定等价类是什么，并且大家将会有很大分歧。然而，等价类划分的这个基本思想仍然有用。

10.3.2　边界值分析

尽管等价类划分是合理的，并且是一种有用的技术，但经验表明许多错误实际上是在边界处而不是在正常情况下发生的。在表 10.1 中，如果对于 6 岁这个年龄有错误，那么可能意味着程序员忘记了整个年龄段，或者代码完全错误。然而，更可能的错误是对范围的混淆，例如，混淆了 "<" 与边界条件 "<="。

边界值分析使用与等价类划分相同的类，测试时使用边界上的元素，而不仅是类中的元素。一个完整的边界值分析要求测试边界处、正好在边界内以及正好在边界外的用例。因为等价类通常形成连续的区间，所以测试用例中会出现重叠。我们通常认为测试用例来自它所属的区间。

这种技术可能会产生大量的测试用例。为减少测试用例数量，可以认为边界介于数字之间，从而仅测试边界之上和之下的测试用例。表 10.3 显示了前面提出的年龄分类问题的边界值分析。等价类在第一列中显示。边界值分析的用例被分为三类：（1）等价类生成的所有用例（包括边界处、边界之下、边界之上的用例）；（2）属于等价类的用例；（3）删减后的用例，考虑边界介于数字之间。

表 10.3　边界值及删减后的测试用例

等价类	所有用例	属于该类别的用例	删减后的用例
low	−1,0	−1	−1
0～12	−1,0,1,11,12,13	0,1,11,12	0,12
13～19	12,13,14,18,19,20	13,14,18,19	13,19
20～35	19,20,21,34,35,36	20,21,34,35	20,35
36～120	35,36,37,119,120,121	36,37,119,120	36,120
high	120,121	121	121

注意，即使只考虑删减后的测试用例，这种技术仍然会产生大量的测试用例。在许多情况下，你可能需要考虑哪些用例是最重要的，从而进一步减少它们。但是，不要让测试用例的数量成为不进行彻底测试的借口。

还要注意，这种技术只适用于有序变量，即可按区间进行排序和组织的有序变量。没有这种排序，就没有可以看作边界值的特殊值。幸运的是，许多程序主要处理这种数据。

10.3.3　路径分析

路径分析提供了一种可重复、可追踪和可计数的测试设计技术。它通常被用作白盒测试，这意味着在开发测试用例时，需要查看实际代码或详细设计。路径分析涉及两个任务：

- 分析系统或程序中存在的路径数。
- 确定测试中应包含多少路径。

首先考虑图 10.2 所示的示例，其中矩形和菱形表示处理和判定函数，箭头显示控制流，带数字的圆圈表示路径片段。如图所示，有两条独立的路径：路径 1 和路径 2。为了覆盖此处所示的所有语句，这两条路径都需要。因此，必须生成遍历路径 1 和路径 2 的测试用例。

图中有一个二元判定处理。为了覆盖两个分支，必须遍历路径 1 和路径 2。在这种情况下，需要两条独立的路径来完成全部语句覆盖或完成所有分支覆盖。注意情况并不总是这样的，考虑图 10.3，其中的逻辑类似于 CASE 结构。

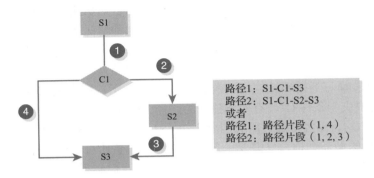

图 10.2　一个简单的逻辑结构

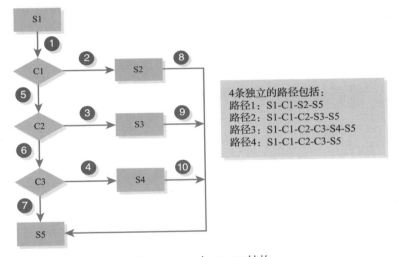

图 10.3　一个 CASE 结构

矩形和菱形依然表示处理和判定函数，箭头显示控制流，带数字的圆圈表示路径片段。注意，这里有四条独立的路径。但是，我们不需要遍历所有四条路径来覆盖所有语句。只要执行了路径 1、路径 2 和路径 3，所有语句（C1、C2、C3 和 S1、S2、S3、S4 和 S5）就都可以执行到。因此，对于完整的语句覆盖，我们只需要有测试用例来运行路径 1、路径 2 和路径 3，可以忽略路径 4。

现在，我们考虑一下分支覆盖。在图 10.3 中，有三个判定条件 C1、C2 和 C3。它们各自生成两个分支，如下所示：

1. C1：
- B1 由 C1-S2 组成。
- B2 由 C1-C2 组成。

2. C2：
- B3 由 C2-S3 组成。
- B4 由 C2-C3 组成。

3. C3：

- B5 由 C3-S4 组成。
- B6 由 C3-S5 组成。

为了覆盖所有分支，我们需要遍历路径 1 来覆盖 B1，遍历路径 2 来覆盖 B2 和 B3，遍历路径 3 来覆盖 B4 和 B5，遍历路径 4 来覆盖 B6。在这种情况下，需要执行所有四条路径来实现覆盖所有分支。因此，这个例子表明，与覆盖所有语句相比，我们需要更多的路径来覆盖所有分支。可以认为，分支覆盖测试比语句覆盖测试更严格。

现在，我们来看一下循环结构的情况，如图 10.4 所示。所有使用的符号与之前相同。这里的循环结构取决于条件 C1。有两条独立的路径，路径 1 通过三个语句（S1、C1 和 S3）来覆盖路径片段 1、4，路径 2 通过所有四个语句（S1、C1、S2、S3）来覆盖路径片段 1、2、3、4。对于这个简单的循环结构，只需要一条路径就可以覆盖所有语句。因此，为实现全语句覆盖，我们需要为路径 2 设计测试用例。对于路径 2，我们必须设计测试用例，以便 S2 在第二次遇到 C1 时修改状态并走向 S3。虽然循环中的语句 C1 和 S2 可以遍历多次，但是我们不需要为每个可能的迭代都设计一个测试用例。对于这个简单的循环结构，路径 2 满足语句覆盖。至于分支覆盖，需要考虑如下两个分支：

- B1 由 C1-S2 组成
- B2 由 C1-S3 组成

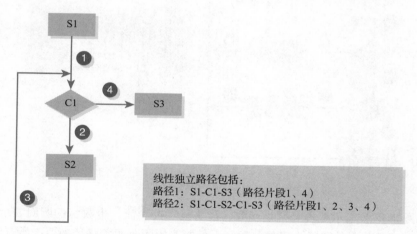

图 10.4　一个简单的循环结构

路径 2 覆盖 B1 和 B2。对于这个简单的循环，只需要路径 2 就可以覆盖所有语句并实现全分支覆盖。

我们早先未经考虑就使用了独立路径这个术语。在图中这很直观，接下来更确切地定义这个概念。

如果每一条路径都可以由集合里的路径"线性组合"构造，则这个路径集被称为线性独立的。

我们将以图 10.5 所示的简单例子展示这个非常强大的集合。有两个条件 C1 和 C2，以及两组语句 S1 和 S2，并且路径片段用带数字的圆圈表示。总共有四种可能的路径，将它们用矩阵的形式来表示。例如，路径 1（路径片段 1、5 和 6）由第 1 行来表示，并被标记为 1。未标记的片段可以被解释为零。因此，路径 1 可以用向量（1, 0, 0, 0, 1, 1）表示。观察图中的矩阵，我们可以看到，遍历路径 1、路径 2 和路径 3，所有的路径片段都被覆盖了。事实上，路径 4 可以用路径 1、路径 2 和路径 3 的线性组合来构造，如下所示：

路径 4 = 路径 3 + 路径 1 − 路径 2

路径 4 = (0,1,1,1,0,0) + (1,0,0,0,1,1) − (1,0,0,1,0,0)

路径 4 = (1,1,1,1,1,1) − (1,0,0,1,0,0)

路径 4 = (0,1,1,0,1,1)

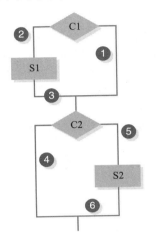

将路径1、路径2、路径3视作线性独立路径集

	①	②	③	④	⑤	⑥
路径1	1				1	1
路径2	1			1		
路径3		1	1	1		
路径4		1	1		1	1

图 10.5　一组线性独立路径

矩阵中的第 4 行显示路径 4 的确遍历了路径片段 2、3、5、6。路径 1、路径 2 和路径 3 形成一个线性独立路径集。

有一种简单的方式来确定构成线性独立路径集的路径数量——McCabe 圈复杂度数。如图 10.5 所示，我们可以计算出圈数，如下：

二元判定数 +1=2+1=3

因此，对于图 10.5，圈数 3 表明在该图的结构中有三条线性独立路径。

图 10.6 还提供了另一个例子，通过测试覆盖的相对路径数量来展示路径分析。在这张图中，按顺序排列了三个二元判定结构。对于每个二元判定结构，都有两条独立的逻辑路径。因为二元判定结构顺序排列，所以共有 $2 \times 2 \times 2 = 8$ 条逻辑路径。考虑圈数，$3 + 1 = 4$，线性独立路径的数量为 4。图 10.6 中显示了这样的一组四条线性独立路径。仔细观察发现，如果执行路径 1 和路径 4，则会覆盖逻辑图中的所有语句。路径 1 覆盖 S1、C1、S2、C2、C3 和 S4，只有 S3 和 S5 还需要被覆盖，路径 4 或路径 8 将覆盖 S3 和 S5，因此路径 1 和路径 4 提供了完整的语句覆盖测试。

现在，我们来检查图 10.6 中的分支。因为有三个二元判定结构，所以共有六个分支，分支分别为 C1-S2、C1-C2、C2-C3、C2-S3、C3-S4 和 C3-S5。路径 1 遍历 C1-S2、C2-C3 和 C3-S4。路径 8 遍历 C1-C2、C2-S3 和 C3-S5。因此，路径 1 和路径 8 确保所有的分支都被覆盖。又一次只需要两条路径。

图 10.6 直观提供了覆盖不同类型测试所需路径的相对数量：

- 8 条逻辑路径
- 4 条线性独立路径
- 2 条路径以实现分支覆盖

- 2 条路径以实现语句覆盖

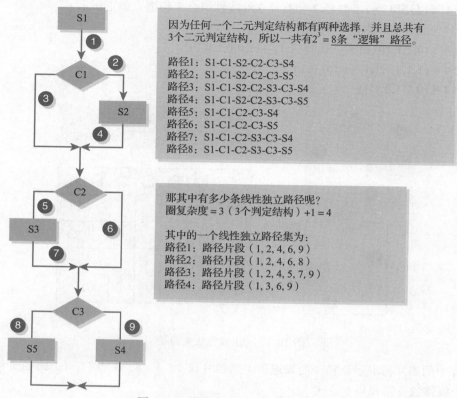

因为任何一个二元判定结构都有两种选择，并且总共有3个二元判定结构，所以一共有$2^3 = 8$条"逻辑"路径。

路径1：S1-C1-S2-C2-C3-S4
路径2：S1-C1-S2-C2-C3-S5
路径3：S1-C1-S2-C2-S3-C3-S4
路径4：S1-C1-S2-C2-S3-C3-S5
路径5：S1-C1-C2-C3-S4
路径6：S1-C1-C2-C3-S5
路径7：S1-C1-C2-S3-C3-S4
路径8：S1-C1-C2-S3-C3-S5

那其中有多少条线性独立路径呢？
圈复杂度 = 3（3个判定结构）+1 = 4

其中的一个线性独立路径集为：
路径1：路径片段（1, 2, 4, 6, 9）
路径2：路径片段（1, 2, 4, 6, 8）
路径3：路径片段（1, 2, 4, 5, 7, 9）
路径4：路径片段（1, 3, 6, 9）

图 10.6 路径和线性独立路径总数

因为每个语句都是某个分支的"部分"，所以分支覆盖将确保提供语句覆盖，反过来则不一定正确。现在，假设有人自豪地宣布软件质量好，因为它实现了全语句覆盖测试！但这其实只是测试标准中的最低级别。

10.3.4 条件组合

在许多情况下，当我们需要组合几个变量时，会得到大量的组合。有时需要减少这些组合，同时尽量提高覆盖率。常见的技术是产生足够的组合来覆盖所有的值对。

例如，考虑一个营销模块，根据年龄、收入和居住地区对人进行分类。假设我们有表 10.4 所示的变量等价类。

表 10.4　变量的等价类

变量	等价类
年龄	青年 中年 老年
收入	高 中 低
居住地区	北部 南部

　　如果考虑所有的组合，那么将有 18（3×3×2）个不同的类别，这是一个不小的测试用例数量。利用边界值分析，我们可以为年龄变量生成 12 个用例，为收入变量生成 12 个用例，为居住地区变量生成 9 个用例。这将产生 1296（12×12×9）个测试用例，这绝对是一个庞大的测试用例数量。有更多的变量或者每个变量有更多的等价类将使问题变得更加复杂。显然，对于集成测试和系统测试来说，测试用例的数量很容易成千上万。

　　在某些情况下，变量不是独立的，这意味着减少需要测试的组合数将非常困难。在大多数情况下，测试所有可能的条件是不切实际的，因此我们需要减少测试用例的数量。当然，这会增加缺陷被遗漏的风险。为了在保持风险可管理的同时减少用例数量，可以使用覆盖分析技术。例如，生成足够多的测试用例以实现语句或路径覆盖而不是条件覆盖，评估重要测试用例，生成组合来测试所有可能的值对而不是所有组合。

10.3.5　自动化单元测试和测试驱动开发

　　单元测试是指测试最基本的功能单元，如单个方法或单个类。大多数程序员在编程时都需要进行单元测试，以获得对代码正确运行的信心。当完成整个组件后，代码将转移给测试人员，他们将再次独立地进行单元测试。

　　经验不足的程序员倾向于执行有限的单元测试，宁可编写大量代码并仅测试高层部分。这种做法在出现错误时很难定位错误。如果在编写独立的片段时就对它进行了测试，那么捕获错误的机会将会大大增加。

　　另一个常见的错误是将测试用例写入主函数，并在运行后将其丢弃。一个更好的做法是使用自动化单元测试工具，如为 Java 设计的 JUnit（有许多为其他编程语言编写的等效库）。这样，可以保存测试，当之后修改程序时可在程序版本级别进行回归测试。

　　单元测试将允许我们重构程序。如第 9 章所述，重构改变了程序结构而不改变其行为。不断重构通常会得到高质量的代码。在程序单元级别进行单元回归测试有助于确保在进行重构时不引入任何错误。

　　保存测试用例的另一个优点是它们作为可执行的详细规格说明，记录了在编写程序期间做出的假设。

　　一个好的做法就是在编写一段代码之后立即编写单元测试，被测试的单元越小越好。前面描述的一些技术可以用来创建良好的测试用例。

　　一个更好的做法可能是在编写代码之前编写单元测试，然后使用它们来确保代码正常工作。这允许你先将需求声明为测试用例，然后实现它们。它也有助于指导你在没有测试的情况下只编写少量代码。这种技术被称为测试驱动开发（Test-Driven Development，TDD），它假定你将通过以下方式进行开发：

　　1. 写一个测试用例。

　　2. 验证测试用例失败。

　　3. 修改代码，使测试用例成功。（目标是编写最简单的代码，而不用担心未来的测试或需求。）

　　4. 运行测试用例来验证代码现在能正常工作，并运行以前的测试用例来验证代码中没有引入任何新的缺陷。

　　5. 重构代码让它变得优美。

　　在下一节中，我们将提供一个示例，说明如何对一个简单的问题进行测试驱动开发。

10.3.6　测试驱动开发示例

我们来看三角形问题，这是介绍编程和软件工程的一个常见练习。给定三角形的三边长度，确定该三角形是否为等腰三角形、等边三角形、普通三角形，还必须确定三边的长度是否能构成一个有效三角形。

我们修改了这个问题，以适应面向对象编程，并简化为检查三角形是否有效。根据需求我们用 Java 代码编写一个名为 Triangle 的类来表示三角形。该类存储了三角形三条边的信息，并定义了几种方法。方便起见，我们将使用 a、b 和 c 作为三边，而不是 side1、side2、side3 或数组。

该类定义了以下公共方法：

1. 一个构造函数，用三个整数作为参数，分别代表第一、第二和第三条边。

2. 方法 getA，不需要参数并返回第一条边的长度，以及相应的 getB、getC 方法。

3. 方法 isValid，不接收任何参数，如果三角形有效则返回一个布尔值 true，否则返回 false。有效三角形的每条边的长度都为正数（严格地说，大于 0），并且满足三角不等式：两边之和大于第三边。

测试驱动开发要求在编写代码之前编写测试用例。它还提倡测试自动化，以便可以根据需要运行多次测试。在以下段落中，这个 TDD 示例将会以个人和会话的方式进行展示。

我们首先创建 JUnit 测试类，这是一个简单的过程。我们只需要创建一个继承 junit.framework.TestCase 的类。在这之后，任何以 test 开头的公共方法都将由 JUnit 自动运行。为了方便，我们定义一个运行所有测试的 main 方法。该类的框架如下所示：

```java
import junit.framework.TestCase;
public class TestTriangle extends TestCase {
    public static void main(String args[]) {
        junit.swingui.TestRunner.run(TestTriangle.class);
    }
}
```

我们现在定义第一个测试用例。注意，通常很难单独测试前几个方法。你至少需要一个 get 或 set 方法来验证某个操作的有效性。我们决定创建一个测试用例来验证构造函数和三个 get 方法。测试驱动开发的支持者可能会说，我们应该只测试构造函数和一个 get 方法，但我们认为代码足够简单。

测试用例如下：

```java
public void testConstructor() {
    Triangle t=new Triangle(3,5,7);
    assertTrue(t.getA()==3);
    assertTrue(t.getB()==5);
    assertTrue(t.getC()==7);
}
```

这里我们测试了以下内容：

- 有一个类和一个公共构造函数，以三个整数为参数。
- 有 getA、getB 和 getC 三种方法。
- getA 返回的值是传递给构造函数的第一个参数，getB 是第二个参数，getC 是第三个参数。

然后我们尝试编译，正如我们所想的那样，它不运行。所以我们创建以下的类：

```
class Triangle {
    private int a, b, c;
    // constructs a triangle based on parameters
public Triangle(int a, int b, int c)
    {
    this.a=a;
    this.b=b;
    this.c=c;
}
    public int getA() {return a;}
    public int getB() {return a;}
    public int getC() {return a;}
}
```

再次运行测试，代码依然不能运行。我们再去检查代码。你能看到错误吗？（我们从 getA 中复制并粘贴以创建 getB 和 getC，但忘记更改返回值。）我们更正错误并再次尝试测试。这一次，它正常运行了。

现在为 isValid 方法创建测试用例。鉴于我们觉得这种方法并不简单，因此将以更小的步骤进行测试驱动开发。我们将编写非常简单的测试用例，以及非常简单的代码，使测试用例驱动代码。

我们可以写一个非常简单的测试用例，如：

```
public void testIsValid() {
    Triangle t=new Triangle(-5,3,7);
    assertFalse(t.isValid());
}
```

我们运行它，但它失败了（编译错误）。现在我们尝试编写代码。

编写复杂代码的一个好习惯是编写能让测试成功的最简单代码。只要测试用例成功，代码是否错误并不重要。这将驱使你编写更多的测试用例，从而确保更好地测试。

在这种情况下，我们的思想是测试用例只需要一个无效的三角形。可以简单地编写如下代码：

```
public boolean isValid() {
    return false;
}
```

现在测试用例成功了，我们需要编写更多的测试用例。重写测试用例如下：

```
public void testIsValid() {
    Triangle t=null;
    t=new Triangle(-5,3,7);
    assertFalse(t.isValid());
    t=new Triangle(3,5,7);
    assertTrue(t.isValid());
}
```

我们确保它失败，然后继续写更多的代码。我们可以编写代码来查看 a 是否小于 0，但我们决定对所有三个条件进行测试。代码如下所示：

```
public boolean isValid() {
    return a>0 && b>0 && c>0;
}
```

我们测试这个用例，它成功了。现在，因为我们知道代码会变得更复杂，所以我们决定重构。isValid 方法取决于两个不同的条件：（1）是否每条边都为正；（2）三边是否满足三角不等式。因此，我们决定写两个测试：（1）allPositive，查看是否所有边都为正；（2）allSatisfyInequality，查看是否三边满足三角不等式。我们更改 isValid 方法并写下如下 allPositive 方法：

```java
boolean allPositive() {
    return a>0 && b>0 && c>0;
}
public boolean isValid() {
    return allPositive();
}
```

请注意，我们并没有将 allPositive 方法设为公共方法，因为在规格说明中没有这项需求。我们使它成为一个包方法，而不是一个私有方法，以便测试类可以访问它并进行测试。

现在我们需要测试 allPositive 方法。我们写了几个测试用例，涵盖三个主要用例（a < 0、b < 0、c < 0），一个边界（a = 0）处的测试用例，以及正常的测试用例。运行测试，它们通过了。我们相信这足以测试所需的功能。你现在觉得满意吗？如果没有，你会添加什么测试用例？

现在继续研究 allSatisfyInequality 方法。我们创建一个简单的测试用例，如：

```java
public void testAllSatisfyInequality() {
    Triangle t=null;
    t=new Triangle(10,5,2);
    assertFalse(t.allSatisfyInequality());
    t=new Triangle(5,6,3);
    assertTrue(t.allSatisfyInequality());
}
```

测试无法编译，于是我们写下面的代码：

```java
// returns true if all sides satisfy the triangle
// inequality false otherwise
boolean allSatisfyInequality() {
    return (a<(b+c)) && (b<(a+c)) && (c<(a+b));
}
```

现在测试通过了。为了确保代码有效，我们决定扩展测试用例以覆盖破坏不等式情况和边界的情况。因此，我们将其扩展为如下：

```java
public void testAllSatisfyInequality() {
    Triangle t=null;
    t=new Triangle(10,5,2);
    assertFalse(t.allSatisfyInequality());
    t=new Triangle(5,15,2);
    assertFalse(t.allSatisfyInequality());
    t=new Triangle(3,4,7);
    assertFalse(t.allSatisfyInequality());
    t=new Triangle(5,6,3);
    assertTrue(t.allSatisfyInequality());
}
```

运行测试用例，它成功运行了。作为开发人员，我们确信代码是正确的。现在可以将它传递到过程的后续阶段，其中可能包括检查、测试组织的正式单元测试以及功能和集成测试。

以下是关于测试驱动开发的更多观点：

- 测试驱动开发是一种有效的技术，可以帮助程序员快速构建可靠的代码。但是，它不能代替其他的质量控制活动。
- 测试驱动开发应该与正式单元测试和集成测试、代码检查及其他质量控制技术结合起来，确保高质量地满足需求。
- 测试驱动开发通常会导致编写更多的测试和更简单的代码。事实上，测试驱动开发通常至少会实现语句覆盖。
- 测试驱动开发中的测试用例是根据开发人员的直觉和经验生成的，尽管也可以使用其他技术。

10.4　何时停止测试

新手测试人员和学生经常询问的一个关键问题是应该何时停止测试。一个简单的答案是：在执行完所有计划的测试用例，并且找到的所有问题都被修复时停止测试。事实上，这不是那么简单。我们经常因为需要按进度计划发布软件产品而感到有压力。这里将讨论两种技术。第一种基于跟踪测试结果和观察统计数据。如果发现问题的数量稳定地接近于零，我们通常会考虑停止测试。图 10.7 展示了时间与问题发现速率之间的关系。

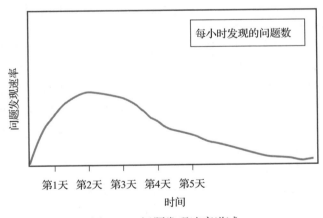

图 10.7　问题发现速率递减

每小时发现的问题数最终会逐渐减少。在图 10.7 中，曲线在第 2 天达到峰值，并开始下降。测试人员可以在计划中设定目标，当问题发现速率达到某个预先设定的值（如 0.01/小时或 1/100 小时）时，停止测试。他们还可以创建一个图，描述所发现问题的累计数量。这样的曲线通常会看起来像一个拉长的 S 符号，被称为 S 曲线。然后，可以指定当一定时间长度（例如 12 小时、1 天、1 周）内观察到的累计问题数量达到一定的稳定性时，就停止进一步的测试。

第二种技术是将缺陷像撒胡椒粉一样植入现有的代码中，并观察发现了多少种子缺陷。这种技术要求由实际测试人员以外的人进行缺陷植入。例如，考虑在一个程序中植入 10 个缺陷。当观察到失效时，将缺陷分类为种子缺陷和真实缺陷。假设在执行了许多测试用例之后，检测到 7 个种子缺陷和 45 个非种子缺陷。那么可以使用以下方法来估计剩余非种子缺陷的数量：

$$7/10 = 45/RD，其中 RD = 实际缺陷$$

RD 估计约为 64。因此，你可以认为还有大约 19 个未发现的缺陷存在于软件产品中。这相当于大约 19/64，或 30% 的真实缺陷，仍然存在于产品中。如果目标是发现 70% 的真实缺陷，那么测试人员可以宣告胜利并停止测试。但是，如果目标是发现真实缺陷中的 90%，那么测试员在停止测试之前需要找到 10 个种子缺陷中的 9 个。值得注意的是，测试人员必须确保在将软件产品发布给用户之前将种子缺陷从软件产品中全部撤出。

请注意，这种技术假定代码中自然出现的缺陷与我们的种子缺陷相似。虽然这是一个合理的假设，但并不总是这样，这将导致我们对剩余缺陷做出错误估计。

如果想要生产高质量的软件，那么只有当确信产品像想的那样好，或者测试不能产生任何进一步的质量改进时，才停止测试。因此，在这些决定中总有"过去经验"的成分。但是，许多项目由于进度压力或资源可用性而过早地停止测试。因为缺少时间或资金而过早地发布产品，最终都将导致产品低质量。低质量产品的直接影响是增加了后期支持和维护团队的压力和成本。间接地，软件产品的声誉和客户的满意度也会受到影响。

10.5 检查和审查

性价比最高的错误检测技术之一是让软件开发团队审查代码或中间文档。在这里，我们将使用审查（review）作为通用术语来说明过程。在该过程中，测试人员阅读和理解文档，然后分析它，以检测错误。同时，我们使用术语检查（inspection）来描述一个特定的变化，检查在文献中有时称为 Fagan 检查。

注意，在这里讨论的是为了查找错误而进行的审查。还有很多其他的技术涉及分析源代码或其他文档，例如走查，它是指文档的作者为了传播知识、进行头脑风暴或评价设计方案而向一组人员解释材料。我们将使用术语审查表示一组人员为发现错误而进行分析。

软件检查是对在制品进行详细审查，遵循 Michael Fagan 在 IBM 提出的过程。通常由一个 3～6 个人组成的小组独立研究一个工作产品，然后通过会议来更详细地分析。虽然工作产品应该已经基本完成，但在它通过审查并完成一些必要的修改前，它都只能算作在制品。

检查过程通常包括以下步骤：

1. 规划：指定检查小组和协调人，并在实际检查会议前几天向小组成员分发材料。协调人确保工作产品符合某些进入标准，例如，对于代码检查，源代码应该可编译或在通过静态分析工具时不产生警告。

2. 概述：工作产品和相关领域的概述，类似于演练。如果参与者已经熟悉项目，则可以省略此步骤。

3. 准备：每一位检查员都要认真研究工作产品和相关材料，为实际会议做准备。检查清单可以用来帮助发现常见问题。

4. 检查：安排一次实际会议，由检查员一起检查产品。指定的阅读者展示工作产品，通常是改写文本，而其他人注重于发现缺陷。作者不能作为阅读者。检测到的每个缺陷都将被分类并报告。通常情况下，会议只专注于查找缺陷，因此在会议期间没有花时间分析为什么会出现缺陷或如何解决问题。通常会议时长限制为 1 或 2 个小时。作为检查结果，产品要么被接受，并由作者修改和由协调人验证结果，要么被修改并再次接受检查。对修改后产品的重新检查类似于回归测试。

5. 修订：会议结束后，如果有缺陷，由作者纠正所有的缺陷。作者不需要与任何检查员协商，但通常允许这样做。

6. 后续行动：视检查结果而定，修改由协调人检查，或对修改后的工作产品再次进行检查。

检查主要致力于发现缺陷，而所有其他考虑都是次要的。在这种检查过程中，积极劝阻关于如何纠正这些缺陷或进行其他改进的讨论，以便发现更多的缺陷。检查会议的结果是需要改正的缺陷清单和为管理人员提供的检查报告。报告描述了被检查的内容，列出了检查小组的成员和角色，并总结了发现缺陷的数量和严重程度。报告还指出是否需要重新检查。

检查小组是一小群同事，通常有 3～6 个人，包括作者在内。通常，检查小组的所有成员都在进行相关的工作，如设计、编码、测试、支持或培训，这样他们就可以更容易地理解产品并发现错误。他们自己的工作通常受他们所检查制品的影响，这意味着检查人员是积极的参与者。管理者通常不参与检查，因为这通常会阻碍过程。检查人员将很难与参加视察会议的管理人员"自然地"相处。除了作者之外，一个检查小组也有协调人、阅读者和记录员等角色。通常，作者不得承担这些角色。

事实证明，检查是发现缺陷的一种高成本效益技术。检查的一大优点是它可以应用于所有中间制品中，包括需求规格说明、设计文档、测试用例和用户指南。这使得能在软件开发过程早期发现缺陷并进行低成本的修复。虽然检查是劳动密集型的，但它们的成本通常远小于在测试中发现错误，而且在测试中修复这些错误的成本还要高得多。

虽然检查侧重于寻找缺陷，但它们确实有积极的副作用，有助于传播关于项目特定部分的知识，以及关于最佳实践和技术的知识。Tsui 和 Priven 描述了 IBM 公司早在 20 世纪 70 年代就利用检查来管理软件质量的积极经验。

10.6　形式化方法

在严格的定义中，形式化方法是指用数学技术来证明程序是绝对正确的。更广泛的定义包括软件工程中使用的所有离散数学技术。

形式化方法更常用于需求规格说明。规格说明以形式化的语言（如 Z、VDM 或 Larch）书写，之后通过模型检验和定理证明技术对规格说明的性质进行证明。证明形式化规格说明的性质可能是形式化方法中最流行的应用。形式化方法也可以应用于证明特定的实现在某种程度上符合规格说明。形式化方法通常应用于规格说明，并用于证明设计符合规格说明。

在代码级别，形式化方法通常涉及以某种编程语言来指定程序的精确语义。在这种形式化下，我们可以证明，对于给定的一组前置条件，输出将满足一定的后置条件。大多数编程语言都需要进行扩展，以允许说明前置条件和后置条件。一旦指定了这些，在很多情况下，就可以使用工具生成程序正确性的证明。

考虑到其他技术不能保证没有错误，证明程序正确性的想法是非常吸引人的。然而，形式化方法有以下几个缺点：

- 需要付出相当多的努力才能掌握这些技术，需要深入的数学知识和抽象思维。虽然大多数程序员和软件工程师都可以接受这方面技术的培训，但事实上他们中的大多数人在这个领域没有受过培训。即使在培训之后，也需要投入大量的工作才能将形式化方法应用于一个程序。Gerhart 和 Yelowitz 描述了使用形式化方法的相关困难。

- 它不适用于所有程序。事实上，计算理论的一个基本定理表明，我们不能在数学上证明一般程序的任何有趣性质。作为一个具体的例子，我们不能证明，给定一个任意的程序，它是否会停止。我们要么局限于所有程序的一个子集，要么对一些程序不能证明或证伪其正确性。不幸的是，许多实用程序都属于这一类。
- 它仅用于验证，而不是确认。也就是说，使用形式化方法，我们可以证明程序是从它的规格说明演化而来的，但并不能说它实际上是有用的，或者它是用户真正想要的，因为这涉及人的价值判断。
- 它通常不适用于软件开发的所有方面。例如，它很难应用于用户界面设计。

尽管存在缺点，但形式化方法还是有用的，并已成功地应用于现实世界中一些特殊的行业问题，如航空航天工业或美国联邦政府。学习形式化方法可以让软件工程师培养很多有用的洞察力，形式化方法可以应用于需要极高可靠性的特定模块。即使规格说明书不是完全形式化的，形式化方法的思维训练也会非常有用。它们可以被选择性地应用，从而使系统的关键或困难部分被形式化地说明。非形式化推理与形式化方法类似，利用它可以对程序正确性更有信心。前置条件和后置条件也可以作为文档并帮助理解源代码。

10.7　静态分析

静态分析涉及检查可执行文件和不可执行文件的静态结构，目的是检测易出错的情况。这种分析通常是自动完成的，结果由一个人审查以消除误报或错报。

静态分析可以应用于以下情况：

- 中间文档，检查中间文档的完整性、可追溯性等特点。应用哪种特定的检查将取决于文档及其结构。在最基本的层面上，如果正在处理文字或文档之类的非结构化数据，则可以验证它是否符合某个模板，或某些单词是否出现。
- 如果文档采用更结构化的格式，那么不管是 XML 还是工具使用的特定格式，都可以执行更详细的检查。可以自动检查可追溯性（例如，所有设计项与一个或多个需求相关）和完整性（例如，所有需求都由一个或多个设计项来处理）。许多分析和设计文档都有一个基于图或树的基础模型，这样可以检查连接、扇入和扇出。大多数集成 CASE 工具都提供对它们创建的模型的一些静态分析。
- 源代码，用于检查编程风格问题或容易出错的编程实践。在最基本的层面上，编译器会发现所有的语法错误，而现代编译器通常会产生许多不安全或易错代码的警告。可以通过特殊工具完成更深入的静态分析，来检测过于复杂或过长的模块，以及检测可能错误的做法。被认为容易出错的特定实践因编程语言、特定工具和组织的编码准则而有所不同。大多数工具提供了可扩展的大量检查集，并提供了配置工具以指定运行检查的方法。例如，在 Java 中，有两个相等的操作。你可以使用 == 运算符检查对象标识（两个表达式引用完全相同的对象），也可以使用 equals 方法检查每个对象的成员变量是否相等。在大多数情况下，预期的语义是调用 equals 方法，这意味着除了基本值，该工具可能会警告使用 == 运算符。PMD 和 CheckStyle 是两个流行的 Java 源代码开源静态检查工具，它们都可以发现超过 100 种潜在问题。
- 可执行文件，在了解从源代码到可执行文件的转换过程中通常会丢失很多信息之后，使用可执行文件检测某些特定情况。随着虚拟机和字节码的流行，可执行文件能包含大量信息，并允许进行许多有意义的检查。例如，java.class 文件包含所有定义的类以及该类定义的所有方法和字段的信息。这些信息可以用来创建调用和依赖关系图、继承层次结构以及计算圈复杂度或 Halstead 复杂度。每当复杂性度量或继承深度超过某个阈值时，就可以发出警告，表明这是一个过于复杂和容易出错的模块。

- FindBugs 是用于 Java 语言的开源字节码检查器，提供了超过 100 项检查和用以验证与 Sun 公司 Java 编码指南一致性的示例配置文件。

静态分析工具非常有用，支持大多数流行的编程语言，但是我们需要意识到，这些工具通常会提供非常多的误报。也就是说，由工具标记出来的潜在错误实际上并不是真实的错误。50% 以上的警告是误报，这种情况并不罕见。不仅如此，还会有许多错误不被这些工具捕获。

静态分析工具的输出需要经验丰富的软件工程师进行检查，以验证警告到底是真实的错误还是正确的代码，我们也不能因为程序通过这些检查而得到虚假的安全感。

10.8 总结

实现高质量产品的步骤必须从项目初始阶段开始，而采取措施检测并纠正错误可以帮助达到更高的质量。在本章中，我们讨论了验证和确认的基本思想。然后介绍了验证、检查和审查、测试、静态分析和形式化方法的基本技术。在这些技术中，测试和检查也可以用于确认。我们还讨论了通过等价类划分、边界值分析和路径分析生成高质量测试用例的技术，以及关于何时停止测试的一些基本概念。

虽然所有这些技术都有其成本，但是发布低质量产品的代价更高。所有软件工程师都需要将这些技术应用到自己的工作中，并且每个项目都需要将它们应用于所生产的全部制品。

10.9 复习题

10.1 考虑图 10.8 所示的图。

　　a）有多少逻辑路径？列出所有逻辑路径。

　　b）需要多少路径来覆盖所有语句？

　　c）需要多少路径来覆盖所有分支？

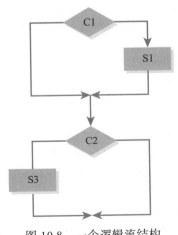

图 10.8 一个逻辑流结构

10.2 在代码检查中，你会把什么设置为重新检查的条件（例如发现的缺陷数）？

10.3   列出所讨论的四种验证和确认技术。

10.4   列出可用于确认（即确保你的程序满足用户要求）的两种技术。

10.5   简要解释静态分析的概念，以及哪些软件产品可以应用该技术。

10.6   简要说明两种不同的方式来决定何时停止测试。

10.7   考虑测试 2 个变量 X 和 Y 的简单情况，其中 X 必须是非负数，Y 必须是 $-5 \sim +15$ 之间的数字。使用边界值分析，列出测试用例。

10.8   描述在一个正式的检查过程中，涉及的步骤和协调人在此过程中的作用。

10.9   性能测试与压力测试有什么区别？

10.10   练习题

10.1   考虑本章中的示例，使用种子缺陷法来创建测试停止条件。

　　a）达到 70% 的水平后，假设发现越来越多的（例如 20 个）非种子缺陷，而没有发现一个新的种子缺陷。解释这个现象。

　　b）达到 70% 的水平后，假设剩下的 3 个种子缺陷和 4 个真实缺陷一起被发现。解释这个现象。

10.2   根据 10.3.6 节描述的三角形问题，完成以下练习：

　　a）使用测试驱动开发来定义一个 Equilateral 方法，如果三角形是等边的（并且有效）则返回 true。等边三角形是指所有边长度相等的三角形。

　　b）评估所生成测试用例的覆盖率。如果没有实现路径覆盖，创建测试用例来实现路径覆盖。

　　c）执行等价类划分，并创建所有必需的测试用例。

10.3   如果一组软件开发人员告诉你他们使用测试驱动开发技术，描述你对质量的满意程度。解释为什么。

10.11   参考文献和建议阅读

Beck, K. 2002. *Test Driven Development: By Example.* Reading, MA: Addison-Wesley Professional.

Bourque, P., and R. E. Fairley, eds. 2004. *Guide to the Software Engineering Body of Knowledge.* Washington, DC: IEEE Computer Society. http://www.swebok.org.

Bourque, P., and R. E. Fairley, eds. 2014. *Guide to the Software Engineering Body of Knowledge, Version3,* Washington D.C.: IEEE Computer Society. http://www.computer.org/education/bodies-of-knowledge/software-engineering.

Checkstyle 4.1 tool. 2021. http://checkstyle.sourceforge.net.

Clarke, E. M., and J. M. Wing. 1996. "Formal Methods: State of the Art and Future Directions." *ACM Computing Surveys* 28 (4): 626–643.

Coppit, D., J. Yang, S. Khurshid, W. Le, and K. Sullivan. 2005. "Software Assurance by Bounded Exhaustive Testing." *IEEE Transactions on Software Engineering* 13 (4): 328–339.

Crosby, P. B. 1979. *Quality Is Free.* New York: McGraw-Hill.

Fagan, M. E. 1976. "Design and Code Inspections to Reduce Errors in Program Development." *IBM Systems Journal* 15 (3): 219–248.

FindBugs. 2015. http://findbugs.sourceforge.net.

Gerhart, S. L., and L. Yelowitz. 1976. "Observations of Fallibility in Applications of Modern Programming Methodologies." *IEEE Transactions on Software Engineering* 2 (3): 195–207.

Hamlet, D. 1994. "Foundation of Software Testing: Dependability Theory." *ACM SIGSOFT Software*

Engineering Notes 19 (5): 128–139.

Jorgensen, P. C. 2013. *Software Testing: A Craftsman's Approach*, 4th ed. Boca Raton, FL: CRC Press.

JUnit. n.d.. http://www.junit.org.

Juran, J. M., and J. A. De Feo, eds. 2010. *Juran's Quality Handbook*, 6th ed. New York: McGraw-Hill.

Kaner, C., J. Bach, and B. Pettichord. 2002. *Lessons Learned in Software Testing*. New York: Wiley.

Memon, A. M., M. E. Pollack, and M. L. Soffa. 2001. "Hierarchical GUI Test Case Generation Using Automated Planning." *IEEE Transactions on Software Engineering* 27 (2): 144–158.

Myers, G. J., T. Badgett, and C. Sanders. 2011. *The Art of Software Testing*, 3rd ed. New York: Wiley.

Ostrand, T. J., E. J. Weyuker, and R. M. Bell. 2005. "Predicting the Location and Numbers of Faults in Large Software Systems." *IEEE Transactions on Software Engineering* 13 (4): 340–355.

Reid, S. C. 1997. "An Empirical Analysis of Equivalence Partitioning, Boundary Value Analysis and Random Testing." *4th IEEE International Software Metrics Symposium* (November): 64–73.

Rubin, J., and D. Chisnell. 2008. *A Handbook of Usability Testing*, 2nd ed. New York: Wiley.

Tsui, F., and L. Priven. 1976. "Implementation of Quality Control in Software Development." In *AFIPS '76 Proceedings of the June 7–10, 1976, National Computer Conference*, vol. 45, 443–449. American Federation of Information Processing Societies.

Wheeler, D. A., B. Brykczynski, and R. N. Meeson Jr., eds. 1996. *Software Inspection: An Industry Best Practice*. Los Alamitos, CA: IEEE Computer Society Press.

Whittaker, J. A. 2000. "What Is Software Testing? And Why Is It So Hard?" *IEEE Software* (January/February): 70–79.

配置管理、集成和构建

目标

- 描述配置管理的基本概念。
- 分析软件制品（software artifact）和开发过程间的关系。
- 讨论配置管理框架。
- 描述软件制品的命名模型。
- 描述软件制品的存储和访问模型。
- 描述集成和构建过程。
- 讨论不同的自动化配置管理工具。
- 分析如何进行配置管理。

11.1 软件配置管理

软件配置管理（software configuration management）是指管理在软件开发和支持活动中产生的各项软件制品的过程。在本章中，我们有时会将软件制品称为软件项（software item）或软件部件（software piece part），有时会省略软件，直接称之为制品。软件配置管理由多项活动构成：

- 理解需要管理的策略、过程活动和生成制品。
- 确定并定义用于管理制品的框架。
- 确定并引入需要引入的工具，以便于对这些制品进行管理。
- 培训并确保商定的配置管理过程得到实施和遵循。

因此，软件配置管理不仅是创建和保存多个版本的代码或文档。许多公共和私人机构都制定了配置管理指南，例如《IEEE 软件配置管理指南》（Std.1042-1987）和 NASA 的《软件配置管理指导手册》。软件配置管理也是第 4 章中介绍的软件工程研究所提出的能力成熟度模型中的关键过程之一。它也经常与软件变更管理过程和维护支持活动相结合。

11.2 策略、过程和软件制品

为确定哪些是一个机构需要管理的软件部件，重要的是了解该机构所使用的软件开发和支持的整体过程和活动。保守和倾向于规避风险的机构在开发大型和复杂软件时可能会选择完整的瀑布过程，并在每个主要活动（如需求规格说明、设计说明书、编码和测试用例生成）完成后进行审查。所有开发出来并审查过的软件文档和制品都将被编号和存储，确保可对它们进行完整的审计跟踪和追溯。其他一些机构可能由于其涉及的行业类型，必须全面控制所有的软件制品，如政府或国防工业部门。这类机构更有动力对软件制品进行配置管理。

小型和敏捷流程导向型机构可能会选择一个仅强调几个关键活动（如需求规格说明和编码）的过程。这种类型的机构可以选择仅控制需求规格说明书和代码的最终版本，而不保留所有的中间版本。

在决定我们必须管理的内容和细致程度时，所选择的过程和该过程中活动产生的软件制品将发挥很重要的作用。例如，在构建最终软件产品之前，采用从需求、设计、编码到多层次测试逐步推进过程的机构，可能会决定对以下所有制品进行管理：

- 需求规格说明书
- 设计说明书
- 源代码
- 可执行代码
- 测试用例

在这里，源代码包括逻辑代码、数据库中的表和用户界面脚本等。类似地，测试用例包括用自然语言编写的测试场景、测试脚本以及相应的测试数据。根据开发和支持过程，可能需要管理不同类型的软件制品。例如，如果过程中包括正式设计审查，那么设计审查的结果可能也会被视为需要进行管理的重要软件制品。

将这些软件制品的不同版本作为独立材料来管理虽然有点烦琐，但并不是很复杂。当多个制品和这些制品之间的关系也需要被控制时，复杂度就增加了。以需求规格说明书和设计说明书为例，如果我们想将两者对应，并控制每个客户需求与相应设计元素之间的相互关系，以确保可追溯性，那么必须引入一种允许链接两组制品间元素的机制。软件制品间的相互关系众多，需要考虑的相互关系包括：

- 需求和测试用例
- 设计元素和逻辑代码片段
- 逻辑代码片段和数据库表
- UI 和代码片段
- 消息、帮助文本和源代码
- 测试用例和逻辑代码片段
- 数据库表和初始数据

使用矩阵可以更加透彻、清晰地表示上述关系，如表 11.1 所示。也可以使用另一个矩阵来表示略有不同的软件制品间的关系。

表 11.1　软件制品间的关系矩阵

	需求元素	设计元素	代码逻辑	用户界面	数据库表	初始数据	测试用例
需求元素		×	×	×			×
设计元素	×		×	×	×	×	
代码逻辑	×	×		×	×	×	×
UI	×	×	×				×
数据库表		×	×			×	
初始数据		×	×		×		×
测试用例	×		×	×		×	

如果需要考虑每个软件制品的不同版本，这种相互关系将进一步受到影响。软件产品可能有多个版本的需求规格说明书。例如，在发布最初的通用版需求规格说明书之后，对于一些有不同需求的特殊行业或客户，可能需要定制略有不同的需求版本。此外，可能还需要定制针对特定国家的不同版本，例如法国、日本或巴西的特定需求版本。因此，我们可能还需

要处理软件制品内部的关系。

当软件制品内部和软件制品之间的关系需要同时进行考虑时，我们可能会面对一个错综复杂的关系网络，如图 11.1 中的 4 个软件制品集所示。

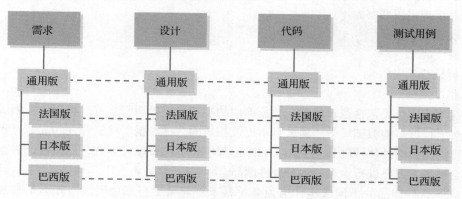

图 11.1　软件制品内部及软件制品间关系

图 11.1 中使用纵向的实线表示软件制品内部不同版本的需求、设计、代码和测试用例间的关系。软件制品间的关系使用横向的虚线进行表示，如法国版需求、法国版设计、法国版代码和法国版测试用例间的关系。

如果我们跟踪一个普通软件的产品系列，会发现通常会含有多个发布版本，以及为不同国家提供的不同修复补丁和服务包，在 5 或 6 年后，关系图将会变得非常复杂和难以处理。

考虑以下示例，某软件产品含有 1 个通用版和 3 个特定国家版，5 年中每年发布 1 个新版本，每半年发布 1 个修复 / 升级服务包。我们仅以设计这一种软件制品为例来说明。

1. 原始版本：通用版加上 3 个特定国家版，共计 4 件软件制品。

2. 每年发布新版本：每年都有 1 个新发布版本，需要更新相应的设计制品。因此，5 年共有 20 个设计制品（1 个通用版 +3 个特定国家版 =4）。

3. 每半年发布修复 / 升级服务包：每个通用发布版每年有 2 个修复 / 升级服务包。第 1 年发布的版本会有 $5 \times 8 = 40$ 个服务包，因此会产生 40 个设计更新软件制品。第 2 年发布的版本会有 $4 \times 8 = 32$ 个服务包，因此会产生 32 个设计更新软件制品。第 3 年发布的版本会有 $3 \times 8 = 24$ 个设计更新软件制品。5 年共计会产生：

$$\text{SUM}_{n=1, 2, \cdots, 5} (n \times 8) = 120 \text{ 个服务包}$$

因此，与 120 个服务包对应，总共会有 120 个关于设计更新的软件制品。

只须跟踪上述示例中产品的设计制品，我们可以看到，4 个初始设计制品扩展出了总共 20 个新的设计制品和 120 个设计修复制品，也就是说，在 5 年的时间内增加了 140 个设计制品。如果一个机构决定对相关的需求文档、代码和测试用例加以控制，将会发现需要管理数量惊人且相互关联的软件制品。

11.2.1　业务策略对配置管理的影响

过程决策会对软件制品管理和控制产生影响，这种影响可以通过是否允许从中间制品创建"分支"的问题来进一步说明。以图 11.1 中的需求文档为例，我们可以制定一项策略，仅允许对需求按以下方式进行更新和修改：

- 只通过通用版本。

- 只对最新版本。

在修改通用版需求文档后，将会评审法国、日本、巴西等国家的特定版需求是否得到了恰当的更新。该策略将强制执行顺序更新过程，因为国家特定版需求是通用版需求的后续。接下来，我们考虑一个策略，该策略允许在所有需求制品更新到版本 3 之后修改法国版需求的版本 2。该过程如图 11.2 所示。

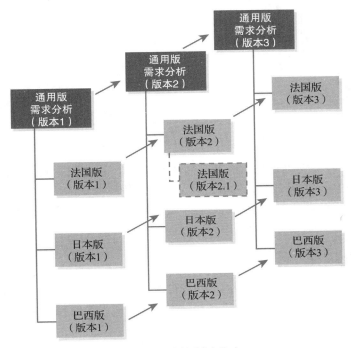

图 11.2　允许创建分支

从中间制品创建分支（法国版版本 2 到法国版版本 2.1）将需要重新检查现存版本 3 的所有需求，以确保对法国版版本 2 需求的修改与版本 3 的需求没有冲突。如果我们考虑其他软件制品，如版本 3 的设计和代码制品，实际影响将会更大。我们需要检查是否与所有现存软件制品存在冲突。一个允许客户不仅可以不用迁移到最新的版本 3 并继续使用版本 2，还可以对版本 2 进行升级的业务策略，将会对软件制品的管理和控制带来巨大影响。

11.2.2　过程对配置管理的影响

显然，开发和支持过程会影响软件制品的管理方式。以一个大规模复杂软件的开发过程为例，需要经过 3 种类型的正式测试：功能测试、组件测试和系统测试。只有这 3 种正式测试活动都完成后，才会为软件产品构建一张可发布正式版 CD（"golden" CD），然后将其复制并分发给客户和用户。图 11.3 显示了如何收集和集成通过单元测试的软件制品以进行功能测试，在解决所有已发现问题后即可认为通过了测试。只有通过功能测试的代码才能被提升（promote）并进行组件测试。然后通过组件测试的代码被提升，并最终提升到通过系统测试的正式版副本（"golden" copy）。在多层次测试过程中，提升软件制品是为了确保通过某一级别测试的代码被锁定，从而不会因为某些修改在无意中遭到回退或降级。设计材料、测试脚本、数据、帮助文本和其他相关材料也必须随着代码一道，逐级提升到最终版本。

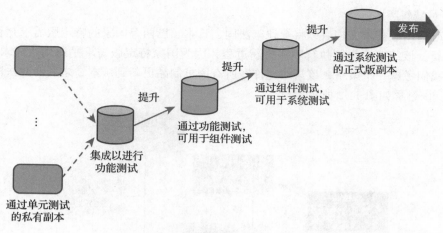

图 11.3　软件制品的提升

尽管图 11.3 并没有明确地显示所有存储在文件库中相关软件制品的提升过程，但这些制品的确是随着代码一道提升的。为避免已完成一定级别测试的所有制品发生回退或降级，确保它们都得到提升也很重要。在测试过程中提升软件制品的方式需要配置管理系统提供某些特定的功能支撑，例如锁定和访问控制。

11.3　配置管理框架

为了管理和控制软件制品的所有部件，软件工程师必须建立一个控制这些项的框架。从上一节可以看出，软件开发和支持的策略和过程将极大地影响配置管理框架。我们接下来讨论在配置管理框架中需要包含的两个主要模型。

- 命名模型。
- 存储和访问模型。

11.3.1　命名模型

为了正确地控制所有的部件，必须有一种方式来唯一地标识每个项或软件制品，并且能够为相互关联的项建立联系。在这里将介绍一种简单的命名模型。根据业务需求和流程假设，可能会创建不同的命名模型，模型中的假设如下：

- 具有唯一的软件产品名称。
- 具有多种类型的软件制品（例如，设计文档、源代码、可执行代码、需求图像、测试脚本、测试数据）。
- 可能会有多种格式的软件制品（例如，文本、电子表格、图像、声音片段）。
- 有一个需要至少包含两个级别的分组机制。软件正式发布版本是一级分组，一个正式发布版本可包含多个不同级别的中间版本。
- 将发布不同语言的多国版软件。

对于上述这组假设，可以使用由 6 个部分组成的命名模型，其中的句点符号用作分隔符：

PP. CC. RRR. VVV. TT. FF

- 第 1 部分——PP：PP 代表软件产品代码。如果 P 允许为字母和数字，则每位有 36

个合法字符，PP 将提供 $36^2 = 1296$ 个可能的产品代码。这对于大多数软件机构来说已经足够。

- 第 2 部分——CC：CC 代表国家代码。每位有 26 个合法字符，CC 可表示 $26^2 = 676$ 个国家代码。对于大多数软件产品来说，所支持的国家版本数远少于 676 个。大多数商用产品支持英语、法语、德语、西班牙语、日语、汉语、韩语和一些北欧国家的语言。除非软件产品将用于联合国等机构，否则 676 个国家代码已足够使用。此外，可以考虑使用 ISO 3166 标准中的两位代码来正式表示国家代码。

- 第 3 部分——RRR：RRR 代表软件正式发布版本号。如果我们仅使用数字 0～9，则 RRR 可以表示 $10^3 = 1000$ 个正式发布版本号。假设产品每年正式发布两个版本，则 3 位数字足够使用 500 年。

- 第 4 部分——VVV：VVV 是为正式发布版本提供的中间版本号，VVV 将在每个正式发布版本中重新开始编号。同样假设只使用数字 0～9，VVV 将为每个正式发布版本提供 1000 个中间版本号。在一个正式发布版本中，代码模块可能是需要大量中间版本号的软件制品。假设在开发的第一年，代码模块在产品发布前经过了 1～100 个中间版本的修改。然后，假设对于一个容易出错或经常发生变化的模块，在维护和支持期间，每年可能会经过 50 个中间版本的修改。这足够该程序模块使用 19 年，其中包括开发的第一年。在当今这个技术快速发展的世界，19 年使用寿命对一个模块来说应该是足够的。

- 第 5 部分——TT：TT 构成的类型代码用来描述制品的类型。它可能是需求文档、概要设计图、数据库表、测试场景、测试数据或源代码。在这里，T 可能是字母，因此有 26 个合法字符，TT 提供了 $26^2 = 676$ 种不同类型的制品。即使是对于最复杂的软件开发和维护，制品类型的数量也应该足够使用了。

- 第 6 部分——FF：FF 构成的格式代码指制品的表示格式。一个制品可能是文档、电子表格、可执行代码、jpeg 图像等。F 可以是 0～9 之间的数字，则 FF 可表示 100 种不同格式的制品。

请注意，如果我们区分大小写字母，则可以表示更多的组合。如果需要，纯数字字段也可以更改为字母数字混合的字段。当然，也可以扩展每个部分的字符位数。因此，这种由 6 部分组成的命名模型可广泛地用于各类软件产品的开发和支持。命名模型是唯一地标识各项和创建各项之间关系的关键所在。在选择工具时，我们需要特别注意该工具可能会规定命名规范。例如，对使用不同编程语言的源代码文件，编译器可能需要特殊的后缀或前缀。

除了命名模型之外，还可以创建一个单独的项 - 属性描述文件，有时也将其称为属性模型（attribute model）。属性模型本质上定义了与每个制品相关联的特征，例如制品的所有者或制品的首次创建时间等。它有助于提供更丰富的制品标识机制，并且可以用作命名模型的补充。

11.3.2　存储和访问模型

配置管理框架的第 2 个关键模型是存储和访问模型，它定义了存储和控制对所有软件制品的访问所需的功能。该模型有两个基本函数：

- create
- delete

create 函数初始化新生成的软件制品并将其存储，以进行配置管理。delete 函数与 create 函数相对应，它会销毁软件制品，并将其从配置管理中移除。

该模型还有一组访问函数：

- view
- modify
- return

有两种类型的检索函数。其中，view 函数允许用户检索软件制品以进行阅读，modify 函数允许用户检索软件制品以对其进行修改。两者有差异的原因在于，当同一软件制品被多个用户为了阅读而检索时，不存在竞争问题，而多个用户为了修改而检索同一软件制品可能会引发不兼容和冲突。例如，用户 A、B 和 C 可能都想要检索软件制品 X，并各自进行修改。除非这 3 个用户在对制品 X 进行修改时相互通信，否则极有可能会相互冲突。在测试期间，对同一个源代码模块进行多处修改时，这种可能性将大为增加。因此，需要一个受控检索的 modify 函数。为防止冲突和竞争，modify 函数只允许一个用户为修改而进行制品检索。当某软件制品被修改时，将禁止其他用户使用 modify 函数检索该软件制品，然而仍然可以通过 view 函数查看该软件制品。return 函数允许将完成修改的软件制品和新的修改存储起来，并重新启用该制品的 modify 函数。用户只有先使用 modify 函数检索了某软件制品，才能使用 return 函数返回该制品。因此，modify 和 return 函数相互配对。另外，return 函数还可以自动递增所返回软件制品的版本号。能自动增加版本号的访问函数为版本控制提供了一套基本的附加功能集。

在许多现有的配置管理或版本控制产品中，都使用术语检入（check in）和检出（check out）。通常有两种检出形式，只读检出与前面讨论的 view 函数相同，编辑检出则与 modify 函数相同。检入与 return 函数相同。

存储和访问模型还需要一套控制和服务函数。所需服务函数的范围将取决于想要的配置管理通用性。以下是几个服务函数的示例：

- import
- export
- list
- set（发布号或版本号）
- increment（发布号或版本号）
- change（产品代码、国家代码、制品类型或制品格式）
- gather
- merge
- promote
- compare

import 和 export 函数允许将软件制品引入和移出现有的配置管理框架。list 函数可根据产品代码、版本号或其他标识符列出所有制品。set 函数允许制定制品的正式发布版本号或中间版本号。虽然前述的 return 函数可以包括版本号递增功能，但 increment 服务函数允许显式地将正式发布版本号或中间版本号增加所需数值，也可以通过增加负数来减小版本号。change 函数用于更改产品代码、国家代码或制品名称中的任何部分。gather 函数可以通过产品代码或版本号来指定和链接所有相关的制品。例如，我们可能会通过产品代码和国家代码收集所有相关制品，然后将它们导出到另一个机构。merge 函数将对一个制品的修改结合到另一个制品中。如果对现有的已发布制品进行了一系列修复或更改，并且需要将相同的修改并入为下一个发布版本准备的另一个制品中，此函数将非常有用。因此，merge 函数有助于并行化开发。promote 函数允许将指定的制品移动到不同的状态。通常情况下，特别是在一个模块的维护和服务中，我们希望看到以前做过哪些修改。compare 函数允许我们查看两个制品或同一制品的两个版本之间的差异。

如果需要，还可以将更多的服务函数加入存储和访问模型中。例如，实现加锁和解锁机制的附加函数 locking 和 unlocking。又如，使用定位函数 where-used 或引用定位函数 where-referenced，将允许我们找到引用特定制品的所有制品。多年前，为解决"千年虫"问题，where-used 函数被广泛用于搜索包含或使用日期字段的所有模块。

如果我们可以通过工具自动化其中一些或大部分活动，上述配置管理框架将会变得更加容易实现。

集成和构建是一个与配置管理框架相关的重要活动，是大型软件开发的必需环节。如果没有规范的控制，将相关的代码和数据处理为一组可执行文件将会是一个令人生畏的过程。这一活动将在下一节中单独讨论。

11.4　构建与集成

构建过程是针对特定执行环境，将源文件集成和转换为一组可执行文件的一系列活动。执行环境包括用于运行由构建过程生成的软件的硬件和软件系统。

正如每个程序员熟悉的那样，单个程序的构建周期相当简单。构建活动主要涉及两个步骤：

- 编译。
- 链接。

首先，编译源代码。然后，修复编译错误并重新提交编译。一旦源代码被成功编译，它与所有需要的外部引用项就链接在了一起，这些被引用的外部项数量相对有限。当成功完成链接后，该程序就可以用于测试、调试和修复等。

现在考虑一个庞大复杂的软件应用程序，它包含数百个需要进行集成的源文件。必须合理地控制这些相互关联的制品，否则构建过程可能会在耗时数小时后失败。在多人组成的开发团队中，一类常见错误就是团队成员在其他成员不知情的情况下对源代码进行了修改。这很有可能导致依赖于此模块的其他模块存在引用不匹配错误，从而导致构建活动失败。随着构建过程变得越来越复杂和耗时，特殊的构建文件（有时被称为描述文件或配置文件）被用来管理和控制构建活动。20 世纪七八十年代，C 语言和 UNIX 系统的 Make 函数使用的 makefile 是一种流行的构建文件。构建文件控制了软件构建周期中以下活动的顺序：

- 依赖性和交叉引用检查。
- 将源代码编译为可执行文件。
- 链接可执行文件。
- 生成所需的数据文件。

使用自动化工具可以大幅简化复杂软件系统的构建过程。在定义构建文件后，自动化工具将根据构建文件处理构建周期。对于大型复杂软件，完整的构建周期可能长达 6、7 个小时，甚至更长。由于这类构建需要较长时间，因此通常在晚上进行。每晚构建（nightly bulid）即是描述此过程的术语。

在大型软件开发方面的经验同样告诉我们，如果当前的构建过程失败，将不会留下任何东西。也就是说，应始终将之前成功构建的系统作为备份保存。如果当前构建周期失败，那么最后一个成功构建的系统仍然是最新系统，并且可以继续用于测试等活动。构建文件可以帮助我们跟踪并改正一些构建过程错误。构建文件可以作为构建过程的审计机制。因为一个大型系统的构建过程耗时较长，我们通常将其分成几个步骤。这样，我们可以先检查每一步是否正确完成，再进行下一步。这种方式可以防止在前面步骤中的错误直到最后才引发构建失败，导致再重新启动耗时较长的构建过程。

当软件处于开发周期中的测试阶段时，每天都会发现和修复错误。然而，并非所有源代码都会受到这些修复和更改的影响。通常只有少量的源程序被修改。在这种情况下，不需要执行完整的重新构建，但在使用部分构建版本时必须特别小心。最后，当完成整个开发周期，准备开发最终发布版时，应该对所有源程序进行完整的重新构建。最后应该注意，必须确保所构建的最终版软件系统是面向目标用户运行时环境的，而不仅是针对开发人员环境的。有时候，软件在开发人员系统上运行时一切正常，但是由于某些库中可执行文件版本较旧等运行环境上的差异，软件将无法在用户环境中正常运行。这对于 CI/CD 和 DevOps 尤其重要，因为我们对快速向用户和客户提供服务和功能感兴趣。

11.5　配置管理工具

如前所述，软件配置管理是与控制软件开发和支持过程所产生部件相关的一系列活动。在大型软件项目中，这些活动可能是烦琐而复杂的，因而很容易出错。所以，应尽可能地将这些活动自动化。

配置管理工具可以分为 3 个层次。第 1 层次的工具主要执行版本控制和变更控制，通常可直接使用现成的过程，而不需要做任何修改。在早期，受欢迎的工具有 RCS（Revision Control System）和 SCCS（Source Code Control System）。其中，RCS 是普渡大学的 Walter Tichy 编写的，SCCS 则被用在大部分 UNIX 系统中。现在，GNU（这是一个缩写，表示"GNU's Not UNIX"）和自由软件基金会（FSF，Free Software Foundation）使用了 SCCS，并将其称为 CSSC。其他工具包括 CVS（Concurrent Versions Systems）、PRCS（Project Revision Control System）。其中，PRCS 类似 CVS 和 RCS，是加州大学伯克利分校的 Paul Hilfinger 开发的工具，带有一个易于使用的前端。Subversion 是由 Tigris.org 赞助的 CVS 替代工具，Tigris.org 是一个致力于研究软件开发协同工具的开源社区。最近，代码仓库管理工具 Git（Jerry，2018）变得很受欢迎，它最初是为了管理 Linux 内核的源代码而创建的。这是一个免费的开源软件，由 Linux 操作系统的创造者 Linus Torvalds 于 2005 年开发。11.10 节提供了上述工具的链接。

第 2 层次的配置管理工具带有构建功能。早期流行的构建工具之一是 UNIX 系统附带的 Make 实用程序，它于 1970 年代中期由 AT & T 贝尔实验室的 S. I. Feldman 创建。该功能使用描述或配置文件（如 makefile）作为向导来查找所有源文件及其相互间依赖关系，以最终生成可执行文件。其他免费构建工具包括 Odin、Cons、SCons 和 Ant。

Odin 是一个和 Make 非常类似的构建工具。虽然它具备比 Make 更高级的特性，运行速度也更快，但它的描述文件与 makefile 不兼容，这使得它作为 Make 的替代工具不太具有吸引力。另一个构建工具 Cons 由 Robert Sidebotham 于 1996 年发布，现在由 Rajesh

Vaidheeswarren 负责维护。它是对 Make 工具的改进，可在包括 AIX、FreeBSD、HPUX、Linux、Windows NT 和 Solaris 在内的多个平台上运行。它使用 FSF 发布的 GNU 通用公共许可证。SCons 基于 Cons 的架构，是 2000 年由 Software Carpentry 赞助的竞赛成果，最先于 2001 年使用非限制性 MIT 许可证发布。Apache Ant 是另一个基于 Java 的构建工具，与 Make 类似，被用于帮助构建 Apache Web 服务器引擎 Tomcat。Ant 由自由软件开发人员 James Davidson 发起，并由 Apache 软件基金会（Apache Software Foundation）发布。由于 Ant 基于 XML，所以它的配置文件不同于 Make 工具的基于 UNIX Shell 的命令。近来，Maven、Gradle 和 Bazel 等其他基于 Java 的构建工具也变得更为流行。

第 3 层次的软件配置管理工具将配置管理活动与开发和支持过程中的活动相结合。大多数免费工具不提供此项功能，只有有限的几个商用配置管理工具集成了一些开发和支持过程中的活动。例如，使用需求工具开发的不同版本的需求制品通常会保留在该需求工具中。但是，需求制品很少与设计文档、源代码和测试用例相关联。在复杂的配置管理工具中，最常见的功能是支持管理变更过程。目前还没有一个集成完整开发过程的第 3 层次软件配置管理工具。

当然，有一些商用配置管理工具可用于大型软件开发和支持，这些工具试图在源代码之外覆盖更多的软件制品。由于其功能相对较为丰富，所以要复杂得多。以下 3 种工具是在撰写本书时最流行的商用配置管理工具：

- ClearCase
- PVCS (Serena ChangeMan)
- Visual SourceSafe
- GitHub

ClearCase 是一组软件配置管理工具集，可与多个开发环境（如 Microsoft Visual Studio. Net、Eclipse、IBM WebSphere Studio 和 Rational Application Developer 等）一起运行，并提供了扩展的构建功能。该工具最初由 Atria 发布，然后被 Rational 收购，之后 Rational 又被 IBM 收购。ClearCase 适用于大型、复杂、多团队软件开发和支持，现在也被称作 IBM Rational ClearCase。

PVCS 也是一组软件配置管理工具集。一开始，它是一个更适合开发中等规模软件的工具集。2004 年，其所属的 Merant 公司被 Serena Software 收购。现在，PVCS 已经转换并集成到 Serena ChangeMan 工具集中。Micro Focus 于 2016 年收购了 Serena Software，并对 PVCS 进行维护。

Visual SourceSafe 是 One Tree Software 开发的一个简单代码版本控制工具。自从 1994 年被微软收购以来，该工具发展迅速，并已集成到微软开发环境中。然而，它仍然主要侧重于版本控制，适用于异地分布的小型团队。

2018 年，微软收购了 GitHub。GitHub 是一个基于云的托管服务，以供软件开发和版本控制。它使用 Git 作为存储库，并提供分布式版本控制和协作开发功能，如 bug 跟踪和任务管理。它允许用户设置支持工作流的指令（或操作）和步骤的文本文件。因此，它为 CI/CD 管道的工作流自动化提供了支持，具体如下：（1）代码的集成和构建（CI）；（2）运行代码测试；（3）交付和部署代码（CD）。通过 GitHub 操作，相比于以前的手动方法，错误大幅减少，同时交付时间也缩短了。如今，GitHub 是拥有数百万用户的最受欢迎的工具之一。

目前，没有一个配置管理工具可以管理所有不同类型的软件制品及其相互依赖关系。因此，可能需要搭配使用多个工具。在确定所在的特定机构最适合哪些工具时，需要考虑以下问题：

- 什么制品对本机构很重要，它们如何相互关联？这些制品是否应该在某种自动化工具下进行管理？需要保存多长时间？
- 该自动化工具是否具备所有必要的和期望的配置管理功能？
- 该自动化工具是否能在本机构的开发和支持环境中运行，并处理所有不同类型的制品（例如支持的编程语言、设计语言、配置文件脚本语言）？
- 现有的命名模型与该自动化工具相匹配，还是需要修改命名模型？如果需要修改现有的名称，是否有转换工具可以提供帮助？
- 该自动化工具是否能在不改变用户环境的前提下，生成能在该环境中运行的制品？
- 该工具是否可以支持异地多站点开发？
- 运行该自动化工具需要多少资源（例如 CPU 和内存）？
- 该自动化工具是否提供技术支持？如何提供支持（例如，$7 \times 24h$ 制）？
- 该自动化工具多长时间更新和发布新版本？
- 工具供应商是否提供正式培训？以什么形式提供？
- 是否具备用户手册和参考手册等文档？
- 是否具备可以网上咨询或电话联系的帮助账号？

最后，除非自动化工具是免费的，否则应该确认该工具的产品和支持服务的价格。许多工具可根据用户数量或企业范围协议的方式付费和授权使用。

11.6　管理配置管理框架

软件配置管理被视为直接从软件工程实践和研究成果中成功获益的领域之一。但我们不能因此而假设它能够自动完成操作，仍然需要着重强调软件配置和发布管理。在机构中，软件配置管理应该按计划、分阶段地进行。

在最简单的形式中，我们必须确保所有的源代码材料被正确编译和链接，以生成一个可发布包，供用户直接安装和运行。当然，为确保在整个开发阶段中所有源材料的正确性，我们必须引入并实施配置管理规定。规定的基本原则包括对源材料的多个版本进行清晰的描述，并能够提供其中任意一个版本用于集成和构建，从而为用户生成所需版本的软件。随着代码制品数量和修改频率的增加，还应该引入配置管理员和自动化配置管理方法。

在掌握软件开发阶段软件配置管理规定的基本原理后，我们可以将其扩展到支持活动中。频繁地对多个模块进行修改是软件支持和维护阶段的固有组成部分。因此，可将软件配置管理从软件开发阶段自然地延伸到支持过程中。

一旦所有代码和代码相关的制品都已经纳入配置管理，机构就可以将其他更多的软件制品纳入到配置管理，例如需求、设计或测试用例制品。保存所有的其他制品并正确地维护其相互关系，会增加配置管理的复杂程度。需要引入配置管理员来帮助设计一个适用范围更广的系统，以允许我们存储、访问、跟踪、控制和关联所有这些制品。我们应该能够生成一个完整的软件产品包，其中包含所有的需求、相关设计文档、审查/评审结果、变更请求、源代码、可执行代码、数据、测试用例和脚本、测试数据、测试报告和结果、参考手册和市场宣传手册。这种复杂程度要求机构有一个明确的开发和支持过程，一个定义明确的由过程活动产生的软件制品集，以及一个集成的配置管理系统。

任何系统成功的关键都是拥有知识渊博、积极进取的团队成员，明确的目标以及可以带来帮助的优秀过程和工具。软件配置管理也是这样。参与软件开发和支持的工程师必须就配置管理、进行配置管理的原因和目标、涉及的过程以及相关工具的使用进行过培训并具备相关背景知识。而且，这应该在实际软件开发和支持活动之前或至少在较早阶段完成。

11.7　总结

一个庞大而复杂的软件项目需要对生成的所有软件制品进行有效管理。此外，还必须考虑这些制品间的复杂关系，以产生一个可发布版本并能够对其提供支持。

配置管理框架由两个主要部分组成：

- 命名模型。
- 存储和访问模型。

将这两个模型与集成和构建过程相结合，我们就可以管理生成的软件部件，并为用户生成不同版本的软件。在自动化配置管理中，我们讨论了不同复杂程度的各类工具。范围涉及版本控制、集成和构建、制品间关系管理和过程控制。将配置管理引入特定机构也应该有一个良好的计划，并且可能需要分阶段进行。

11.8　复习题

11.1　命名模型的用途是什么？

11.2　列出软件配置管理中的 4 个主要活动。

11.3　什么是检入和检出？

11.4　列出在选择配置管理工具前你最关心的 3 个因素。

11.5　对单个程序来说，构建过程由几个步骤构成？

11.6　什么是链接，我们在构建过程中链接的对象是什么？

11.7　解释配置管理的存储和访问模型中 view 与 modify 函数的区别。

11.8　在自动化配置管理活动的 3 个层次中，分别说出 1 个工具的名字。

11.9　练习题

11.1　如何使用命名模型来追溯设计制品对应的需求？举例说明。

11.2　假设命名模型使用 2 位字符表示制品类型和 3 位字符表示制品格式。将其与 C++ 或 Java 源代码文件的源代码命名规则进行比较。讨论在构建期间可能会发生的问题。

11.3　讨论如何将制品提升到下一级别。

11.4　在版本控制中，为什么我们需要担心以修改为目的进行的多个访问？举例说明源代码在不受版本控制时可能会发生的情况。

11.5　在存在顺序的一组制品中，为什么允许从中间制品创建分支将会使情况变得更为复杂？

11.6　在版本控制中，有关如何实现不同版本制品的内部存储存在争论。一个观点是保留每个版本的完整副本。另一个观点是只保留从一个版本到另一个版本的变化增量，只有第一个版本是唯一的完整副本。

a）给出保留每个版本完整副本的一个理由。

b）给出只保留版本间变更增量的一个理由。

c）两种方法各自的缺点分别是什么？

11.10　参考文献和建议阅读

Apache Ant. n.d. Accessed June 20, 2021. http://ant.apache.org.

Atria Software. 1992. *ClearCase User's Manual*. Natick, MA: Atria Software.

Bayes, M. E. 1999. *Software Release Methodology*. Upper Saddle River, NJ: Prentice Hall.

Berczuk, S. P. 2003. and B. Appleton. 2003. *Software Configuration Management Patterns: Effective Teamwork, Practical Integration*. Reading, MA: Addison-Wesley.

Cons (A Software Construction System). n.d. Accessed June 20, 2021. https://www.gnu.org/software/cons/stable/cons.html.

CSSC (GNU's clone of SCCS). n.d. Accessed June 20, 2021. https://www.gnu.org/software/cssc/index.html,.

CVS (Concurrent Versions System). n.d. Accessed June 24, 2021. http://www.nongnu.org/cvs/.

Dart, S. 1991. "Concepts in Configuration Management Systems." In *Proceedings of the Third International Software Configuration Management Workshop*, 1–18. New York, NY: ACM Press.

Dart, S. 1992. "The Past, Present, and Future of Configuration Management." *Software Engineering Institute Technical Report*, CMU/SEI 92-TR-8. Pittsburgh, PA: Software Engineering Institute, Carnegie Mellon University.

Estublier, J., D. Leblang, G. Clemm, R. Conradi, W. Tichy, A. van der Hoek, and D. Wiborg-Weber. 2002. "Impact of the Research Community for the Field of Software Configuration Management." In *Proceedings of the 24th International Conference on Software Engineering*, 643–644. New York: Association for Computing Machinery.

Hass, A. M. J. 2003. *Configuration Management Principles and Practices*. Reading, MA: Addison-Wesley.

IBM Rational ClearCase. n.d. Accessed June 20, 2021. https://www.ibm.com/products/rational-clearcase.

International Workshop on Software Configuration Management. n.d. *Workshop Proceedings from Springer, Lecture Notes in Computer Science* (LNCS) 1005 (SCM 4 and SCM 5-1995), 1167 (SCM 6 1996), 1235 (SCM 7-1997), 1439 (SCM 8-1998), 1675 (SCM 9-1999), and 2649 (SCM 10 and SCM 11–2001 and 1003).

Jerry, N. P. 2018. *Git and Github Guide: The Basics*. CreateSpace Independent Publishing Platform.

Leon, A. 2004. *A Guide to Software Configuration Management*, 2nd ed. Norwood, MA: Artech House.

Microsoft Visual SourceSafe. n.d. Accessed June 20, 2021. http://msdn.microsoft.com/en-us/library/3h0544kx%28v=vs.80%29.aspx.

NASA Software Configuration Management Guidebook. 1995. Accessed June 20, 2021. https://ntrs.nasa.gov/api/citations/19980228473/downloads/19980228473.pdf.

Nentwich, C., W. Emmerich, A. Finkelstein, and E. Ellmer. 2003. "Flexible Consistency Checking." *ACM Transactions on Software Engineering and Methodology* 12 (3): 28–63.

PRCS (Project Revision Control System). n.d. Accessed June 20, 2021. http://prcs.sourceforge.net.

PVCS (Serena ChangeMan). n.d. Accessed June 20, 2021. https://www.microfocus.com/en-us/products/pvcs/overview.

RCS (Revision Control System). n.d. Accessed June 20, 2021. http://www.gnu.org/software/rcs/rcs.html.

Roche, T. 2001. *Essential SourceSafe*. Milwaukee, WI: Hentzenwerke Publishing.

SCons. n.d. Accessed June 20, 2021. http://www.scons.org.

Subversion. n.d. Accessed June 20, 2021. http://subversion.apache.org.

Tichy, W. n.d. Accessed June 20, 2021. "Software Configuration Management Overview." http://grosskurth.ca/bib/1988/tichy-tools.pdf.

van der Hoek, A., A. Carzaniga, D. Heimbigner, and A. L. Wolf. 2002. "A Testbed for Configuration Management Policy Programming." *IEEE Transactions on Software Engineering* 28 (1): 79–99.

White, B. 2005. *Software Configuration Management Strategies and Rational ClearCase: A Practical Introduction*, 2nd ed. Reading, MA: Addison-Wesley.

Whitehead, E. J., Jr., and D. Gordon. 2003. "Uniform Comparison of Configuration Management Data Models." In *Proceedings of 11th International Workshop on Software Configuration Management* (SCM-11), 70–85. New York: Association for Computing Machinery.

软件支持和维护

目标
- 描述产品发布后的支持和客户服务活动。
- 讨论产品缺陷性和非缺陷性的支持任务。
- 分析一个客户支持和服务机构的示例。
- 描述仅包含产品缺陷修复补丁的补丁版产品,以及包含小型功能增强和缺陷修复补丁的维护版产品。

12.1 客户支持

大型软件产品经历了漫长而且开销巨大的开发过程。但是,产品发布后的支持和维护周期比开发周期还要长几倍。软件产品的生命周期将会在初次发布后持续多年。产品的成功取决于实际用户使用软件产品的体验。尽管开发者希望软件能够具备用户友好和高质量的特性,但许多大型软件由于高度复杂性导致在产品发布时仍存在缺陷。此外,由于诸如资源和进度计划等各种原因的限制,产品的第一个正式发布版本可能并未实现需求列表中的所有内容。因此,理解并为产品发布后提供用户支持进行充分的准备是非常重要的。客户支持和服务主要包括以下两种类型的活动:

- 产品缺陷性支持
- 产品非缺陷性支持和服务

此外,大型软件产品会对大多数客户支持和服务收取一定费用。许多软件机构会每年收取原产品价格的 10%~20% 作为产品支持和客户服务费。还有一些则是按"每次通话"收取费用,即每次收取拨打客户支持服务电话的客户支持/服务费。这些付费客户和用户显然希望能获取专业级的服务和产品升级维护。许多产品支持和客户服务模式将支持和服务扩展到客户咨询实践中。咨询服务将包括针对用户的培训和指导,以及针对产品的扩展和定制。一般来说,一旦软件产品被修改和定制,该部分将不被普通产品支持合同涵盖,而需要通过咨询服务合同获取支持。咨询服务是一个持续增长但难度较高的业务,我们在本章中不讨论这一扩展模式。IBM 和 Wipro(印度)等公司已经将 IT 咨询业务作为一项全球业务。

对于正在使用或计划使用开源软件的用户,产品支持和客户服务可能存在问题。因为软件产品是免费的,所以没有法律义务为其提供支持。对于一些开源软件,可能会有商用支持提供商,但这仅限于受欢迎的软件产品。例如,Linux 是一个免费的操作系统,Red Hat 公司为企业 Linux 提供支持,同时也为 JBoss 企业应用平台提供支持。

12.1.1 用户问题到达速率

一个软件产品一经发布,随着使用率的提高,将会涌入大量用户询问和问题报告。众所周知,问题的发现和报告数量遵循与图 12.1 中 Rayleigh 曲线类似的指数曲线。当然,实际数据并不会像图 12.1 所示的那样平滑。

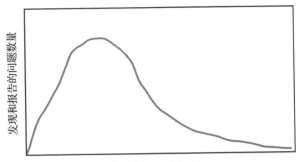

图 12.1　使用 Rayleigh 曲线表示的问题到达曲线示例

在开始阶段，随着用户尝试使用新的软件产品，问题到达速率（problem arrival rate）将迅速加快。这个阶段，用户执行主要路径，找到所有容易被发现的问题。随着这些主要问题得到修复和用户使用更加复杂的功能，问题报告速率也降低得较为缓慢。如果一开始报告问题的速率较慢，软件产品可能会被错误地认为质量较高。当这种情况发生时，需要重点检查产品的实际使用率，因为许多客户可能不会立即使用新发布的软件。对于图 12.1 中的时间轴，一些软件工程师会采用使用时间（usage-time）而非日历时间来描述问题达到曲线。使用时间可定义为如下：

使用月数 = 使用软件的活跃用户数量 × 每个用户使用月数

该公式确保在描述问题到达速率时同时考虑了时间和使用情况。Kan（2003）对 Rayleigh 模型和缺陷报告速率进行了更进一步的讨论。缺陷报告速率也类似于测试期间的缺陷发现速率和可靠性模型。（有关可靠性模型的更多细节可参见 Musa、Iannino 和 Okumoto（1990）的文献。）

客户支持的准备工作必须在软件正式发布前启动。支持和服务的工作量以及所需的支持人员数量可以根据问题到达曲线估计。因此，准确估计问题到达速率非常重要。对于具有使用情况历史数据的机构来说，估计类似情况的问题到达速率是可行的。但是，当机构发布新产品时，就会遇到困难。关于估计和可靠性模型的主题超出了本书的范围（可参考 12.7 节）。首先，需要估计所需的支持人员数量，然后需要对支持人员就软件产品进行培训。培训通常会包括学习软件和实际使用环境。有时候，让支持人员参与测试工作也是培训和过渡活动的一部分。其他时候，原开发人员或测试人员将会被分配到支持团队中，以在产品支持期的前6 个月为支持团队提供指导。

经验丰富的支持机构会持续地详细分析软件使用情况和问题报告。有时候会将前几个月的数据用作检查点，以了解发现缺陷和缺陷到达的情况是否与预测情况相符。在支持活动的早期，可能会重新协商所需的支持资源，特别是在出现问题比原预测更多的情况下。

维护和发布后续版本的实际成本将取决于每个软件产品的市场和财务状况。拥有大型用户社区的成功软件产品更有可能持续销售多年，并进行多次更新和发布。即使如此，软件产品最终也将进入日落期（sunset period），并从市场上消失。产品日落期可能会持续 1 或 2 年，通常按照以下顺序进行：

1. 停止发布含有新功能或增强功能的新版本。
2. 仅修复旧产品中严重性非常高的问题。
3. 宣布一个新的替代产品。

4. 鼓励现有用户和客户迁移到新产品。

5. 通知仍继续使用旧产品的用户，计划终止产品支持。

6. 向仍在使用旧产品的客户提供可能愿意继续为旧产品提供支持的软件供应商名称。

7. 在计划日期终止客户支持，并让软件产品退出市场。

有时候，软件产品已退出市场，但还没有新的替代产品。在这种情况下，产品的日落期可能会更长，以便用户找到替代产品。

12.1.2　客户接口和来电管理

典型客户支持机构通常包括几个层次的人员，他们分别执行不同类型的活动。图 12.2 是一个软件支持机构的示例，该机构的支持和服务功能具有两个层次。其中，外层处理与客户的接口，内层则由技术专家诊断和修复更加困难的问题，包括修改代码。

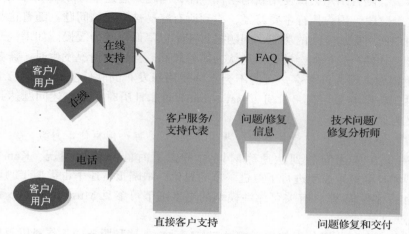

图 12.2　典型的客户服务和支持机构

外层由服务和支持代表构成，他们代表向客户和用户提供的软件产品和服务功能。同时，这些服务和支持代表提倡从客户的角度出发，对应如何修复或变更产品提出意见。这些代表必须具备非常优秀的沟通能力和应用领域知识。内层由更偏技术和具备产品知识的人员构成，他们的主要任务是为客户的问题开发代码补丁。这两组人员紧密合作，在大多数情况下，会共同维护一个常见问题（FAQ）数据库。该数据库中包含历史记录、已知问题和相关修复补丁，可能还会包含对尚未修复问题的变通解决方案。两组人员还会就客户问题和修复状态进行频繁的沟通。

客户支持 / 服务代表主要处理两种形式的客户问题：

● 客户咨询电话

● 在线提交问题

当客户或用户遇到问题时，传统的操作模式是拨打客户支持代表的电话。根据支持 / 服务机构的规模，可能会有一个自动呼叫管理工具，可根据问题类型和代表是否空闲将电话转接至不同的服务代表。接到来电的支持 / 服务代表将按照以下顺序进行处理：

1. 根据客户名称和身份证明确认客户的合法性（例如，是已经支付软件服务费的客户）。

2. 聆听并记录客户对问题的描述。

3. 查询 FAQ 数据库，以查询类似的问题和解决方案。

4. 如果是以前报告过并已经解决的问题，则提供解决方案。

5. 如果是以前报告过但还未解决的问题，则提供预计的修复日期。

6. 如果是一个新问题，如有可能，则提供变通解决方案。如果没有变通解决方案，则与客户就处理该问题的优先级达成一致。根据达成一致的优先级，为客户提供预估修复时间。

7. 记录问题并向技术修复团队提供报告。

来电管理是处理客户来电并确保其被顺利处理的过程。鼓励客户支持／服务代表仅解决不需要修改代码，通过电话就能快速简单处理的问题。自动来电管理工具还能帮助管理人员收集来电量、来电等待队列长度、来电响应和处理时间、未接通来电次数及其他相关数据。支持产品和服务客户所需的代表数量取决于预计的来电量规模，而这又取决于图 12.1 中预期问题到达曲线的高度和形状。客户有时候可能会对特定服务代表的态度或得到的回答感到不满意。在这种情况下，必须有一个备用方案来处理不满意的客户。在过去，很多这类服务被外包到其他国家，但戴尔这样的公司已经将客户支持服务迁回了公司总部，以改进支持服务。

除了同步的直接电话支持外，支持／服务代表还需要维护一个在线网站，用于提供异步的客户支持。很多电话呼叫活动可通过这个异步接口自动化。支持／服务网站首先要求提供客户名称和身份证明，并自动检查客户的合法性。在 FAQ 数据库中自动查询客户所报告的问题，并根据是否找到匹配记录自动生成应答。如果这是一个新问题，该问题将被自动上报，稍后由客户支持／服务代表查看。代表将评估问题优先级和估算修复日期，并向客户回复。该回复可能直接通过电子邮件发送给客户或提交到网站供用户稍后查看，也可能两种方式都采用。为处理不满意客户，还可能会有一个升级的辅助功能。一些支持机构会在支持／服务网站上发布一些产品营销宣传和发布计划公告。还有一些机构则会在网站上发布代码修复补丁，允许客户直接下载补丁并自行安装。

有经验的客户都会知道，问题得到快速处理和解决的关键是在问题评估时获得一个尽可能高的优先级。他们敏锐地意识到了问题优先级与问题解决响应时间之间的关系。表 12.1 给出了这种关系的一个例子。很多有经验的客户都在签订客户支持／服务合同和支付费用之前提出这种类型的服务协议。客户通常会特别关注客户呼叫中心是否能 7×24 小时提供服务。如今，大多数客户都希望达到这种响应水平。

表 12.1　问题优先级示例

优先级	问题分类	修复响应时间
1	没有变通解决方案的严重功能性问题	尽快
2	有变通解决方案的严重功能性问题	1 或 2 周
3	有变通解决方案的功能性问题	3 或 4 周
4	最好能有或能变更	下一版本发布或更早

12.1.3　技术问题／修复

如果问题超出了支持／服务代表的能力，那么将引入技术问题／修复分析师。可能会有一个变通解决方案或临时解决方案提供给客户。在这种情况下，问题描述和临时解决方案都会记录在 FAQ 数据库中，以帮助遇到类似问题的其他客户。同时，创建正式的变更请求，从而生成可能涉及代码修改的更为持久的修复。根据变更请求，对问题的解决方案进行设计、编码和测试。将打包一个非常高优先级的修复方案并立即提供给客户。还将此方案整合到补丁集中，该补丁集是定期发布的问题修复程序集合。非高优先级的修复程序都将被整合并打包至定期发布的补丁集中。

技术问题 / 修复方案分析师通常是资深工程师，他们是设计、编码和测试的专家。然而，与软件开发工程师不同，这些问题 / 修复分析师既没有产品需求分析师的支持，也没有原产品设计师的支持。因此，他们必须拥有产品特定的行业知识和通用技术知识。虽然这是一个管理问题，但这些技术问题 / 修复分析师的价值早就应该得到肯定和认可。然而，他们的特殊价值才刚刚开始得到承认。

将客户问题从支持 / 服务代表传递给技术问题 / 修复分析师并将解决方案返回给客户的过程，与测试人员和开发人员之间的过程几乎相同。以下是对这一过程的抽象总结：

1. 含有问题描述、问题优先级和其他相关信息的问题报告被提交给问题修复和交付小组。

2. 问题修复和交付小组将探讨和分析问题，并进行问题重现。

3. 问题修复和交付小组决定接受或拒绝该问题。

4. 如果问题被拒绝，则立即通知直接客户支持小组。如果问题被接受，则会生成变更请求，问题将进入由设计、编码和测试组成的修复周期。

5. 根据问题的优先级和性质，可将修复程序单独打包并立即向客户发布，或者将修复程序整合到补丁程序集中。

6. 更新常见问题数据库以反映所有问题的状态，以便客户支持 / 服务代表可以快速准确地向客户提供问题的解决状态。

问题修复的设计、编码和测试周期与开发过程的设计、编码和测试活动没有太大的不同。区别在于，问题修复周期可能不会使用相同级别的软件工程规程，因为许多问题的修复可能仅涉及修改一两行代码。只修改代码，然后继续处理下一个问题非常吸引人。如第 11 章所述，对于需要同时处理跨多个国家 / 地区的多版本软件产品的机构，保持所有需求、设计、编码和测试文档的一致更新非常有必要。为解决问题所修改的代码通常需要传递到其他版本，也需要扩散到多个国家 / 地区定制版。问题修复和交付小组的任务和活动需要遵循的规定与本书前述章节中软件工程方法和技术相同。另外，客户越来越意识到测试服务情况的必要性，开始要求对服务等级采用合同约定的方式，并附带惩罚条款。对于硬件系统可用性尤其如此，其中大部分系统的预计可用性要求在 99%～100% 之间。幸运的是，客户对软件的需求还尚未达到这样的水平。

在可能危及生命的情况下，问题 / 修复处理过程与普通情况有很大的不同。在此类紧急的情况下，支持人员经常会直接在客户的系统上现场修复和解决问题。事实上，根据具体情况，原系统的设计师或程序员有时候也会为客户提供支持。在这种情况下，在客户站点上所做的修改和修复仍然需要被正式记录，然后将修复代码整合到通用补丁集中，以提供给其他客户。需要注意的是，支持活动仅适用于原始软件产品中的问题，不包括修改或定制后代码中的问题。如今，大多数软件产品机构只提供可执行目标代码，不再发布源代码，以避免为客户修改代码所导致的问题提供支持。

12.1.4　交付及安装补丁

交付修复补丁主要有两条途径。一条途径是每季度或每半年定期发布一次补丁集。里面包括自上次补丁集发布以来累积的程序补丁。一般来说，补丁集不包含完整的产品，不是完整的产品更新，而只包含受问题修复补丁影响的模块和代码。修复补丁是按顺序打包的。修复补丁集也是有顺序的，要求客户按顺序安装。修复补丁集将提供给所有具有有效支持／服务合同的客户。这些修复补丁集（有时也称为补丁程序）可从在线站点下载或通过 CD 分发给客户。

并非所有客户都会立即应用（或安装）修复补丁。有些处于"工作"状态的客户，并不愿意使用新的补丁集，以免影响他们正在运行的软件。但是，他们可能会在以后遇到问题时，希望能获取一个针对该问题的特定修复补丁。需要提醒这些客户，必须在他们上次完全应用补丁集后顺序地应用所有修复补丁。如果客户只希望修复一个问题或只想要单个补丁，那么从所有修复补丁集中追溯应用合适的补丁可能会非常耗时且结果不理想。无论如何，为使支持服务的效果达到合理水平，需要鼓励客户在修复补丁集发布后尽快应用。

另一条交付修复补丁的途径适用于高优先级的紧急修复。在这种情况下，可能会交付单个修复补丁给系统已关闭且业务已暂停的客户。客户将在收到修复补丁后立即应用。客户的系统得到升级，业务得以恢复。但是，当下一个常规补丁集发布时，已应用此紧急修复补丁的客户必须要注意，他们不能因为已经安装过紧急修复补丁，而仅安装部分补丁集。因为补丁集中的某些补丁可能会影响已经应用的紧急修复补丁。有时候，应用紧急修复补丁的客户可能不得不首先回退该紧急修复补丁，然后再应用完整的补丁集。图 12.3 显示了一个包含 3 个累积补丁的补丁集（$n+1$）。

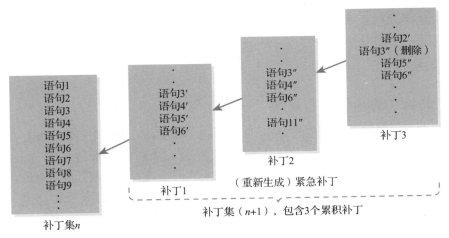

图 12.3　补丁覆盖问题

假设有一个紧急问题，并且紧急修复补丁被交付给图 12.3 中已应用补丁集 n 的那些客户，这些紧急修复补丁涉及代码中的语句 3、语句 4 和语句 5。同时，已经生成了一个针对问题 1 的代码修复补丁 1，它被放到将于下一次发布的补丁集，即补丁集 $n+1$ 中。此外，补丁 1 影响了补丁集 n（语句 3、语句 4、语句 5 和语句 6）导致已经分发的紧急修复补丁需要修改为补丁 2，因为它们涉及相同的区域。然后，后续的所有问题修复补丁，如补丁 3，必须基于此经过修改的紧急修复补丁，即补丁 2。这个示例说明了为什么紧急修复补丁不能保留在代码中，以及为什么客户不能盲目地应用补丁集。

客户支持／服务机构的交付小组必须跟踪修复补丁的交付状态和客户应用补丁的状态。当有新的补丁集可用时，包含问题列表、相应修复补丁的信息文档和给处于不同正式发布版本、中间版本和补丁集版本的客户的建议将一同提供给客户。此外，软件应用程序有时候可能会交织在一起，一个软件应用的补丁集必须与另一个软件产品的补丁集配合使用。例如，操作系统的补丁集可能与数据库系统和网络系统的补丁集相关。这 3 个补丁集互为彼此的核心要素，必须一起应用才能使所有补丁生效。这种情况如图 12.4 所示，将在下一节中进行讨论。各种修复补丁集的信息也会与客户服务支持代表共享，以便在客户报告问题时明确客户所使用的软件版本，以及共同使用的软件产品。

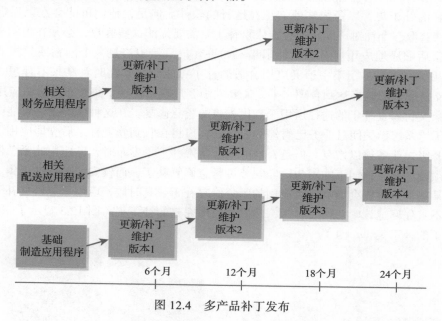

图 12.4   多产品补丁发布

12.2   产品维护更新和发布周期

在前几节中，我们讨论了客户支持 / 服务活动，以及补丁集和应用紧急修复补丁需要关注的问题。除了产品缺陷问题外，小型功能增强也会作为维护更新提供给客户。通常，当增加主要功能或支持新的平台时，软件产品将作为不同的正式发布版进行重新定价。这些新的正式发布版本也是由产品开发部门组织开发的，而不是由客户支持 / 服务部门。小型增量修改不会被视为新的正式发布版，通常作为客户支持 / 服务合同的一部分。例如，新增加了一个支持的设备（如打印机）。又如，为了适应税法的年度变化，对薪酬管理应用进行了调整。这些产品更新通常与产品缺陷修复补丁集整合到一起，并作为产品维护更新进行交付。

不同软件应用产品的产品维护周期也不尽相同。一些应用程序每 6 个月进行一次维护更新，其他一些应用程序则每年更新一次以配合立法更新。图 12.4 显示了 3 个相关的商用软件应用程序，它们以略有不同的周期发布更新。每个软件产品机构都可以有自己的发布计划，除非与其他产品关联。例如，如果制造应用程序中的新功能修改与配送应用程序中的某些部分相关，则它们分别发布的更新 / 补丁维护版本必须相互匹配并同时可用。制造应用程序的更新 / 补丁维护版本 2 可能与配送应用程序的更新 / 补丁维护版本 1 相关。那么，这两个维护版本必须同时发布，而且两个软件产品的更新 / 补丁维护版本必须在各自与代码一起分发的文档中将对方作为核心条目列出。客户必须同时应用两个维护版本，否则新功能可能无法正常工作。跨软件应用的规划是一个复杂而重要的活动，涉及技术和业务知识。随着不同的软件公司建立业务联盟和合作伙伴关系，以及企业兼并收购，其重要性越来越受到关注。显然，配置管理和自动化配置管理工具是实现客户支持和服务成功的必需品。

12.3 变更控制

除配置管理外，大型客户支持 / 服务机构还必须具备完善的变更控制机制。正如开发机构必须具备良好的变更控制或风险范围蔓延（risk scope creep）管理一样，客户支持和服务机构必须控制所有变更，无论变更源自于客户问题还是按计划进行的小型增量式功能增强。对变更的进度计划主要基于所预计问题和变更请求的数量，并通常会受到资源的约束。当意外出现大量变更请求时，可以让客户支持 / 服务机构增加临时人员以提供帮助。由于许多客户支持 / 服务机构的动态性，具备一个良好的变更控制流程显得尤为重要。

变更控制是一个管理以下活动流程的过程：

- 发起变更请求
- 批准变更请求
- 执行变更请求
- 跟踪和关闭变更请求

还有一些特定的信息必须随变更控制活动流程一起传递。与变更请求相关的信息通常填写在变更请求表单中。图 12.5 是一张变更请求示例表单。

变更请求编号：________　　请求发起日期：________

请求发起人：________

请求状态：接受日期：________
拒绝日期：________
开始处理日期：________
完成日期：________

请求优先级：高，中，低

简要描述变更请求：________

变更请求影响范围：________

预估工作量：________　　包含变更的维护版本号：________

图 12.5　维护变更请求表单示例

为了方便识别和跟踪，对每个更改请求都会给定一个编号。变更请求中需要包含请求的发起日期和发起人，以及优先级说明（高、中或低优先级）。优先级将用于决定在哪个维护版本中包含变更请求的解决方案。因此，它不仅是工作顺序的优先级，还是客户可以使用对应解决方案的优先级。请求状态用于跟踪和管理更改请求。请注意，并非每个更改请求都会被批准，有些会被拒绝。尽管图 12.5 中没有包含，但更复杂的变更请求表单可能会包括填写拒绝变更原因代码的字段。如变更请求已开始处理，需要记录开始处理日期。当变更请求完成时，填写完成日期。表单中有一个简要描述变更请求的区域。如果需要更多的空间，可能会为表单提供附件。为确保已经进行了充分的分析，表单中包含了变更请求影响分析字段。影响分析应包括受影响的所有模块、数据库表等。影响分析使得可以确定此变更请求的前置（prerequisite）补丁和并存（corequisite）补丁。组件之间的耦合越紧密，存在的前置补丁和并存补丁越多。在设计阶段做出的决定可能会对后续的产品支持和维护周期带来不利影响。需要对变更请求的工作量进行估计，以合理规划所需的资源和测算预计完成的日期。此外，需要预估变更请求将在哪一个维护版本中发布。

对于希望更深入地管理变更请求的机构，会使用更全面的变更请求表。例如，预估工作量字段可以修改为初始工作量估计和实际花费工作量两个字段。此外，可能会有一个字段显示受到更改请求影响的模块、数据库等。无论如何，重要的是不要让表单变得比实际需要更加复杂。在表单中添加一个字段必须要有很好的理由。诸如变更请求的简要描述、影响区域之类的信息，除了用于决定接受或拒绝变更请求之外，还会被加入客户支持简讯中，先于或者与维护/补丁版本代码一起发送给客户。

许多软件机构会对变更请求表单进行深入研究，以更好地了解产品缺点、客户需求和未来产品方向。经验丰富的客户支持和服务团队可以极大地提升客户对产品的认知程度和购买力。那些把支持和服务团队扩展成咨询服务的组织，也发现了一些巨大的获利机会。客户支持/服务机构执行与产品缺陷性和非缺陷性支持相关的各种活动，有些甚至会执行市场营销相关的活动，如客户意见调查。

12.4　总结

本章介绍了缺陷性和非缺陷性支持与服务。支持活动在软件产品正式发布时启动。支持和服务机构收到客户问题报告的数量遵循类似于 Rayleigh 曲线的指数曲线。工作量和资源估计通常依赖于问题到达曲线的准确性。

客户支持/服务机构通常主要由两个小组构成：

- 客户服务/支持代表，通过电话或在线网站与客户进行互动。
- 技术问题/修复分析师，完成更加深入的问题修复，包括设计、编码、测试和发布。

本章描述了与应用代码修复和补丁集相关的各种问题，范围从紧急问题到定期发布的维护版本。

最后，所有维护变更必须按照产品开发周期中的变更请求进行控制。本章讨论了如何使用维护变更请求表单控制变更请求。

12.5　复习题

12.1　列出客户支持/服务机构执行的与客户支持相关的 3 个功能。

12.2　根据客户使用产品和修复补丁的情况，解释客户问题到达曲线。

12.3　使用月数的计算公式是什么？

12.4　产品维护和发布修复版本时，前置补丁和并存补丁是什么？

12.5　什么是问题的优先级？它的用途是什么？

12.6　描述当客户问题从客户服务/支持代表传递到技术问题/修复分析师时，解决问题所涉及的步骤。

12.7　举例说明，如果客户停留在某特定版本，在跳过几个维护/修复版本后，再应用补丁集，可能会发生什么问题？

12.8　变更请求表单中，预估工作量字段的用途是什么？

12.6　练习题

12.1　访问一家软件产品公司的在线客户支持网站，并将其提供的支持功能列表与复习题中问题 12.1 的答案进行比较。

12.2　假设所发布的软件产品在 6 个月之后才会被安装和使用，解释问题到达曲线可能的形状。

12.3　除了对工作按轻重缓急排序之外，变更请求表单中的变更请求优先级还有什么用途？

12.4　假设某重要客户安装了一个通用软件应用程序，并对其中的某些部分进行了定制。分别解释在以下情况中，为该客户提供支持可能存在的影响：

　　a）定制代码仅与该客户内部编写的应用程序进行交互。

　　b）定制只是在数据库表中添加一个条目。

　　c）定制的代码涉及所购买应用程序的主要逻辑部分。

12.7　参考文献和建议阅读

Basili, V., L. Briand, S. Condon, Y.-M. Kim, W. L. Melo, and J. D. Valen. 1996. "Understanding and Predicting the Process of Software Maintenance Releases." In *Proceedings of the 18th International Conference on Software Engineering*, 464–474. Piscataway, NJ: Institute of Electrical and Electronics Engineers.

Dart, S., A. M. Christie, and A. W. Brown. 1993. *A Case Study in Software Maintenance*. CMU/SEI-93-TR-8. Pittsburgh, PA: Software Engineering Institute, Carnegie Mellon University.

Kan, S. H. 2003. *Metrics and Models in Software Quality Engineering*, 2nd ed. Reading, MA: Addison-Wesley.

Kilpi, T. 2000. "New Challenges for Version Control and Configuration Management: A Framework and Evaluation." In *Software Engineering: Selected Readings*, edited by E. J. Braude, 307–315. Piscataway, NJ: IEEE.

Musa, J. D., A. Iannino, and K. Okumoto. 1990. *Software Reliability*. New York: McGraw-Hill.

Red Hat. n.d. Accessed June 20, 2021. http://www.redhat.com.

Ruhe, G., and M. O. Saliu. 2005. "The Art and Science of Software Release Planning." *IEEE Software* (November/December): 47–53.

Software Support and Maintenance FAQ. n.d. Accessed June 20, 2021. http://faq.gbdirect.co.uk/support/.

软件项目管理

目标
- 分析项目管理的 4 个阶段：
  - 规划
  - 组织
  - 监测
  - 调整
- 讨论 3 种项目工作量估计方法：
  - COCOMO
  - 功能点
  - 面向对象环境的一项简单技术
- 介绍 2 种项目管理技术：
  - 使用工作分解结构制定任务进度计划
  - 使用挣值管理进行项目监测

13.1 项目管理

13.1.1 项目管理的必要性

在本书中，我们花了几个章节来讨论软件设计和开发的过程和方法。为什么不能按照这些过程和方法来完成一个项目？如果一个项目只需要两三个人怎么办？从表面来看，对于一个小型项目，开发人员可能仅根据开发过程就能完成，而不涉及任何项目管理。但是，我们可能会质疑是如何确定一个项目只需要两三个人即可完成的。有没有一个所有人都认同，且有使用经验的软件开发过程？此外，在没有人进行监测的情况下，有没有包括项目组成员在内的人，知道一个项目是否进展顺利？

即使是小型简单软件项目也需要项目管理。各种软件项目的不同之处体现在管理工作量上。一个大型复杂软件项目将需要一些复杂的项目管理技能和相当大的工作量，并使用工具来辅助完成管理任务。项目管理的关键在于如何在缺乏管理和过度管理之间取得平衡，永远不要让项目管理过少或过多。

13.1.2 项目管理过程

许多软件工程专业的学生，甚至一些专业人士也会将软件项目管理与软件工程过程和开发生命周期混淆在一起。软件项目管理遵循管理过程，以确保实施恰当的软件工程过程，但其本身并不是软件工程过程。图 13.1 描述了软件项目管理过程的概要流程和所涉及的 4 个主要活动（称为 POMA）：
- 规划（Planning）。

- 组织（Organizing）。
- 监测（Monitoring）。
- 调整（Adjusting）。

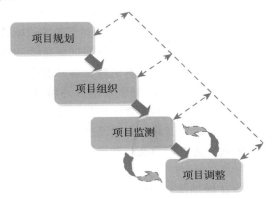

图 13.1   软件项目管理过程

POMA 的 4 项活动有时可能会重叠，但活动中的绝大部分工作将按照图中实线箭头所示的顺序进行。如图 13.1 中的曲线箭头所示，项目管理的监测和调整阶段不仅相互重叠而且以循环的方式相互深度影响。随着项目状态信息的收集和报告，通常需要对项目进行调整和变更。恰当的项目控制需要根据监测情况进行适当调整。

如图 13.1 中的虚线箭头所示，所需进行的调整可能会影响之前阶段中建立的规划、方法、组织策略、报告结构等。虽然 POMA 中 4 个阶段是顺序的，但每个阶段都会发生可能导致前面某一阶段所完成工作被修改的事件。软件项目管理与其他项目管理一样，往往需要一个迭代过程。Tsui（2004）的文献中提供了有关管理软件项目和 POMA 概念的更多信息。

项目管理力求达到以下目标：

- 最终结果满足客户需求。
- 满足所有期望的产品 / 项目属性（质量、安全性、生产率、成本等）。
- 过程中的目标里程碑得到满足。
- 团队成员工作高效、士气高昂。
- 所需的工具和其他资源可用，并得到了有效利用。

重要的是要记住，项目经理必须依靠团队成员来共同完成上述管理目标，而不能仅靠自己单打独斗。

13.1.3   项目管理的规划阶段

规划是所有项目的第一个阶段。项目是成功还是失败严重依赖于是否进行了恰当的规划。然而，许多软件项目由于受到进度和成本的限制，倾向于尽量缩短这一阶段。即使项目规划再好，仍然会发生许多变化和修改。有人会以此作为理由来制定一个不完善的规划，甚至完全跳过规划阶段。无论如何，制定一个精心设计并文档化记录的规划将有助于处理变更，变更在软件项目中是经常会发生的。

在规划阶段的早期，对以下问题的回答将有助于制定项目规划：

- 软件项目的本质是什么？项目投资方是谁？用户是谁？
- 必须完成的需求是什么？希望能完成的需求是什么？

- 项目的交付成果是什么？
- 项目的制约因素是什么？（如进度计划、成本等。）
- 项目的已知风险是什么？

请注意，上述问题与在需求的收集和分析活动中需要回答的问题非常接近。软件工程的需求分析方法和过程为如何执行信息收集和分析提供了指导。项目管理必须确保有符合要求的资源、经过验证的方法和充足的预留时间来执行与回答这些问题相关的任务。谁会为规划阶段提供资助一直是一个困难的商业问题。有时候，客户和用户被要求为这些活动提供资金。其他时候，软件项目机构将为规划活动提供资助，并将其作为业务成本计入项目总成本。如今，经验丰富的大型机构已经意识到规划阶段的重要性，并愿意承担该阶段部分活动的费用。

一旦理解了项目的基本需求，将更容易执行和完成剩余的项目规划活动。以下活动是项目规划的主要部分：

- 确保项目的需求得到准确的理解和说明。
- 估计项目的工作量、进度计划和所需资源 / 成本。
- 确定和建立项目的可度量目标。
- 确定人员、过程、工具和设备的项目资源分配。
- 识别并分析项目风险。

上述每项活动都涉及特定的方法和技术，其中的一些将在本章的各小节中进一步解释。在恰当地收集和分析需求的基础上，可对总体工作量进行估计。然后使用估计的工作量来确定一个项目的进度计划和成本。进度计划的里程碑是根据所选择的过程、工具、技术等来设置的。

在规划阶段最困难的任务之一是定义实际且可度量的目标。我们喜欢声称我们的软件产品质量上乘、使用方便、易于维护，我们也喜欢声称我们拥有最具效率、最有生产力的团队成员或最有效的方法。除非这些声明可被清晰地定义和度量，否则它们不能作为项目目标，因为无法对其进行监测。如同需求收集和分析，项目经理不能自己定义这些目标。通常情况下，应该由一个团队来共同确定项目目标。项目的成功与否取决于是否达成了共同规划并认同的目标。因此，项目团队成员都应该理解这些目标和测量方法。例如，如果其中一个项目目标是拥有高质量的产品，则必须定义高质量这一术语，否则没有人知道目标是否得到了实现。但是，仅简单地定义一个术语是不够的。一个常见的错误是将高质量定义为满足客户需求的产品，这种定义是循环而无用的，不能进行定量分析。目标或定义必须是可度量的，以便在我们监测项目时可以确定产品是否达到了预期的高质量。因此，可以更精确地将质量目标重新描述如下：

> 产品的质量目标是在经批准的需求规格说明文件列出的功能需求中有 98% 经过测试，并且在产品发布时没有未解决的已知问题。同时，所列功能需求中剩余的 2% 也全部经过测试，并且在产品发布时没有已知的严重性等级为 1 的问题。严重性等级为 1 的问题是指那些导致功能无法完成，且不能通过变通方法完成所需功能的问题。

虽然并不完善，但上述关于质量目标的规格说明为我们提供了测度最终目标达成进度的方法。我们可以定量地计算总功能需求数、已测试功能需求数、测试期间发现的问题数和严重程度，以及产品发布时剩余问题的数量和严重程度。有了这些，我们就可以确定是否实现了质量目标。

类似地，项目的进度计划目标应该不仅是指明一个日期。它必须分为可以在项目实施过程中进行测量的多个元素。例如，进度计划目标可以分解为一组里程碑日期，并指明满足95%的里程碑日期和最终完成日期即可认为满足进度计划。如果仅将最终完成日期列为目标，则很难衡量项目的进展情况或对进度计划问题提出预警。如果没有任何关于进度计划状态的输入，那么只有在最终完成日期的前一天夜里才能发现进度计划出现问题，这时候已经来不及采取纠正措施了。对目标需要在整个项目期间进行定量测度和监测。通常认为不可测度的目标是无法管理的。测量（measurement）和度量（metric）的概念将在本章后续部分进一步展开讨论。

规划活动的另一部分内容是识别和分析风险项。没有风险的项目很少。软件项目经常会成本超支和进度滞后。因此，风险管理是软件项目管理中必不可少的组成部分，在规划阶段必须考虑所有风险。风险管理主要由 3 个部分组成：

- 风险识别
- 风险排序
- 风险缓解

我们应该如何识别风险？一些容易出现风险的地方包括新方法、对团队而言不熟悉的新需求、特殊技能、资源短缺位置、激进的进度计划和紧张的资金等。考虑哪些因素可能会对项目带来负面影响很重要。当然，这样的因素可能会很多，难以处理，所以有必要对风险按照优先级排序。然后，可能会决定仅考虑和跟踪高优先级的问题。在确定风险优先级之后，规划过程必须包括一套旨在缓解风险的活动，并采取行动。寄希望于出现某种神奇外力来降低风险是盲目乐观的行为。因此，在项目规划阶段必须包括风险缓解计划。

项目规划阶段的活动将有助于制定项目整体规划。根据项目的实际情况，一些项目的规划可能快速而简短，一些项目的规划可能非常全面且篇幅较长。项目规划的内容必须包括以下基本项：

- 简要说明项目需求和交付成果
- 一系列项目估计
- 工作量
- 需要的资源
- 进度计划
- 要实现的一系列项目目标
- 一系列假设和风险

规划可能还会包括关于待解决问题的讨论，必须要解决的问题和能更好解决的问题之间的区分，以及用户和客户概况。主要需求和交付成果的详细说明可以放在规划的附录部分。工作量估计可以详细地解释和展示。所需的资源和成本可分为人力资源、工具和方法，以及设备等主要类别。进度计划可分为一组主要和次要里程碑。项目目标可能会扩展到包括多个项目属性，而不仅是满足的进度计划和成本预算。要明确地制定所有目标的定义和测量方式。此外，还可以包括假设、主要风险和次要风险，随之而来的是这些风险和假设如何在整个项目中体现。

虽然在规划阶段总是有很多未知数，但项目规划阶段越详尽，项目成功的可能性就越大。这并不是说项目或规划不会发生变化。因为早期的未知数变得越来越清晰，即使是规划最好的项目也将面临一些变化。随着项目推进，还会有一些合理的变化。所有项目经理和项目组成员都应该为这样的变化做好准备。第 5 章中讨论的敏捷过程的支持者正是意识到了这一点，因此他们只对开发中的每次短周期迭代进行规划，以避免过度规划。

13.1.4 项目管理的组织阶段

在项目规划制定完成时，甚至制定完成之前，必须启动组织活动。例如，在我们规划了预计资源后，就可以开始招聘和配置人员。表 13.1 描述了规划和组织阶段一些活动之间的对应和重叠关系。

表 13.1 规划和组织活动对应表

规划	组织
项目内容和交付成果	—
项目任务和进度计划	建立任务和进度计划的跟踪机制
项目资源	获取、雇佣或准备人力、工具和过程等资源
项目目标和测量	建立目标的度量和跟踪机制
项目风险	建立列出、跟踪和分配风险缓解任务的机制

特定规划活动如风险规划活动完成后，我们就可以为其建立跟踪和缓解风险的机制。项目经理不需要等待所有规划活动完成，就可以开始进入组织阶段。

组织阶段不仅需要全面的管理技能。例如，安装工具或建立过程和方法都还需要资源。软件项目比许多其他类型的项目更甚，仍然是人力资源密集的活动。因此，项目经理在组织阶段的前期活动之一就是招聘、雇佣和组织软件开发与维护团队。

由于软件开发和维护项目比其他大多数产业的项目更依赖人力资源，项目经理必须特别注意人员需求，确保基于项目计划及时建立组织架构。人手短缺或错误的人员配置，可能会导致宏大的规划得不到执行。但这种情况并不一定会被公开承认，因为与人、机构和技能相关的问题通常是讨论起来最令人不安和易于情绪化的话题。

在组织阶段，要安排和准备好工具、培训和方法等其他资源，以便在需要时可用。虽然规划可能会为资源提供适当的经费，但组织阶段是根除和解决资源采购或融资等相关问题的阶段。

另外，需要确定和建立监测项目需要的所有机制。特别是需要重新审视在监测阶段要追踪的项目目标，如有修改应在此时完成。

13.1.5 项目管理的监测阶段

在制定项目规划并开始组织实施后，仍然不能期待项目能轻易地顺利完成。无论项目规划如何细致，项目的组织如何精心，项目的实施过程都不会完美。不可避免地，规划和组织的一部分将面临变更，比如当经验丰富的技术人员离职或不能通过所认定的测试程序时。无论如何，如果项目没有得到持续的监测，信息可能会迟到，就会导致昂贵的代价。

必须制定明确的机制，并定期评估项目是否在按规划进行。项目监测主要涉及 3 个组成部分：

- 收集项目信息。

- 分析和评估所收集的数据。
- 展示和沟通项目信息。

监测机制必须收集与项目相关的信息。第一个问题是什么构成了相关信息。至少，必须包含监测规划和提出的项目目标。第二个问题是如何收集信息。这两个问题应该在规划和组织阶段得到解决。收集数据有两种模式。有些数据可以通过定期的正式项目审查会议收集，在这些审查中，预先制定的项目信息必须可用并且无一例外地得到展示。如果发生异常，则应该被视为一个潜在的问题，至少应该由项目经理进行快速检查。其他数据则通过非正式渠道收集，例如管理人员走查——在非正式社交过程中进行管理，这通常是管理行为的一个组成部分。在当今全球经济和分布式软件开发的背景下，尽管技术取得了进步，但是通过间接和非正式渠道收集数据还是变得越来越困难。直接的人际接触对于地理上不在一起的机构来说代价昂贵。因此，许多管理人员削减了差旅费用，转而投入在设备或其他直接可见的因素上。软件项目经理尤其需要注意这一点，因为软件产业仍然是人力密集型产业。

对定期通过正式项目审查会议收集的信息将以各种方式进行分析。大多数项目经理都会尝试自己进行分析。在涉及多个机构和时间跨度长的大型复杂项目中，可能需要一个小型的工作组，使用已建立的技术进行数据分析，如以下技术：

- 数据趋势分析与控制图。
- 数据关联和回归分析。
- 滑动平均（moving average）和数据平滑（data smoothing）。
- 构建的用于插值（interpolating）和外推（extrapolating）的通用模型。

当然，这些活动都不是免费的。它们必须是规划和组织活动的组成部分。如果没有分配经费，没有聘用合格的人员来执行，这些活动就不可能完成。数据分析也经常会外包给其他国家，这些国家进行数据分析的成本更加低廉，且具有大量符合要求的资源，而数据也可以通过电子渠道快速传输。

对收集和分析的信息必须进行交流、报告，并据此采取相应行动。否则，整个监测过程可能只是走个过场。信息报告需要不同的展示风格，并且要意识到信息的展现和可视化方式肯定会影响信息的接收者。例如，我们都喜欢看到收入图是一条从左到右呈上升趋势的曲线。以下是一些流行的可视化和报告信息的方式：

- 饼图显示不同类别的比例。
- 直方图显示不同数据取值范围的相对频率。
- 帕累托图（Pareto diagram）是一种修订的直方图，以升序或降序显示数据。
- 时间图显示数据值随时间的变化。
- 控制图是一种修订的时间图，显示数据值随时间与可接受范围的关系。
- Kiviat 图描述多个度量指标。

图 13.2 展示了上述这些信息展示的形式。其中，控制图和 Kiviat 图可能需要一些解释说明。控制图设置了上下限。随着时间的推移，跟踪所关注属性对应的数据，每当跟踪的信息超出上限或下限时，都要对该情况进行检查。Kiviat 图描述了具有多个关注属性或维度的数据点。图 13.2 中的示例描述了所关注对象的 5 个属性和表示这些区域的数据点。

实际上，我们经常会发现执行监测所需的资源被低估了。定期举办项目会议是一项非常耗时的活动。分析所收集的信息可能需要一些熟练的统计人员。因为我们发现熟练的数据分析人员不足，项目监测任务本身可能就会要求对项目做出第一个调整。

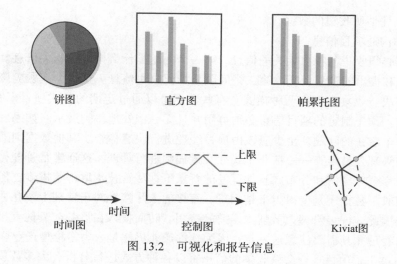

饼图　　　　　　直方图　　　　　　帕累托图

时间图　　　　　控制图　　　　　　Kiviat图

图 13.2　可视化和报告信息

根据所监测的信息，项目经理和团队将共同决定这些观察结果是否表明需要进行变更。

13.1.6　项目管理的调整阶段

进行调整是项目管理的关键步骤。如前所述，项目不需要变更的可能性非常小。如果监测过程表明需要进行调整，那么项目管理团队必须及时采取行动。需要调整的领域可能是多种多样的。但是，项目管理中最可能用来调整的手段如下：

- 资源（resource）。
- 进度计划（schedule）。
- 项目内容（project content）。

上述三项之间是紧密耦合的，通常需要在它们之间进行权衡。资源直接处于项目管理的控制之下。在大多数情况下，项目通常需要更多的资源。当更多的资源添加到项目中时，添加的时机非常重要。正如 Frederick Brooks 的《人月神话》（1995）所解释的那样，试图通过增加人力资源来加快进度计划往往会带来相反的效果。由于现有的经验丰富的人员必须从已分配工作中抽出时间来帮助新人熟悉项目，因此新人可能反而会拖累有经验的工程师。类似地，在错误的时间引入新工具或新过程可能会产生相反效果，增加时间和成本。这并不意味着应该忽略需要增加更多资源的项目调整需求。任务越独立，越容易增加资源，因为需要考虑的耦合关系更少。项目管理团队需要分析添加资源的时机和类型。

有时候，资源反而需要缩减。软件项目中经常增加和减少的人力资源例子是临时测试人员，增加他们是为了执行精心设计和编制的测试脚本，减少它们是因为测试完成了。这是计划内的人力资源增加和减少。更常见的情况是进度滞后或项目内容发生意外变更等计划外的情况迫使项目组考虑调整资源。假设进度滞后，而又必须维持原定进度计划不变，则可以改变其他参数。其中，增加资源是一个可采用的解决方案，应该认真考虑。有时，关键人员可能会离开项目。在这种情况下，项目管理团队必须考虑调整进度计划或项目内容的可能性。不采取任何措施，只是一味地要求剩下的人承担压力，可能只能起一次作用或只会短时间内有效。在大多数情况下，项目管理团队在资源发生变化时，必须考虑采取一些行动来调整进度计划或项目内容。

另一种情况是，进度计划需要保持不变甚至加快，但失去的资源无法被替换或快速添加，因此只能减少项目内容。在项目生命周期的后期减少项目内容，就像添加人力资源一样，并不像所想象的那样有效。对设计和编码的一个与软件的其他部分有一定程度耦合的功能区域，只有仔细考虑它与其他关联区域的关系，才能将它剥离出来。为维持或加快进度计划而减少项目内容所花费的时间和精力实际上可能带来额外的工作，反而减慢进度计划。快速、及时地增加熟练人手，可能是比减少项目内容更好的解决方案。有时候，由于竞争日益激烈，客户要求加快进度，或者是软件开发机构的上层管理人员因为计划外的外部事件要求更早地发布产品。在这种情况下，进度计划的变化将会需要调整资源或产品内容，甚至同时调整两者。再次强调，调整进度计划通常是意料之外的，需要快速进行恰当的调整。

在确定项目需求并开始组织实施项目之后，项目内容也经常会发生变化。客户或用户会不可避免地要求修改或增加内容。有时候，它只是人为的错误，或是看到一些原型功能之后理解更加深入的结果。我们已经讨论了项目后期减少内容可能导致的后果。项目内容的增加或修改也会影响时间。总之，大部分项目内容的变化都需要调整进度计划或资源，甚至调整两者。

上述 3 个参数（资源、进度计划和项目内容）通常是项目经理在监测和调整阶段重点关注的 3 个关键因素。改变其中一个参数通常会影响另外两个参数。请注意，软件工程中另一个常见的属性——软件质量没有被引入调整和权衡的讨论中。这是因为一旦确定了软件应该达到的质量等级，就应该进行跟踪，而很少将它作为软件项目调整和权衡的元素。软件工程师和管理层应该特别慎重，不要牺牲质量去换取进度计划或其他参数。

13.2　项目管理技术

在 POMA 的 4 个阶段中，每个阶段都涉及许多具体技术。有些需要非常深厚的技术功底，有些需要优秀的社交技能。在本节中，我们将重点介绍 4 种常用项目管理技术：（1）项目工作量估计；（2）工作分解结构；（3）使用挣值跟踪项目状态；（4）制定测量和度量。前两项是规划和组织阶段所需的技术，第 3 项是监测阶段所需的技术，第 4 项是规划和监测阶段所需的技术。关于软件项目管理技术的更多细节可以参阅 Kemerer（1997）的文献。

13.2.1　项目工作量估计

估计软件项目的工作量一直是一项困难的任务，特别是对于从技术岗位成长起来的新手管理人员。许多人会说，工作量和成本估计需要大量经验，同时还需要更加精确。这类经验包括知道需要考虑什么、需要多少额外的缓冲空间以及业务可以容忍多大缓冲。

在估计软件项目工作量时，必须有一些用来描述项目需求的输入。这些输入的准确性和完整性是一个重要问题。因为输入本身大多是估计值，所以有必要将它们转换为以某个测量单位（如人月）表示的数字。在以某个单位表示工作量之后，必须面对统一化的问题。换句话说，1 人月可能会根据所分配人员的技能水平不同而体现出显著差异。尽管存在这些问题，仍然需要估计项目的工作量，并制定一个规划。由于存在众多的不确定性，不难看出为什么监测和调整阶段对项目管理至关重要。

一般来说，估计可以被视作一组项目因素，它们通过某种形式组合以提供工作量估计。可以使用下列通用公式来计算：

$$工作量 = a + b（规模）^c + ACCUM（其他因素）$$

工作量的单位通常是人月或人天。公式中有几个估计的常数和变量。常数 a 可以看作业务的固定成本。也就是说，无关规模和其他因素，每个项目都有一个最低成本。这笔费用可能包括管理和支持费用，如电话、办公空间和行政人员产生的费用。该常数可在一定量的实验后获得。变量规模是对最终产品规模的估计，带某种单位，例如代码行数。常数 b 是线性缩放规模变量的数字，常数 c 让估计的产品规模以一种非线性的方式影响工作量估算。常数 b 和 c 可通过以往项目的实验得出。ACCUM（其他因素）项是其他影响项目估计的多个因素的累积。函数 ACCUM 可以是一系列影响项目的因素的算术和或算术乘积，这些因素如技术、人员、工具和过程，以及其他影响项目的约束条件。我们将讨论两种具体的工作量估计方法，它们可被视为上述通用公式的衍生方法。在本章后续部分，第 3 个工作量估计技术只使用了通用公式的一部分，适用于面向对象开发模式的工作量估计。

COCOMO 估计模型

我们在此介绍的第一个估计模型是 COCOMO（构造性成本模型，constructive cost model），它起源于 Barry Boehm 的工作。Boehm 已经修改原 COCOMO 方法并将其扩展为 COCOMO II 方法（Boehm 等人，2000 年）。在这里，我们只简要讨论 COCOMO 方法。COCOMO 包括基本、中间和详细 3 个层次的模型。我们在这里将以中间层次为例进行说明，并介绍 COCOMO 的整个估计过程。以下是 COCOMO 估计的总体步骤。

1. 从 3 种可能的项目模式中进行估计和选择：组织型开发模式（简单）、半独立型开发模式（中等）和嵌入型开发模式（困难）。上述模式是基于 8 个项目特征考虑的，后面会讨论这些特征。模式的选择决定了特定的工作量估计公式，这也将在本节后续部分讨论。

2. 估计项目规模，单位是千行代码数（KLOC）。后续的 COCOMO II 模型允许使用功能点等其他指标。

3. 审查被称为成本驱动因子的 15 个因素，并估计每个因素对项目的影响值。

4. 将上述估计值插入所选模式的工作量估计公式中，确定软件项目的工作量。

下面是选择项目模式基于的 8 个项目特征：

1. 团队对项目目标的理解程度。

2. 团队在类似或相关项目中的经验。

3. 项目与既定需求间一致性的要求。

4. 项目与既定外部接口间一致性的要求。

5. 项目与新系统和新操作过程协同开发的要求。

6. 项目对新技术、架构或其他约束因素的要求。

7. 项目对满足或缩减进度计划的要求。

8. 项目规模。

选择模式并不是一项简单的任务，因为没有一个软件项目会恰好归入某个模式。组织型、半独立型发和嵌入型 3 种模式分别大致相当于简单、中等和困难级别的项目。大多数项目同时具有不同模式项目的特征。例如，对于具体的软件项目，第 8 项特征"项目规模"可能很小，但第 7 项特征"项目对满足或缩减进度计划的要求"可能非常严格。即使只考虑这两项特征，也很难决定一个项目属于简单还是中等级别。想象一下，当一个软件项目混合了 8 个特征时，将更加难以判断项目的模式。在考虑了所有特征后，必须确定项目的模式。在这里，过去的经验会派上用场。此外，在具有项目管理历史数据的机构中，新任项目经理可以查阅该机构的项目数据库。一旦确定了项目模式，就能选择一个对应的估计公式。以下是 3 种模式相应的估计公式，其中工作量的单位使用人月表示：

简单模式：工作量 = [3.2 ×（规模）$^{1.05}$] × PROD ($f's$)

中等模式：工作量 =[3.0 ×（规模）$^{1.12}$] × PROD ($f's$)

困难模式：工作量 = [2.0 ×（规模）$^{1.20}$] × PROD ($f's$)

因此，根据这 8 个特征，如果我们判断项目属于简单模式，则采用工作量 = 3.2 ×（规模）$^{1.05}$ 进行计算。该估计公式提供了以人月为单位的项目工作量基本估计，这是第一层次的估计。

COCOMO 下一个层次的估计是考虑另外 15 个项目因素，它们被称为成本驱动因子（cost-driver）。PROD($f's$) 是将 15 个成本驱动因子算术相乘的函数。这 15 个成本驱动因子各自具有一个数值范围（从非常低到非常高），可分为 4 大类：

- 产品属性

1. 所需软件可靠度

2. 数据库规模

3. 产品复杂度

- 计算机属性

4. 执行时间约束

5. 内存限制

6. 虚拟机复杂度

7. 计算机周转时间

- 人员属性

8. 分析员能力

9. 应用经验

10. 程序员能力

11. 虚拟机经验

12. 程序设计语言经验

- 项目属性

13. 使用现代编程规范

14. 使用软件工具

15. 所需开发进度计划

表 13.2 描述了这 15 个成本驱动因子的可能取值。项目经理或负责项目估计的人员将审查所有 15 个成本驱动因子和每个因子的取值范围。请注意，不同成本驱动因子具有不同的取值范围。例如，成本驱动因子 1 的最低值为 0.75，最高值为 1.40。如果认为这个成本驱动因子非常低或小于 1，则会减小 PROD($f's$)。如果认为它非常高或大于 1，则会增大 PROD($f's$)。标称值 1.0 不会影响整体算术乘积 PROD($f's$)。请注意，成本驱动因子 8 将 1.46（0.71）作为其最低（高）值，因为分析员能力较弱（强）将增加（减少）工作量。因此，PROD($f's$) 可被视为另一个层次的调整机制，可调整简单、中等和困难应用开发模式工作量估计公式的初始估计值。

表 13.2   COCOMO 成本驱动因子取值

驱动因子	非常低	低	标称值	高	非常高	极高
1	0.75	0.98	1.0	1.15	1.40	—
2	—	0.94	1.0	1.08	1.16	—

（续）

驱动因子	非常低	低	标称值	高	非常高	极高
3	0.70	0.85	1.0	1.15	1.30	—
4	—	—	1.0	1.11	1.30	1.65
5	—	—	1.0	1.06	1.21	1.66
6	—	0.87	1.0	1.15	1.30	1.56
7	—	0.87	1.0	1.07	1.15	—
8	1.46	1.19	1.0	0.86	0.71	
9	1.29	1.13	1.0	0.91	0.82	
10	1.42	1.17	1.0	0.86	0.70	
11	1.21	1.10	1.0	0.90	—	
12	1.14	1.07	1.0	0.95		
13	1.24	1.10	1.0	0.91	0.82	
14	1.24	1.10	1.0	0.91	0.83	
15	1.23	1.19	1.0	1.04	1.10	

使用 COCOMO 方法的难点包括根据 8 个特征、产品规模估计以及 15 个成本驱动因子选择特定项目模式。这都需要过去的经验。因此，几乎所有有经验的项目经理都会为估计值附加一些缓冲。

虽然基本原则没有改变，但 20 世纪 80 年代初提出的 COCOMO 已被大幅修改，并发展为 COCOMO Ⅱ。在过去的 20 年里，开发过程从传统的瀑布模式转变为更多的迭代过程，开发技术从结构化编程转向面向对象编程，使用运行环境从批处理发展为事务型再转变为高度交互的在线网站。开发工具也从简单的编译器和链接器发展为一个完整集成的工具包，它将设计和编程逻辑、数据库、网络中间件、UI 开发相结合。COCOMO Ⅱ 已被修改以适应这些变化。我们在此只简要提供 COCOMO Ⅱ 的更新。COCOMO Ⅱ 为软件项目的不同阶段提供 3 种估计模型：

- 在原型阶段进行前期估计。
- 在设计阶段的早期，获取需求后进行估计。
- 在完成设计并开始编码后进行估计。

COCOMO Ⅱ 同样需要对规模进行估计，可以衡量以下 3 个指标之一：

- 千行代码数。
- 功能点。
- 对象点。

像代码行一样，功能点是对软件项目规模的一种估计方式，我们将在下一节进行讨论。与功能点一样，对象点是项目规模的另一种估计方式。

COCOMO Ⅱ 有 29 个因子要考虑，而不是 3 种模式和 15 个成本驱动因子。与以前的 15 个成本驱动因子相似，这 29 个因子可分为以下 5 类：

- 规模因子。
- 产品因子。
- 平台因子。

- 人员因子。
- 项目因子。

上述 5 类因子中，包括 5 个规模因子、5 个产品因子、3 个平台因子、6 个人员因子以及 10 个项目因子。

南加州大学开展了大量关于软件项目估计的研究，特别是对 COCOMO Ⅱ 的研究和工具开发（参阅 13.6 节提供的网址）。

功能点估计

代码行是软件工程早期估计软件规模最主要的计量单位。但是该方法存在一些问题，而且在此期间提出了许多不同的度量指标。其中，功能点技术由 Albrecht 和 Gaffney 在 20 世纪 80 年代首次引入。作为用代码行度量软件项目规模的替代方案，功能点技术受到了欢迎。尽管已经对这种技术进行了许多改进和扩展，但我们在这里仅介绍该方法的原始版本。

在功能点估计过程中需要考虑软件的 5 类组件：

1. 外部输入
2. 外部输出
3. 外部查询
4. 内部逻辑文件
5. 外部接口文件

根据以下 3 种可能的项目描述，分别为每个组件分配权重：

1. 简单
2. 一般
3. 复杂

表 13.3 描述了根据不同的项目复杂程度分配给每类组件的权重。因此，如果假设一个项目是简单项目，则估计的外部输入数将乘以权重 3，估计的外部输出数将乘以权重 4，以此类推。一个简单项目的未调整功能点（UFP，unadjusted function point）数是这些组件数的带权算术和，计算公式如下：

UFP＝（输入数 ×3）＋（输出数 ×4）＋（查询数 ×3）＋（逻辑文件数 ×7）＋（接口文件数 ×5）

表 13.3　功能点权重

软件组件	简单	一般	复杂
外部输入	3	4	6
外部输出	4	5	7
外部查询	3	4	6
内部逻辑文件	7	10	15
外部接口文件	5	7	10

未调整功能点数的估计取决于 5 类组件的估计值以及所估计项目复杂程度的准确度。过去一些软件项目中的经验在这里将再次带来帮助。

与 COCOMO 一样，功能点技术还有一些影响决策的因子。有 14 个技术复杂度因子需要考虑，每个因子取值范围为 0～5：

1. 数据通信
2. 分布式数据

3. 性能标准

4. 高硬件使用率

5. 高事务处理率

6. 在线数据输入

7. 在线更新

8. 计算复杂度

9. 易于安装度

10. 操作方便度

11. 可移植性

12. 可维护性

13. 终端用户效率

14. 可重用性

上述 14 个技术复杂度因子总和的取值范围是 0（$0 \times 14 = 0$）～70（$5 \times 14 = 70$）。如果认为一个技术复杂度因子是不必要的，那么它将被赋值为 0。如果认为是非常相关的，则它的值为 5。基于 14 个技术复杂度因子计算总复杂度因子（TCF，total complexity factor）：

$$\text{TCF} = 0.65 + [(0.01) \times （14 \text{ 个技术复杂度因子之和}）]$$

因此，TCF 的取值范围是 0.65～1.35。最后，功能点（FP，function point）数定义为 UFP 和 TCF 的算术乘积：

$$\text{FP} = \text{UFP} \times \text{TCF}$$

请注意，TCF 取值在 0.65 和 1.35 之间，它为初始估计 UFP 提供了调整因子。再次强调，如果认为需要比 TCF 的 1.35 允许更多的缓冲，那么可以增加额外的缓冲空间。

功能点数量只是对项目规模的估计。为了将功能点数量转化为工作量估计，我们需要了解项目组的生产率。也就是说，我们仍然需要将功能点数量转换成以人月为单位的某种表示形式。假设一个机构的数据库表明，该机构的生产率估计为每个人月可以完成 25 个功能点，我们可以为有 ZZZ 个功能点的项目估计以人月为单位的工作量，计算方式如下：

$$\text{工作量} = （ZZZ \text{ 个功能点}）/（25 \text{ 个功能点} / \text{人月}）$$

与其他估计技术一样，在不同机构和功能点估计量之间保持一致非常困难。这要求无论是谁提出的 100 个功能点，其所代表的含义都是一样的。为了在软件工程领域实现这样的一致性，成立了一个名为国际功能点用户组（IFPUG，International Function Point Users Group）的机构，它提供关于功能点的培训和信息交换。自从提出这种估计技术以来，软件工程领域已经有了很大的发展。与 COCOMO II 类似，有很多小组提出并尝试对功能点技术进行扩展。

面向对象项目工作量估计

Lorenz 和 Kidd 为想对面向对象项目进行工作量估计的人员提供了一种简单技术。这种技术与功能点技术有一些相似之处，它基于估计的最终软件产品中的组件或类的数量，并将一些权重与类的数量相关联。所估计的面向对象项目中类的数量可被视为前面介绍的通用公式中的规模参数。该估计技术的过程可总结为如下 5 个步骤：

1. 估计问题域中类的数量，这可以通过研究和分析需求来完成。

2. 对用户界面进行分类，并分配权重如下：

没有 UI	2.0
基于文本的简单 UI	2.25
GUI	2.5
复杂 GUI	3.0

3. 这些权重来自过去从众多面向对象项目中积累的经验，以及对不同类型 UI 如何影响类的数量和类型的检查。

4. 将步骤 1 中估计的类数量乘以与该项目 UI 类型对应的权重。将此算术乘积加入类数量的初始估计值中，获得最终产品中类数量的新估计值。

5. 将步骤 4 中估计的类数量乘以 15～20 之间的数字，该数字表示开发一个类所需工作量的估计值，以人天为单位。

为了执行上述 5 个步骤，必须做出一些假定。例如，步骤 1 中估计的类数量或开发一个类所需的人天数。这些假定不仅需要过去项目的经验，而且需要在一定程度上考虑设计情况。项目经理需要和设计人员共同探讨，就所估计的类数量和项目所属的 UI 类型达成一致。

例如，假设一个项目的初始类数量估计是 50 个，认为 UI 类型是复杂 GUI。那么，我们把类数量 50 乘以权重 3.0，得到 150 个额外的类。将 50 加上 150，得到我们对总类数量的新估计值 200。假设生产率是每个类需要 18 人天，那么这个项目的工作量估计就是 $200 \times 18 = 3600$ 人天。如果需要，以人天为单位的工作量可以转换为以人月为单位。

需要记住一件重要的事情，所有这些工作量估计实际上只是一些估计。在向客户、用户或自己的管理层传递关于工作量估计的信息之前，项目经理必须使用一些技巧并在计算时加上适量的缓冲。

13.2.2　工作分解结构

估计一个完整项目的工作量是一项重要但很困难的任务。如果将整个项目分解为一些更小的部分，再为其他规划活动（如进度计划和工作人员分配）提供依据，则可以简化工作量估计。工作分解结构（WBS，work breakdown structure）通过完成项目必须实施的独立子活动来描述项目。WBS 首先考虑软件项目所需的交付成果。然后，对于每件需要交付的制品，分别确定开发该交付项必须执行的一系列任务。这些任务也将通过有序的方式呈现，从而可以使用 WBS 完成任务进度计划。以下是执行 WBS 的框架：

1. 检查并确定软件项目所需的外部交付成果。

2. 确定产生每个外部交付成果所需的步骤和任务，包括为完成最终外部交付成果开发所有内部中间交付成果所需的任务。

3. 对任务进行排序，并说明可并行执行的任务。

4. 估计执行每项任务所需的工作量。

5. 分析每个任务最有可能的人员分配情况，并估计其生产率。

6. 将工作量估计值除以生产率估计值来计算完成每项任务所需的时间。

7. 对于每个外部交付成果，列出生成它所需任务的时间线，并标明将分配给各任务的资源。

例如，考虑一个小型软件项目的一项外部交付成果：测试场景。该项目估计约包含 1000 行代码或涉及大约 100 个功能点。作为 WBS 的一部分，我们需要首先列出生成此交付项所需的任务，如下所示：

- 任务 1：阅读并了解需求文档。

- 任务 2：列出主要测试场景。
- 任务 3：为每个主要场景编写测试脚本。
- 任务 4：审查测试场景。
- 任务 5：修改和变更场景。

在宏观层面，这 5 个任务似乎是顺序的。然而，如果将一些主要任务细分成较小的部分来并行执行，可能会加快速度。例如，在开发某些测试场景时，也可以边审查和修改另一些测试场景。因此，当我们准备将 WBS 转换为进度计划时，可能需要考虑子任务之间的重叠关系。为进行说明，我们将任务 3 划分为子任务 3a、3b 和 3c，代表 3 个等量切分的脚本编写活动子任务。任务 4 可以分解为子任务 4a、4b 和 4c，以匹配任务 3 的 3 个子任务。类似地，任务 5 可以细分为任务 5a、5b 和 5c，以匹配任务 4 的 3 个子任务。图 13.3 显示了该交付成果的 WBS 任务网络。图中清楚地展示了 WBS 和任务序列，以及可并行执行的任务，当任务和序列数量较大时，该图将成为非常方便的工具。

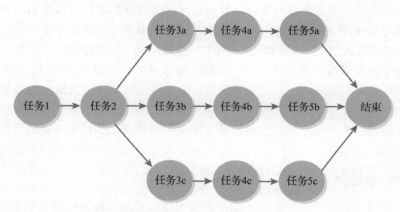

图 13.3   WBS 任务网络

其次是估计完成每个任务所需的工作量。对于任务 1，我们需要估计阅读和理解约 1000 行代码或约 100 个功能点对应的项目需求文档所需的工作量。对于任务 2，我们需要估计应开发的测试场景数量，以及需要多长时间才能列出测试场景。对于任务 3a、3b 和 3c，我们需要估计开发三分之一的测试场景对应的测试脚本所需的工作量。同样，我们需要为任务 4a、4b 和 4c 估计审查三分之一的测试场景对应的测试脚本所需的工作量。估计任务 5a、5b 和 5c 所需的工作量非常困难，因为它们取决于任务 4a、4b 和 4c 的结果，即所需修改的测试脚本数。无论如何，必须完成所有这些初步估计。幸运的是，我们将会对项目进行调整，因为如 13.2.4 节所述，调整是项目管理 4 个阶段中的一个复杂部分。在做出这些初步估计之后，我们需要做出假设，并估计将分配给这些任务的人员的能力水平或生产率。然后，可以将估计的工作量除以估计的生产率来计算图 13.3 中每个任务的估计时间。图 13.4 在相同的 WBS 任务网络上显示了执行这些任务所需的估计时间单位（time unit）数量和任务顺序。通过这些信息，我们可以建立如图 13.5 所示的初始进度计划。请注意，进度计划有 3 个主要部分：任务、人力资源分配和时间单位。

从 WBS 任务网络转换为初始进度计划需要直接移动两个项：任务和时间单位。图 13.5 中的中间列给出了假设的人员分配情况，这是要考虑的一个重要因素，它是生产率假设的来源，将用于计算和估计完成任务所需的时间单位数量。此前，还提到这些任务可能会相互重叠，因此制定初始进度计划后，除了已经显示将并行的任务之外，项目管理还会寻找其他任务重叠的可能性。在这个例子中，任务 1 的结束和任务 2 的开始可能重叠。子任务的重叠，即任务 3a、3b 和 3c 与任务 4a、4b 和 4c 的重叠将更难于处理，因为致力于编写测试脚本的人员可能没有完成脚本编写任务，必须安排不同的人员来执行审查。在初始进度计划中不包括资源分配列，项目规划者可能会忽视这些细微之处。在图 13.5 的示例中，我们尽量保持简单，没有显示任务间的重叠关系。

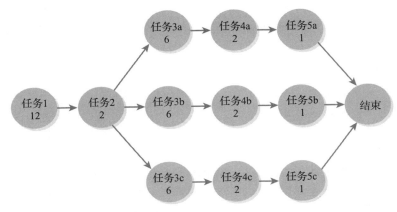

图 13.4　带估计时间单位的任务网络

任务	人员	时间
1	X, Y, Z	12个单位
2	X, Y, Z	2
3a	X	6
3b	Y	6
3c	Z	6
4a	Z	2
4b	X	2
4c	Y	2
5a	X	1
5b	Y	1
5c	Z	1

图 13.5　初始进度计划估计

考虑到图 13.4 所示的任务网络中所有不同类型的估计，应该能预料到图 13.5 所示的第一个进度计划将需要随着项目的推进而被修改。在初始进度计划可被视为规划的进度计划之前，应由尽可能多的项目成员审查这个初始计划。

WBS 是创建初始进度计划必不可少的重要输入。不幸的是，许多软件项目的进度计划是在没有开发一个完整 WBS 的情况下制定的，其结果将会是一个无法实现和不切实际的项目进度计划。

13.2.3　使用挣值跟踪项目状态

保持对监控项目状态的跟踪是对规划与实际发生情况进行比较的一项活动。需要跟踪项目中的多个属性，其中大部分是由项目规划中提出的目标集确定的。我们定期地比较作为项目目标各项属性的实际状况与规划情况。在本节中，我们将使用挣值（EV，earned value）的概念来讨论如何跟踪项目工作量。EV 最早由美国政府内部机构提出，Fleming 和 Koppelman 对其进行了广泛讨论。

在使用 EV 管理技术时，基本理念是在某些时间点对已经花费的工作量与规划花费工作量的状态进行比较。首先我们介绍一些基本术语，然后通过一个例子来阐明这些定义。

- 工作预算成本（BCW，budgeted cost of work）：每个工作任务的估计工作量。
- 预计工作的预算成本（BCWS，budgeted cost of work scheduled）：在特定状态检查日期，预计完成的所有任务的 BCW 之和（即根据进度计划，将在特定状态检查日期完成的所有 BCW 的总和）。
- 完成工作的预算（BAC，budget at completion）：估计的项目总工作量。它是所有 BCW 的总和。
- 已完成工作的预算成本（BCWP，budgeted cost of work performed）：在特定状态检查日期，已完成的所有任务的估计工作量总和。
- 已完成工作的实际成本（ACWP，actual cost of work performed）：在特定状态检查日期，已完成的所有任务的实际工作量总和。

要记住，BCWS、BCWP 和 ACWP 都是按照具体的状态监测日期来表述的。因此，这些值将随着状态日期改变。

表 13.4 表示了截至特定日期（即 2021 年 4 月 5 日），估计工作量和实际花费工作量的一个例子。表中使用的日期格式是月 / 日 / 年。这些工作量是以人天为单位度量的。每个任务都有 BCW，估算工作量列中显示了 6 个任务的 BCW。例如，对于任务 4，BCW 是 25 人天。这一列的总和（BCW 的总和）即为 BAC：

$$BAC = 10 + 15 + 30 + 25 + 15 + 20 = 115 \text{ 人天}$$

表 13.4　挣值示例　日期：4/5/2021

工作任务	估计工作量（人天）	截至目前的实际工作量（人天）	预计完成日期	实际完成日期
1	10	10	2/5/2021	2/5/2021
2	15	25	3/15/2021	3/25/2021
3	30	15	4/25/2021	
4	25	20	5/5/2021	4/1/2021
5	15	5	5/25/2021	
6	20	15	6/10/2021	

现在看看相对于状态采集日期（即 2021 年 4 月 5 日）来计算的 3 个值。通过检查预计完成日期列，截至 2021 年 4 月 5 日，BCWS 包括任务 1 和 2。任务 1 和 2 的 BCW 分别为 10 和 15 人天：

$$BCWS = 10 + 15 = 25 \text{ 人天}$$

接下来看看在 2021 年 4 月 5 日，完成了多少预计完成的工作。通过检查实际完成日期列可以找到相关数据。我们看到任务 1、2 和 4 已经完成。估计这 3 个已完成的工作分别花费 10、15 和 25 人天：

$$BCWP = 10 + 15 + 25 = 50 \text{ 人天}$$

截至 2021 年 4 月 5 日，已完成任务实际花费的工作量可以先通过查看实际完成日期获取已完成任务，再查看"截至目前的实际工作量"列中对应的工作量值。任务 1、2 和 4 的实际工作量分别为 10、25 和 20 人天：

$$ACWP = 10 + 25 + 20 = 55 \text{ 人天}$$

下一步是根据前面的术语来定义 EV。EV 是一个指标，它反映在特定日期完成了多少估计工作量。它是在指定状态日期已完成任务的估计工作量总和与所有任务的估计工作量总和的比值：

$$EV = BCWP / BAC$$

就我们的例子而言，EV = 50/115 = 0.43。我们可以将该数值解释为该项目截至 2021 年 4 月 5 日完成了 43%。

此外，还可以定义两个状态指标，它们是对规划或估计值与实际值进行比较的差异指标。第一个状态指标是进度偏差（SV，schedule variance），其定义为在指定状态日期，实际完成任务的估计工作量与计划完成任务的估计工作量之间的差：

$$SV = BCWP - BCWS$$

在我们的例子中，截至 2021 年 4 月 5 日，BCWP 是 50 人天，BCWS 是 25 人天。因此，SV = 50 - 25，即 25 人天。我们可以从工作量的角度将项目状态解释为提前进度计划 25 人天。

第二个状态指标是成本偏差（CV，cost variance），其定义为在指定状态日期，已完成任务的估计工作量与已完成任务实际花费的工作量之间的差：

$$CV = BCWP - ACWP$$

在我们的例子中，在 2021 年 4 月 5 日，BCWP 是 50 人天，ACWP 是 55 人天。因此，CV = 50 - 55，即 -5 人天。在这种情况下，我们在 2021 年 4 月 5 日有 5 人天的工作量成本超支。

EV 管理系统为我们提供了一种从成本 / 工作量的角度来监测项目状态的具体方法。然而，进度偏差指标不是指日历时间的进度计划，而是指工作量的进度计划。显然，从这些基本定义可以得出更多的指标，我们在这里没有一一列出。我们发现，EV、SV 和 CV 提供了良好的项目状态指标。但是，在监测软件项目时，还必须记住去看数量以外的问题，提出问题，并深入研究其他参数。最后提醒一下，如果监测信息表明有潜在的项目问题，则必须进行调整。不要试图等待一些拯救项目的事件自己发生，项目经理很少会这样幸运。

13.2.4　测量项目属性和 GQM

我们已经讨论了在规划阶段为软件项目设定目标的必要性，以便跟踪和检查这些目标是否符合要求。目标是按照进度计划、成本、生产率、可维护性、缺陷质量等属性来定的。显然，在进行任何形式的测量之前，必须明确定义关注点的具体特征。除了设定和跟踪目标外，测量的原因包括：

- 表征：使我们能够收集关于指定属性的信息并巧妙地进行描述。
- 跟踪：使我们能够通过时间或过程步骤等参数收集指定属性的信息。

- 评估：使我们能够通过所收集的信息分析属性。
- 预测：使我们能够根据所收集的信息关联相关属性，并进行推断或猜测。
- 改进：使我们能够分析所收集信息，以确定改进领域。

对于软件工程师来说，加入其他工程社区，并采用其测量和定量分析的方法至关重要。测量是量化管理的重要组成部分。软件（产品或项目）测量是将软件产品或项目的属性映射到某些数字或符号实体集上。提出良好的测量方法可能有些难。以下是能提供帮助的简要指南：

1. 概念化关注的实体，如软件产品或项目、项目团队成员等。

2. 明确定义关注的特定属性，如产品设计质量、程序员生产率和项目成本等。

3. 为所关注的每个属性定义度量方式，如 UML 类设计图中每个类的缺陷数、程序员每月开发的代码行数、项目每月支出的费用等。

4. 设计进行度量的机制。可以包括手工统计 UML 类设计图中每个类的缺陷数量等。

Basili 和 Weiss 提出了目标问题度量（GQM，goal-question-metric）方法用于软件度量。GQM 已经在很多机构中取得了相当成功的应用。这种方法定义了基于 3 个层次的测量模型：

- 概念层：建立目标。例如，改进定位软件代码中问题的时间。
- 操作层：列出与目标有关的问题清单。例如，程序复杂程度如何影响软件调试时间？
- 定量层：制定度量。这些度量可能包括用于控制复杂度的程序所含循环数，以及调试工作所花费的人分钟数等。

接下来介绍的度量理论，将进一步指导我们建立有价值的度量。关于度量的数学映射理论超出了本书的涵盖范围。但是，我们仍将讨论 4 种尺度（scale）的度量：定类（nominal）、定序（ordinal）、定距（interval）和定比（ratio）。

定类尺度允许我们对一个属性进行分类。例如，通过源类别（如设计、编码、测试、集成和打包）来测度软件缺陷数量。将这一类别作为度量的危险在于，缺陷可能同时来源于设计和编码。为使用定类度量，我们必须确保每个缺陷只被分配一个类别。

定序尺度提供了属性的排序。例如，当度量客户满意度时，可分为非常满意、满意、一般、不满意、非常不满意。这个度量不仅是定类的，因为它还提供了从非常满意到非常不满意的排序。

定距允许我们描述相等的间隔。例如，程序 A 有 200 个功能点，比程序 B 多 20 个功能点。两者的差与有 70 个功能点的程序 C 和有 50 个功能点的程序 D 之间的差一样。这里的差，即 20 个功能点，被认为具有相等的间隔。请注意，我们无法使用定序尺度执行这一类操作。例如非常满意和满意之间的差，以及满意和一般之间的差，这两个差不一定是相等的间隔。

定比尺度允许我们比较两个测量的比例，因为在它定义了 0。例如，程序 A 有 100 行源代码，程序 B 有 25 行源代码，那么程序 A 的规模是程序 B 的 4 倍，这样说是合理的。这是将 0 行代码作为代码最小规模的结果。定比是最高等级的度量。

13.3 总结

我们首先介绍了软件项目管理的 4 个 POMA 阶段：（1）规划；（2）组织；（3）监测；（4）调整。在宏观层次，POMA 是顺序的。然而，这些阶段之间可能会相互重叠，而且实际上在它们之间可能存在迭代，特别是在监测和调整阶段之间。复杂而耗时的规划阶段是项目成功的关键。监测阶段也很重要，所有项目在结束之前都必须进行监测。必要时，项目经理必须采取行动并进行适当调整。

然后介绍了涉及多个参数的通用工作量估计公式，讨论了以下 3 个与通用工作量估计公式相关的具体技术：

- COCOMO 方法
- 功能点估计
- 面向对象项目工作量估计

我们解释了原始 COCOMO 估计方法背后的原理，然后介绍了 COCOMO Ⅱ 对其进行的扩展和修改。作为代码行估计技术的替代方案，介绍了如何使用功能点估计项目规模。还讨论了如何将功能点规模转换为工作量估计。面向对象项目的工作量估计技术涉及估计关键类数量和假定的软件工程师生产率。

WBS 是另一项重要的规划技术，它通过任务网络和各任务的估计工作量来表示。我们通过一个例子，以条形图的形式说明了使用 WBS 开发初始项目进度计划的重要性。

项目监测涉及持续对规划与实际情况进行比较。基于这一观察，项目经理必须决定是否需要采取行动或做出调整。我们介绍了使用 EV 管理来监测项目工作量和项目进度计划，这个过程本质上比较了规划或估计的项目任务工作量与项目任务实际消耗的工作量。我们说明了将设定目标和跟踪目标作为项目管理组成部分的必要性。为了完成这些任务，需要进行测量，从而介绍了 GQM 方法，并讨论了不同的度量尺度。

13.4 复习题

13.1 列出并讨论项目规划的要素。

13.2 项目管理的 4 个阶段是什么？

13.3 风险管理的 3 个组成部分是什么？

13.4 什么是 Kiviat 图？什么时候使用它？

13.5 对软件项目而言，项目调整中最常考虑用于权衡决策的 3 个属性是什么？

13.6 考虑 COCOMO 项目工作量估计方法：

 a）3 种项目模式是什么？

 b）在决定项目模式时，需要考虑的 8 个项目特征是什么？

 c）15 个成本驱动因子如何影响初始工作量估计？

 d）假设你估计一个软件项目的规模为 2 KLOC，你认为它应该是组织型开发模式，15 个成本驱动因子的算术乘积 PROD (f's) 为 1.2。以人月为单位的估计工作量是多少？

13.7 使用功能点方法，对于具有 10 个外部输入、7 个外部输出、5 个外部查询、3 个内部逻辑文件和 4 个外部接口文件的项目，计算其未调整的功能点数。

13.8 假设上一个问题中软件项目的总复杂度因子为 1.1，生产率为每人月 20 个功能点。该项目的功能点数是多少？该项目以人月为单位的估计工作量是多少？

13.9 什么是 WBS，它的用途是什么？

13.10 在挣值跟踪项目状态方法中，3 项关键项目状态指标 EV、SV 和 CV 分别是什么？

13.11 度量的 4 种尺度分别是什么？

13.12 什么是 GQM？

13.5 练习题

13.1 比较软件开发过程与软件项目管理（POMA）过程的异同。

13.2   描述属于组织阶段的一项活动。

13.3   假设有一个软件项目，要求按学院、专业、性别、生源地跟踪所在学校新生班的成绩。制定这个软件项目的规划，包括厘清需求和交付成果所需的工作。

13.4   何时使用控制图进行监测？为什么？举例说明。

13.5   讨论在项目调整时增加资源的风险。

13.6   比较 COCOMO 和功能点工作量估计技术需要考虑的因素。

13.7   当我们计算 TCF 与 UFP 的算术乘积时，UFP 的调整范围是多少（以百分比表示）？

13.8   对如图 13.6 所示的任务网络，估计工作量以人月为单位。做出适当的假设，将其转换为项目进度计划。

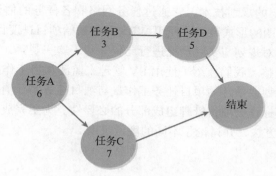

图 13.6   一个任务网络

a）解释你需要做出哪些假设。

b）使用这些假设并将任务网络图转换为进度计划条形图。

13.9   对如表 13.4 所示的 EV 示例，在 2021 年 4 月 5 日，实际花费的工作量比 BCWP 要多，因为 BCWP 只包括已完成的任务。假设我们创造了另一个术语，称为总花费的实际工作量（AAES, all actual efforts spent），包括在指定状态日期已花费的所有工作量，然后用它来计算一个新公式：EV9 = AAES / BAC。

a）讨论你对使用 EV9 代替 EV 的看法。

b）因为 AAES 是对 BCWP 进行的重新定义和扩展，如果我们在计算 SV 和 CV 时使用 AAES，你认为新的 SV 和 CV 数值是否更能代表项目的真正状态？为什么？

13.10   在面向对象项目的工作量估计中，我们将估计的类数乘以估计的 15～20 人天每个类。

a）你认为这个取值范围对类的开发来说是否足够？在设定生产率数据之前，你认为应该考虑类或开发人员的哪些参数？

b）如果要给出开发一个类的生产率数值，那么应该在估计该数值时考虑哪些活动（设计、编码、测试等）？

13.6   参考文献和建议阅读

Albrecht, A. J., and J. Gaffney. 1983. "Software Function, Source Lines of Code, and Development Effort Prediction: A Software Science Validation." *IEEE Transactions on Software Engineering* (November): 639–648.

Basili, V. R., and D. Weiss. 1984. "A Methodology for Collecting Valid Software Engineering Data." *IEEE Transactions on Software Engineering* 10 (6): 728–738.

Boehm, B. W. 1981. *Software Engineering Economics*. Englewood Cliffs, NJ: Prentice Hall.

Boehm, B. W. 1991. "Software Risk Management: Principles and Practices." *IEEE Software* (January): 32–41.

Boehm, B. W., C. Abst, A. W. Brown, S. Chulani, B. K. Clark, E. Horowitz, R. Madochy, D. Reifer, and B. Steece. 2000. *Software Cost Estimation with COCOMO II*. Upper Saddle River, NJ: Prentice Hall.

Brooks, F. P., Jr. 1995. *The Mythical Man-Month: Essays on Software Engineering*, anniversary edition. Reading, MA: Addison-Wesley.

Drucker, P. F., and N. Stone, eds. 1998. *Peter Drucker on the Profession of Management*. Cambridge, MA: Harvard Business School Press.

Fleming, Q, W., and J. M. Koppelman. 2006. *Earned Value: Project Management*, 3rd ed. Newton Square, PA: Project Management Institute.

Hayter, A. J. 2021. *Probability and Statistics for Engineers and Scientists*, 4th ed. Pacific Grove, CA: Duxbury Press.

International Function Point Users Group (IFPUG). n.d. Accessed June 20, 2021. http://www.ifpug.org.

Kan, S. H. 2003. *Metrics and Models in Software Quality Engineering*, 2nd ed. Reading, MA: Addison-Wesley.

Kemerer, C. F. 1997. *Software Project Management: Readings and Cases*. Boston, MA: Irwin McGraw-Hill.

Lorenz, M., and J. Kidd. 1994. *Object-Oriented Software Metric*. Upper Saddle River, NJ: Prentice Hall.

McConnell, S. 1998. *Software Project Survival Guide*. Redmond, WA: Microsoft Press.

Meyer, A. D., C. H. Loch, and M. T. Pich. 2002. "Managing Project Uncertainty: From Variation to Chaos." *MIT Sloan Management Review* (Winter): 60–67.

Myrtveit, I., E. Stensrud, and M. Shepperd. 2005. "Reliability and Validity in Comparative Studies of Software Prediction Models." *IEEE Transactions on Software Engineering 31* (5): 380–391.

Patrashkova-Volzdoska, R. R., S. McComb, S. Green, and W. Compton. 2003. "Examining a Curvilinear Relationship Between Communication Frequency and Team Performance in Cross-Functional Project Teams." *IEEE Transactions on Engineering Management 50* (3): 262–269.

Rene, M. 2005. "Risk Management for Testers." *Software Quality Professional* (June): 24–33.

Ropponen, J., and K. Lyytinen. 2000. "Components of Software Development Risk: How to Address Them? A Project Manager Survey." *IEEE Transactions on Software Engineering* (February): 98–111.

Shepperd, M., and D. Ince. 1993. *Derivation and Validation of Software Metrics*. Oxford, England: Clarendon Press.

Standish Group. 1995. *The CHAOS Report (1994)*. https://www.standishgroup.com/sample_research.

Tsui, F. 2004. *Managing Software Projects*. Sudbury, MA: Jones and Bartlett Publishers.

University of Southern California, Center for Systems and Software Engineering. Accessed XXXX. http://ccse.usc.edu.

Weihrich, H. 1997. "Management: Science, Theory, and Practice." In *Software Engineering Project Management*, 2nd ed., edited by R. H. Thayer, 4–13. Los Alamitos, CA: IEEE Computer Society.

Zucchermaglio, C., and A. Talamo. 2002. "The Development of a Virtual Community of Practices Using Electronic Mail and Communicative Genres." *Journal of Business and Technical Communication 17* (13): 259–284.

结语及若干当代软件工程问题

在本书中，我们讨论了软件工程领域的大部分主题。我们希望可以在一个学期的 15 或 16 周时间内，使用本书的内容，简明扼要地对软件工程进行广泛介绍。虽然软件工程中的许多"最喜欢的"主题没有包括在内，但读者可以通过每章的参考文献和建议阅读一节获取更多内容。

很明显，软件工程的主要话题如今也在持续发展和不断变化。现在软件工程中新兴和激动人心的主题在几年之后可能就会变得过时和无关紧要。当然，还有一些会依然重要，希望我们覆盖了这些主题。本书先介绍一个人单独编写程序的问题，随后升级为开发诸如商用薪酬管理程序的系统，复杂度有了大幅增加，以此来强调软件工程的必要性。主要讨论了大型复杂系统中的传统软件工程活动，包括需求分析、设计、实施、测试和系统集成等。此外，涉及了大型团队和复杂系统的配置管理、过程管理和项目管理等配套活动。需要注意的是，并不是所有的项目，特别是小型项目，都需要相同的过程、相同的管理方法或相同的一组活动。例如，我们预计在未来几年内，将继续朝着敏捷过程的方向发展（参见第 5 章）。有许多主题需要在后续课程中进行更详细的介绍。软件工程中每项对产品开发做出直接贡献的活动（如需求收集、分析、测试或设计）都应该拥有一门完整的课程。

随着软件成为工程技术课程和许多其他学科中普遍存在的元素，诸如复用、版权、所有权、认证和道德伦理等主题也在引起工业界的关注，这些都是未来软件工程师需要解决的问题。我们在第 3 章中只做了粗略介绍。质量在软件工程中仍然是一个反复出现的主题，它应该是软件工程基本结构的组成部分。因此，我们把质量作为尽可能进行优良设计和实现的动力。我们没有为质量专门提供单独的章节，但的确意识到质量在软件工程产业中一直具有重要意义。

一个与质量有关的日益重要的领域是测量和度量。想要知道软件工程是否取得进展很难，除非可以测度软件产品、软件过程、软件方法和软件管理的特征。这是一个相当重要的主题，我们在第 8 章中只介绍了其中的一部分内容，讨论了如何制定特征和对应的度量。随着工业界开始提出更多的关键问题，我们期待这个领域能得到更多的关注，例如我们如何知道一个设计是优良的、完整的？做出正式发布决定的依据是什么？

大多数大型商业软件产品通常会经历多个版本的发布，每个版本都持续使用多年。维护和支持领域将是一个持续增长的领域。对于许多软件工程师来说，他们的项目并不完全符合本书所描述的传统软件生命周期。许多软件工程师将参与到开发和维护现有系统的工作中。相比于开发一个完整的全新系统，他们可能会更多地参与服务和支持客户。随着软件服务产业的不断扩大和发展，第 12 章所涉及的这一领域在未来会更加受到重视。

最后，互联网和相关的新软件工具为软件工程领域带来了额外的机会和挑战。随着关键性任务应用的互联网化和电子商务的持续增长，我们需要更加关注与安全性、完整性和可恢复性相关的问题。我们将在下一节中给出安全性的定义并进行讨论。我们在这里没有讨论其他问题，但预计未来软件工程师将需要密切关注这个持续增长的领域。随着 Adobe 公司的 Dreamweaver 和 Flash 等工具成为领先的 Web 开发工具，关于用户界面特性的主题（如第 7 章和第 8 章所述）正在迅速发展。对这一领域感兴趣的软件工程师除了掌握原有的技术外，还需要掌握包括美术和通信学科的技能和知识。

软件工程诞生于软件项目计划延期和开发成本超支不断发生的时代。从那时起，我们就学会了在规划和控制项目上投入更多的精力，引入了更新更好的技术和方法。使用与生产率相关的工具，不仅降低了复杂度和工作量，而且提高了产品和过程的质量。如今这个领域变得更加规范，我们期望它发展出定义良好和经过证实的规律和原理，让所有人都必须遵循。

在接下来的几节中，我们将描述软件工程领域最近的一些关注点和进展。所涵盖的主题是由作者选择的，因此在一定程度上反映了作者的个人观点。

14.1　安全和软件工程

如今，软件应用程序提供的功能正在作为在线业务服务向互联网迁移，面向服务架构（SOA）正迅速变得流行，可参见 14.4 节的文献（Finch，2006；Zimmermann，2005）。随着计算机网络变得越来越普及（几乎每个软件系统都通过一种或几种方式连接到互联网），恶意用户利用错误来获取未授权系统访问权限的情况也在惊人地增多。在任何时候，都很可能有人在思考如何入侵系统。作为专业人士，我们需要设计软件来抵御这些攻击。安全问题也引发了对其他相关领域的讨论，如隐私和信任领域。

尽管存在可以使软件变得更安全的技术，但大多数与软件安全相关的问题都是软件缺陷导致的。它们可以通过标准的软件工程技术来避免或修复。实际上，大多数软件安全问题，如缓冲区溢出、SQL 和 HTML 注入，都可以被归类为输入验证错误。

加剧安全问题的一个因素是大多数现代应用程序不是完全使用静态类型语言编写的，而是混合了静态和动态类型语言。大多数 Web 应用程序是用 HTML 开发的，然后由 Web 浏览器解释。同样，大多数应用程序将 SQL 字符串发送到数据库管理系统（DBMS）进行解释。我们需要确保 DBMS 或浏览器在解释时不会改变正在处理的输入的含义，而这不能仅依靠静态类型来帮助我们，还需要确保每个输入的有效性。

与传统的计算机领域一样，科研人员正在积极探索计算机安全的理论，而从业者正在把这些技术融入编程实践中。无论如何，我们要多普及将安全实践纳入软件开发过程中的思想。我们正在研究理论和编程实践，但还没有构建出安全的系统。还需要时间让安全思维变得更为普及，让更多的开发过程将安全作为最重要的元素之一。诸如微软、IBM 等的众多行业领先公司已经开始将安全性作为开发生命周期中不可分割的组成部分。目前流行的 DevOps 文化已将安全问题纳入系统的开发和运营，作为一种集成的 Secure DevOps 或 DevSecOps。这种协作式方法是对早期由一个独立安全小组在最后"签字"的做法的改进。作为 DevSecOps 改进服务的一个例子，微软的 Azure Pipelines 服务关于开发更安全系统的建议值得我们参考和学习。

有关安全开发生命周期的描述，请参阅 14.4 节中的文献（Howard 和 Lipner，2006）。此外，美国国土安全部的国家网络安全处（NCSD，National Cyber Security Division）与软件工程研究所（SEI，Software Engineering Institute）2009 年共同提出的内建安全（BSI，Build Security In），为软件开发人员提供了将安全融入软件开发生命周期的过程和技术。

14.2　逆向工程和软件混淆

随着云计算和软件即服务模式的出现和日益普及，应用软件经常在互联网上进行传输。应用软件的代码经常被暴露，导致其被破坏或被逆向的机会也变得更大。与尽早采用软件工程来简化软件以降低复杂度和提高质量相反，软件工程师正在尝试使用软件混淆来进一步增加其复杂度，从而降低可理解性。软件代码混淆是软件工程的一个新领域，其目标是提高侵权者进行逆向工程的成本。该技术对原始软件进行某种形式的转换，保留原功能，但改变了源代码。

研究表明，实现像"通用黑盒"一样的软件混淆器是不现实的（Barak等人，2001）。但是，仍然有很多实用的软件混淆技术可用于减缓逆向工程。受欢迎的混淆技术包括以下类别：

- 符号混淆。
- 数据混淆。
- 控制混淆。
- 调用流混淆。

例如，许多程序员在早期已经使用了符号混淆，他们有意将程序变量命名得脱离上下文以迷惑读者。读者感到越困惑，越错误地认为程序作者很聪明。如今，人们认为这种做法违背了软件工程的理念，特别是会对软件的可理解性、测试和未来的维护活动带来麻烦。然而，出于保护软件的目的，相同的技术被用于软件混淆。这种技术的混淆能力很弱，显然不能提供足够的保护。

更复杂的技术包括数据混淆和控制混淆。数据混淆变换的对象是程序中的数据和数据结构，手段是复杂化数据结构、数据操作和数据使用。流行的技术包括拆分数组结构和修改继承关系。控制混淆技术包括通过插入无关且无害的谓词，或者通过对部分程序语句进行无害的重新排列来改变控制流。符号、数据和控制混淆技术关注微观层面，而调用流混淆技术关注宏观层面的跨模块控制流。

可以通过不同的方式来观察或测度软件混淆技术的有效性，比如（1）技术的有效性；（2）技术的可复原性；（3）技术的开销；（4）技术的隐蔽性。在撰写本书时，还没有被普遍接受的用于测量软件混淆的属性集。除了软件混淆，还有其他领域涉及软件防护技术，如水印和防止恶意侵权者篡改。有兴趣的读者可以参考文献（Collberg，2002）。此外，14.4节还包括Balachandran（2011）和Tsui（2012）等提出的关于软件混淆的文献。

14.3　软件确认和验证的方法及工具

在本节中，我们将讨论最近在软件确认和验证领域取得的一些进展。确认意味着该软件已经是客户可以接受的，并且是正确的，而验证意味着该软件是根据需求正确开发的，并遵循给定的规范。开发过程和测试过程专家都一直在研究软件方法和工具，以改进上述领域。

此前，我们描述了几个软件过程，并引入了当前流行的迭代和增量式敏捷过程Scrum（见第5章）。在敏捷过程中，小团队通过小型增量开发软件。因此，使用敏捷过程，对完成的代码进行频繁的单元测试，以确保所开发的产品质量可靠，满足客户/用户需求。在第10章中，我们使用JUnit工具介绍了测试驱动开发。改进单元测试的最新方法是使用运行时断言检查器，通过形式化断言来确定编码实现的软件方法是否正确地工作。这种新的单元测试方法结合了形式化规范语言JML（Java modeling language）和JUnit测试框架（Cheon，2004）。

JML受到Eiffel语言以及Bertrand Meyer提出的"契约式编程"（programming by contract）概念的深刻影响。这种方法的关键是在程序正确性证明中使用传统概念，通过规定软件前置条件、后置条件和不变式特性来帮助进行单元测试。JML语言与Z或Larch等形式化语言不同，不需要深度形式化即可指定前置、后置和不变式条件。JMLUnit工具可依据JML规约生成JUnit测试类。在运行期间，该工具将检查在指定前置条件成立时，软件方法的指定后置条件是否也成立。显然，使用 JML 和相关工具，指定的条件越充分，这种方法就越有效，工具也就越能发挥价值。虽然 JML 是针对 Java 编程开发量身定做的，对 Java 程序员来说很容易使用，但是它仍然需要富有经验的技术人员来开发这些前置、后置和不变式断言。通过检查断言并确保前置条件和后置条件匹配、不变式条件成立，这种相对较新的方法为软件验证带来了显著的改进。14.4 节中 Chalin（2006）和 Burdy（2005）等的文献提供了 JML 及相关工具的更多信息。

在敏捷过程环境中，行为驱动开发（BDD，behavior-driven development）是一种用于改进单元测试的方法，它直接源于测试驱动开发方法。BDD 于 2006 年由 Dan North 首次提出。它的基本思想是使用业务领域语言，而不是使用 JML 编写技术规约，在单元测试期间让用户和软件的利益相关者参与其中，以确保交付的软件功能可被接受，是一种有效的软件确认方法。因此，除可对软件进行验证之外，BDD 使单元测试更接近于确认软件功能。通过场景（scenario），用户使用自然语言来描述功能和特征。场景使用一组自然语言断言来描述软件特征必须满足的条件。用户可以很容易地理解和确认单元测试是否满足他们使用自然语言表达的需求。在这些场景中，前面提到的前置、后置和不变式条件是使用自然语言来表达的。因此，这种方法更具包容性，并允许非技术背景下的利益相关者参与单元测试和验收标准的制定。有一个场景描述指南。在 Cucumber 工具中，主要使用如下 3 个片段来描述一个场景（Wynne 和 Hellesoy，2012）：

- given（假设）
- when（当）
- then（那么）

根据功能特征的 given 状态或条件来描述一个场景。场景的 when 片段描述触发场景的条件，then 片段描述结果。例如，对于将学生添加到课程中这一功能，可以将场景描述为如下：

scenario：为一名学生注册一门课程。

given：该课程尚未达到学生数量限制。

when：在该课程中注册一名学生。

then：该学生被添加到该课程的学生名单中。

显然，技术和非技术人员都可以表达和理解这种场景。使用 BDD 方法以及诸如 Cucumber 之类的工具，将变得更具包容性，并允许在单元测试中完成对功能和特性的确认。利用 Cucumber 工具将可以开发针对该功能的单元测试和代码。

真实的测试用例本身是以代码的形式开发和生成的，仍然需要编程知识。Cucumber 工具基于另一种流行的语言平台——Ruby on Rails。14.4 节中的文献（Tate 和 Hibbs，2006）提供了关于 Ruby on Rails 的介绍。

现在，正出现越来越多关于软件开发自动化和方法论的改进。随着我们自动化更多的开发活动，在成本、进度、质量和客户认可度等方面，软件项目成功的可能性也将会提高。

14.4 参考文献和建议阅读

Balachandran, V., and S. Emmanuel. 2011. "Software Code Obfuscation by Hiding Control Flow Information in Stack." International Workshop on Information Forensics and Security, Iguacu, Brazil, November 29–December 2, 2011.

Barak, B., O. Goldreich, R. Impagliazzo, S. Rudich, A. Sahai, S. Vadhan, and K. Yang. 2001. "On the Impossibility of Obfuscating Programs." In *CRYPTO '01: Proceedings of the 21st Annual International Cryptology Conference on Advances in Cryptology*, edited by J. Kilian, 19–23. Berlin: Springer-Verlag.

Build Security In (BSI). n.d. Accessed June 30, 2021. https://buildsecurityin.us-cert.gov/daisy/bsi/home.html.

Burdy, L., Y. Cheon, D. R. Cok, M. D. Ernst, J. R. Kiniry, G. T.Leavens, K. Rustan, M. Leino, and E. Poll. 2005. "An Overview of JML Tools and Applications." *International Journal on Software Tools for Technology Transfer 7* (3): 212–232.

Caralli, R. A. 2006. *Sustaining Operational Resiliency: A Process Improvement Approach to Security Management*. Technical Note CMU/SEI-2006-TN-009. Pittsburgh, PA: Software Engineering Institute, Carnegie Mellon University.

Chalin, P., J. R. Kiniry, G. T. Leavens, and E. Poll. 2006. "Beyond Assertions: Advanced Specifications and Verifications with JML and ESC/Java2," In *Formal Methods for Components and Objects*, edited by F. S. de Boer, M. M. Bonsangue, and S. Graf. Heidelberg, Germany: Springer Verlag.

Chan, M. T., and L. F. Kwok. 2001. "Integrating Security Design into the Software Development Process for E-commerce Systems," *Information Management Computer Security 9* (3) 112–122.

Cheon, Y, and G. T. Leavens. 2004. The JML and JUnit Way of Unit Testing and Its Implementation. Technical Report #64-02. Ames, IA: Department of Computer Science, Iowa State University.

Collberg, C. S., and C. Thomborson. 2002. "Watermarking, Tamper-Proofing, and Obfuscation—Tools for Software Protection," *IEEE Transactions on Software Engineering 28* (8): 735–746.

Finch, C. 2006. "The Benefits of the Software-as-a-Service Model." *Computerworld*, January 2. http://www.computerworld.com/article/2559975/it-management/the-benefits-of-the-software-as-a-service-model.html.

Garfinkel, S. 2009."Privacy Requires Security, Not Abstinence." *MIT Technology Review 112* (4): 64–71.

Howard, M., and D. Leblanc. 2003. *Writing Secure Code*, 2nd ed. Redmond, WA: Microsoft Press.

Howard, M., and S. Lipner. 2006. *The Security Development Lifecycle*. Redmond, WA: Microsoft Press.

Meyer, B. 1997. *Object-Oriented Software Construction*, 2nd ed. Cambridge, UK: Prentice Hall International.

Microsoft Azure Pipelines. n.d. Accessed July 6, 2021. https://azure.microsoft.com/en-us/services/devops/pipelines/.

North, D. n.d. "Introducing BDD." Accessed June 30, 2021. http://dannorth.net/introducing-bdd/.

Tate, B. A., and C. Hibbs. *Ruby on Rails*. Sebastopol, CA: O'Reilly Media.

Tsui, F., S. Duggins, and O. Karam. 2012. "Software Protection with Increased Complexity and Obfuscation." In *ACM-SE '12: Proceedings of the 50th Annual Southeast Regional Conference*, March 2012, 341–342. Academy for Computing Machinery.

Wynne, M., and A. Hellesoy. 2012. *The Cucumber Book: A Behaviour-Driven Development for Testers and Developers*. Dallas, TX: The Pragmatic Book.

Zimmermann, O., V. Doubrovski, J. Grundler, and K. Hogg. 2005. "Service-Oriented Architecture and Business Process Choreography in an Order Management Scenario: Rationale, Concepts, Lessons Learned." In *OOPSLA 05: Companion to the 20th Annual ACM SIGPLAN Conference on Object-Oriented Programming, Systems, Languages, and Applications, San Diego, CA, October*, 301–312. Academy for Computing Machinery.

附　　录

软件开发计划概要

A. 产品描述

概要描述产品和用户。

- 受雇工作：包括来自客户的征求建议书（RFP，request for proposal）。记录产品所有不明确的地方，并向客户、用户提出问题或进行研究。考虑产品具有的任何约束和所需的技术能力。可以包含组织结构 / 图，来向人们清晰展示。

- 非受雇工作：提供对潜在用户的描述和对该产品的满意目标，包括列出的主要产品功能和显著特征。

B. 团队描述

描述该产品团队成员所需的优势 / 技能。是否需要行业专家（SME，subject matter expert）？

C. 软件过程模型描述

描述该项目使用的模型（例如迭代 Scrum、XP 或修改过的瀑布模型）。包括选择该过程模型的理由。

D. 项目定义

描述用户和用户环境。包括对新手 / 专家的描述。考虑创建具有不同需求和动机的不同人物角色。对于用户环境，包括以前使用的软件，联合使用的其他软件以及同期软件的界面外观和感觉。可以包括产品的用例、工作流程图和业务流程。

E. 项目组织

包括项目的工作分解结构：团队任务的进度计划，任务间的依赖关系，每项任务的估计时间，以及向需要签字的用户提供带有关键时间、预算和报价的 PERT 图和甘特图。

F. 确认计划

创建一些输入和输出界面草图作为低层次的原型，以确认对产品的初步理解。

G. 配置 / 版本控制

指定所有项目和产品制品的版本控制过程和属性。

H. 工具

列出开发所需的主要系统、子系统和工具。

软件需求规格说明概要

以下是三个 SRS 概要的示例。6.5 节讨论的 IEEE 830 标准是 SRS 的基础。

示例 1：SRS 概要——描述

A. 系统概述

本节应简要介绍软件系统将要做什么。它作为一个介绍，应该是非正式且简洁的。

B. 技术需求

本节应描述软件产品的操作参数。它应该包含如下信息（如果适用于该产品）：

- 功能需求（此部分可以通过用例完成）。
- 非功能需求，如性能和其他约束。
- 用户界面规格说明。
- 用户任务流。
- 输入 / 输出和其他数据规格说明。
- 与其他系统的接口规格说明。

C. 验收标准 / 交互场景

本节应该定义软件必须实现的功能。它可以包括交互场景。场景由用户输入和系统响应组成。低精度的原型也包括在内。应该问的问题类型包括：

- 如何做：问题询问某些活动如何执行。
- 谁做：问题询问谁负责某一项任务。
- 什么类型：问题要求进一步细化一些概念。
- 时间：问题询问时间约束。
- 关系：问题询问一个需求是如何与另一个需求相关的。
- 假设：问题询问一个行为可能出错的场景或其先决条件。
- 后续：问题源于其他悬而未决的问题。

D. 确认 / 验证

本节将描述系统确认 / 验证的需求。在这个过程中，需求和场景应该有所帮助。确认将决定软件是否满足需求和场景中指定的客户需求。验证将决定软件在功能上是否正确。

E. 需求注意事项

本节应该包括以下内容：

- 关于软件的假设。
- 最终用户：描述每种类型的用户。
- 现有系统：说明现有系统和其他相关实体。
- 环境：描述系统运行的环境。
- 限制：说明系统不会做什么。
- 依据：描述需求如何满足或超出客户的需要。

F. 其他信息

任何相关信息都可以添加到本节中。

示例 2：SRS 概要——面向对象

1.0　初始需求建模

　　1.1　使用模型

　　1.2　初始域模型

　　1.3　初始用户界面模型：开发界面草图或用户界面原型

　　1.4　引用

2.0　需求建模

　　2.1　系统环境

　　2.2　主要用途需求规格说明：说明用户如何使用系统。包含 Rational 统一过程项目的用例集合、功能驱动开发项目的功能集合或极限编程项目的用户故事集合。

　　　　2.2.1　XXXX 用例

　　　　　　　用例：寻找 XXXX

　　　　　　　先决条件；后置条件；行动

　　　　2.2.2　YYYY 用例

　　　　　　　用例：提交 YYYY

　　　　2.2.3　ZZZZ 用例

　　　　　　　用例：更新 ZZZZ

　　　　　　　用例：接收 ZZZZ

　　　　　　　用例：分配 ZZZZ

　　　　　　　用例：接受审查

　　2.3　用户特征

　　2.4　非功能需求

3.0　需求规格说明

　　3.1　外部接口需求

　　3.2　功能需求，例如：

　　　　3.2.1　搜索

　　　　3.2.2　通信

　　　　3.2.3　增加

　　　　3.2.4　修改

　　　　3.2.5　更新

　　　　3.2.6　状态

　　　　3.2.7　报告

　　　　3.2.8　分配

　　　　3.2.9　检查

　　　　3.2.10　建立

　　　　3.2.11　发布

　　　　3.2.12　删除

　3.3　详细的非功能需求

　　　　3.3.1　数据逻辑结构

　　　　3.3.2　安全性

　　　　3.3.3　性能

　　　　3.3.4　易用性

实例 3：SRS 概要——IEEE 标准

1　引言

　1.1　SRS 目的

　1.2　产品范围

　1.3　预期读者

　1.4　定义和缩写词

　1.5　文档约定

　1.6　引用和致谢

2　概述

　2.1　产品概述

　2.2　产品功能

　2.3　用户和特征

　2.4　运行环境

　2.5　设计和实现约束

　2.6　用户文档

　2.7　假设和依赖

3　具体需求

　3.1　外部接口需求

　3.2　功能需求

　3.3　行为需求

4　其他非功能需求

　4.1　性能需求

　4.2　安全性需求

　4.3　软件质量属性

5　其他需求

　5.1　数字字典需求

实例 4：SRS 概要——叙述法

A. 引言

　　包含对软件开发项目和新产品或升级计划的概述。对于升级，可以简化本节以关注升级的目的和目标。对于新软件，本节通常包括：

- 目的和目标：描述 SRS 的主要目标。
- 软件产品概述：对于新软件和升级，列出了所计划软件最重要的特征和功能。对于软件升级,列出升级的主要目标,以及要实现的新增特征和功能。

- **商业和财务目标**:对于在公司之外具有商业潜力的软件,包括客户期望软件解决的主要业务目标,以及诸如市场份额、单位出货量和收入等的财务目标。

B. 问题描述

对于新软件,说明为什么需要该软件,并确定重要的未解决问题。对于软件升级,本节可以集中讨论未解决的问题和疑问。

- **为什么需要该软件**:在管理和用户需求方面给出理由。

  描述用户使用的现有工作实践,包括替代软件产品或手工流程。从管理的角度解释软件提供的益处,例如将如何解决或改进业务问题。例如:

  - 降低库存水平
  - 减少处理和运送订单的时间
  - 获得竞争优势
  - 提高用户满意度

  本节还将从用户的角度解释该软件如何改进现有的业务流程,如数据输入、报告生成、决策、计算和可用性问题。

- **未解决的问题和疑问**:列出客户的工作流程、技术、财务问题,以及在成功地开发和使用软件升级之前必须解决的业务关注点。

C. 软件解决方案描述

总结提出的软件产品:其功能和属性。对于新软件和升级,本节通常包括:

- **增强需求**:根据软件功能和特征列出并按优先顺序排列需求,例如来自管理者、客户端、最终用户或用户组的需求。这些需求是通过会议、访谈和其他方式收集的。

- **特性和功能**:通常以表格的形式列出并按优先顺序排列功能及其描述,并提供足够的详细信息,以便开发人员轻松理解软件必须如何工作。

- **软件属性和一般注意事项**:列出除特性或功能之外的项。例如,需要与某些其他软件以及要支持的软件或硬件平台进行交互。

- **运行需求**:列出软件使用过程中需要满足的其他需求。例如,业务或决策规则、用户工作流、可用性属性、安装需求或用户所需的培训。

- **标准和监管注意事项**:指定软件需要满足的所有适用标准。例如,工业标准包括 EPA、IEEE、NRC、ASTM、ANSI 和 ISO。公司特定的标准包括表格、工作程序或数据格式。

- **未来版本发布和功能的长期计划**:包括诸如未来客户的需求和愿望,以及未来硬件或软件平台的适应性等。

- **维护和支持成本**:描述定制、补丁发布和用户持续支持等事项的计划。

软件设计概要

下面提供的示例遵循两种不同的设计方法。示例 1 是一个使用 UML 的面向对象设计方法，示例 2 是一种结构化设计方法。

示例 1：软件设计概要——UML

A. 架构设计
高层架构模式：分层、MVC、客户端 / 服务器等。参见第 7 章。

B. 用例场景
将之前的初始用例图文档扩展为用例场景。

C. 序列图（与步骤 D 和 E 相呼应）
在步骤 B 中开发的用例场景将被开发成序列图，并创建支持场景中的活动所需的类。同时，类图开始吸收序列图中创建的类，并且将方法按照团队成员的想法添加到类图中。

D. 类图
还可以开发一个类责任协作者（CRC，Class Responsibility Collaborator）模型。

E. 协作图
当一个类需要另一个类来执行子步骤时，这些类就在协作图中相关联。

F. 关系数据库设计

G. 状态建模（在详细设计前可能是可选的）
产品的主要对象被表示为带有状态转换的多个状态。

H. 用户接口设计
交互界面是从用例中开发出来的，为不同的界面指定了导航。

I. 确认设计——客户验收低精度原型
初始界面图和导航流程将呈现给客户或客户指定的用户，以进行验收、修改和完成修订。

注意：步骤 C、D 和 E 是并行完成的。

示例 2：软件设计概要——结构化

A. 架构设计
高层架构模式：分层、MVC、客户端 / 服务器等。

B. 关系图
这是数据流图（DFD，Data Flow Diagram）的第 0 级。它显示了系统（未分解）和外部实体。系统有数据流到外部实体。产品的范围也是通过这个图来定义的。

C. DFD 第 1 级
这个图是整个系统的第一次分解。通常，过程被编号为 1.0、2.0、3.0 等，它们被称为子系统。例如：

1.0 接口子系统

2.0 管理子系统

3.0 错误处理子系统

4.0 XXX 过程子系统

5.0 报告生成器

D. DFD 第 2 级

这些图是第 1 级子系统中每个子系统的分解。它们的编号将从上一级子系统扩展而来。所以 1.0 接口子系统的第 2 级可以是

1.1 接口交互

1.2 输入验证

1.3 接口管理

E. DFD 第 3～N 级

继续将每个过程分解到下一个级别。

F. 过程规格说明（PSPEC）

当一个过程不需要进一步分解时，描述该过程的逻辑。

测试计划概要

一个测试计划是一个路线图，它允许对以下项进行一些可行性检查：

- 资源 / 成本
- 进度计划
- 目标

一个测试计划包括以下主要组成部分：

A. 目标和退出标准

- 测试阶段退出需要满足的质量目标
- 产品的健壮性目标
- 项目的进度计划目标
- 产品的性能和效率目标

B. 测试 / 检查的项

- 可执行程序，如模块和组件
- 不可执行的项，如需求规格说明书或设计规格说明书

C. 测试过程 / 方法

- 单元测试 / 功能测试 / 验收测试 / 回归测试等方法
- 检查 / 审查方法
- 黑盒测试（如输入域测试、边界值测试）
- 白盒测试（如控制路径测试、数据流测试）
- 测试度量（如代码覆盖率、分支覆盖率、不同严重程度的问题数量）
- 测试—缺陷报告—修复—重新测试过程

D. 资源

- 人员（数量、技能等）
- 工具（用于测量、缺陷管理等）
- 系统（测试执行平台、测试用例开发等）

E. 进度计划

- 测试用例开发
- 测试执行
- 问题报告和修复

F. 风险

- 缺少目标
- 所需后备资源

G. 主要测试场景和测试用例

- 边界值和输入域测试用例
- 控制路径和数据流测试用例
- 集成和跨模块测试用例